火力发电厂
热工设备隐患排查
实用手册

赵 群 主 编

李春林 副主编

内 容 提 要

近几年来，火电企业因热工技术和管理原因引起的机组非计划停运占比呈逐年升高趋势，非计划停运事件后果严重，给企业安全生产带来了严重危害。因此，十分必要通过开展热工专业隐患排查治理，深挖隐患，解决技术和管理问题，有针对性地开展控制优化和隐患治理整改，从而达到降低风险，实现“向保证要安全，向自动要效益”的目的。

本书共分五章，主要包含热工设备隐患排查DCS、自动控制、主保护、电源、辅机保护连锁五个部分，根据国家及行业标准、反事故重点要求，提出隐患排查标准与方法，并辅以火电机组运行中发生的热工专业典型案例，以期读者更好地理解热工设备隐患排查的重要性和必要性。

本书并可供火电厂热工专业相关技术人员、管理人员阅读、使用，并可作为火电企业开展热工设备隐患排查工作的依据。

图书在版编目（CIP）数据

火力发电厂热工设备隐患排查实用手册／赵群主编．—北京：中国电力出版社，2018.8

ISBN 978-7-5198-2112-8

Ⅰ．①火…　Ⅱ．①赵…　Ⅲ．①火电厂－热力系统－安全隐患－安全检查－手册　Ⅳ．①TM621.4-62

中国版本图书馆CIP数据核字（2018）第123767号

出版发行：中国电力出版社
地　　址：北京市东城区北京站西街19号
邮政编码：100005
网　　址：http://www.cepp.sgcc.com.cn
责任编辑：安小丹
责任校对：马　宁
装帧设计：赵姗姗
责任印制：石　雷

印　　刷：三河市百盛印装有限公司
版　　次：2018年8月第一版
印　　次：2018年8月北京第一次印刷
开　　本：787毫米×1092毫米　16开本
印　　张：14
字　　数：342千字
印　　数：0001—1500册
定　　价：58.00元

本书编委会

主　编　赵　群

副主编　李春林

编　写　林　峰　龙俊峰　张树郁　胡　昊

卢　超　程利平　张安祥　崔　猛

孙　晓　郝云海

前 言

电力体制改革后，随着大容量、高参数、低能耗、低污染的火电机组迅速普及，超临界、超超临界机组已经成为火力发电企业的主流，热工装备及控制水平得到了高速发展，“向保护要安全，向自动要效益”已经成为业内共识。火电企业热工监控系统作为机、炉、电和环保等所有发电设备的控制中枢，没有热控系统的高度自动化就无法保证机组的安全稳定经济运行。目前在环保改造、深度调峰、配煤掺烧、煤质多变的大环境下，仍需通过进一步优化控制策略及调节品质，以满足节能、环保、灵活性调峰等生产需求。

近几年来，火电企业因热工技术和管理原因引起的机组非计划停运占比呈逐年升高趋势。据不完全统计，已超过机组非计划停运总数的10%，其中约占一类非停总数的25%。因热工控制系统故障、热工保护失效、电源故障、检修维护管理不到位等原因引发的非计划停运事件后果严重，导致锅炉炉膛爆炸、锅炉满水和缺水、汽轮机大轴弯曲、汽轮机轴系断裂及损坏、氢气系统爆炸等的事故屡见不鲜，给企业安全生产带来了严重危害。因此，十分有必要通过开展热工专业隐患排查治理，深挖隐患，解决技术和管理问题，这样才能有针对性地开展控制优化和隐患治理整改，从而达到降低风险，实现“向保护要安全，向自动要效益”的目的。

本手册从问题出发，根据国家及行业标准、反事故措施重点要求，总结并提炼了火电机组运行中发生的热工专业典型案例，以“健康体检”的视角，立足给火电机组“治未病”的角度，提出DCS、自动控制、主保护、电源、辅机保护连锁五个部分隐患排查标准与方法，力求通过隐患排查手段，抓大防小，超前预控，让隐患早暴露、早发现，实现早整改、早治理。经过对多家火电企业的试查评，验证了本手册的实用性，查评方法深受火电企业热工专业技术人员的欢迎。

希望本手册的运用，能够有效促进热工专业技术人员业务素质的提高，有效促进热控系统可靠性及自动化水平的提升，在此感谢各级领导、专业技术人员及查评单位给予的大力支持！

编 者

2018年6月

编制依据

1. 引用标准

本手册引用、解释了下列文件中的部分条文，使用本手册时应考虑下列文件修订后是否适用。

GB/T 6075.2—2012　非旋转部件上测量评价机器的振动

DL/T 261—2012　火力发电厂热工自动化系统可靠性评估技术导则

DL/T 591—2010　火力发电厂汽轮发电机的检测与控制技术条件

DL/T 657—2015　火力发电厂模拟量控制系统验收测试规程

DL/T 774—2015　火力发电厂热工自动化系统检修运行维护规程

DL/T 834—2003　火力发电厂汽轮机防进水和冷蒸汽导则

DL/T 924—2016　火力发电厂厂级监控信息系统技术条件

DL/T 932—2005　凝汽器与真空系统运行维护导则

DL/T 996—2006　火力发电厂汽轮机电液控制系统技术条件

DL/T 1083—2008　火力发电厂分散控制系统技术条件

DL/T 1091—2008　火力发电厂锅炉炉膛安全监控系统技术规程

DL/T 1340—2014　火力发电厂分散控制系统故障应急处理导则

DL/T 5175—2003　火力发电厂热工控制系统设计技术规定

DL/T 5182—2004　火力发电厂热工自动化就地设备安装、管路、电缆设计技术规定

DL 5190.4—2012　电力建设施工技术规范　第4部分：热工仪表及控制装置

DL/T 5210.4—2009　电力建设施工质量验收及评价规程　第4部分：热工仪表及控制装置

DL/T 5428—2009　火力发电厂热工保护系统设计技术规定

DL/T 5455—2012　火力发电厂热工电源及气源系统设计技术

2. 参考资料

［1］ 国家能源局〔2014〕161号，防止电力生产事故的二十五项重点要求。
［2］ 电力行业热工自动化技术委员会．火电厂热控系统可靠性配置与事故预控．北京：中国电力出版社，2010.
［3］ 柴彤．热工控制系统技术问答．北京：中国电力出版社，2014.
［4］ 朱北恒．火电厂热工自动化系统试验．北京：中国电力出版，2006.

编 制 说 明

1. 适用范围

本手册适用于火力发电厂热工专业的隐患排查，排查范围包括DCS、自动控制、主保护、电源、辅机保护连锁等。

2. 用词说明

在执行本手册时，对一些表示要求严格程度的用词，说明如下，以便执行中区别对待。

（1）表示很严格，非这样做不可的用词：正面词采用“必须”；反面词采用“严禁”。

（2）表示严格，在正常情况下均应这样做的用词：正面词采用“应”；反面词采用“不应”或“不得”。

（3）表示允许稍有选择，在条件许可时首先应这样做的用词：正面词采用“宜”；反面词采用“不宜”。

（4）表示有选择，在一定条件下可以这样做的用词采用“可”。

（5）表示一般情况下均应这样做，但硬性规定这样做有困难时，采用“应尽量”。

目 录

第一章

热工设备隐患排查DCS部分

项目	内容	标准	编制依据	方法	周期
电源	电源	详见“第四章　热工设备隐患排查电源部分”			
DCS环境及防护	环境	1. 电子设备间、工程师室和控制室内环境指标应符合：温度15～28℃，温度变化率≤5℃/h，湿度45%～70%，振动<0.5mm，含尘量≤0.3mg/m^3，宜将温度、湿度进入DCS显示。	DL/T 774—2015《火力发电厂热工自动化系统检修运行维护规程》4.3.2.1.5	现场检查	日常
		举例：某厂电子设备间湿度大，在温度突变的情况下导致DCS机柜内结露，造成模块故障、烧坏。			
		2. 电子设备间空调设备及空调电源宜冗余配置，保证可靠工作，防止空调设备故障造成保护及控制装置过热失灵。		现场检查	基建期或设备改造后
		举例：某厂电子间空调失电，导致电子间温度升至40℃，多块卡件故障。			
		3. 电子设备间、工程师室和控制室内严禁有产生较大电磁干扰的设备。	《防止电力生产事故的二十五项重点要求》9.1.10	现场检查	机组检修
		举例1：某厂电气人员在DCS电子间例行巡查维护时，通过大功率对讲机与现场人员进行通信，导致机组负荷瞬间由540MW降至248MW，汽包水位控制异常导致机组非停。分析得知，通信工具干扰了功率测点测量和传输，引起控制系统控制异常。 **举例2：**某厂一年内在没有任何前兆和规律的情况下两台机组主保护误动3次，发生多起重要辅机跳闸或信号跳变现象，经过分析为了提高DCS抗干扰能力对DO卡件进行升级，但问题仍没有得到解决。原因分析：该厂分别在生产办公楼、化学楼、集控楼电子设备间上一层加装了功率约400W，信号频段上行890～909MHz、下行935～954MHz的数字光纤射频拉远设备，与电子间控制柜垂直距离仅4m，显然该厂DCS长期处在较强的辐射干扰环境中。辐射干扰驱动该厂DCS 5V DO继电器，2号机组因误发OPC动作信号引起跳闸，1号机组因误发压比低保护动作信号引起跳闸，该厂采取相应措施后虽然避免了DO误发事件，但1号机组控制器通信受到干扰，又一次引起1号机组跳闸。停止数字光纤射频拉远设备后至今未再发生因DCS跳机事件。			
		4. 电子设备间、工程师室和控制室必须装有温度计和湿度计，孔洞封堵可靠，屏柜上方应有防漏水措施；机柜内防尘滤网通风状态良好，温度高报警信号设置正确。	《火电厂热控系统可靠性配置与事故预》16.5	现场检查	基建期或设备改造后
		举例：某厂循环水系统远程控制柜内凝结水珠，造成个别通道故障，经检查，为远程控制柜底部电缆槽内潮湿空气上升在柜内凝结所致。			
		5. 对可能引入谐波污染源的检修段母线电源、照明段母线电源等加装谐波处理装置，以防止其他设备使用检修段电源时产生的谐波污染干扰热控系统工作。	《火电厂热控系统可靠性配置与事故预》16.6	电气专业协查	机组检修

续表

<table>
<tr><th>项目</th><th>内容</th><th>标准</th><th>编制依据</th><th>方法</th><th>周期</th></tr>
<tr><td rowspan="16">DCS环境及防护</td><td rowspan="8">环境</td><td colspan="4">举例1：某厂电焊机工作时对检修段母线电源造成谐波污染，使热工的伴热电源回路产生谐波分量，通过电缆间的电导耦合干扰，影响了锅炉汽包水位、汽包压力等重要信号。
举例2：某机组在基建调试阶段，1号机组脱硫增压风机振动大引发跳闸。分析得知，电焊机接地点与焊接点不同，焊接时接地线上电势差使TSI测量电缆屏蔽层上产生环流，经耦合损坏模件与前置器。</td></tr>
<tr><td>6. 机柜、电源装置的风扇应工作正常，风向正确，柜门关闭紧密。</td><td></td><td>现场检查</td><td>日常巡检</td></tr>
<tr><td colspan="4">举例：某厂MC0102主控柜风扇停运多日未发现，柜内温度高导致主控制器死机。</td></tr>
<tr><td>7. 清洁模件使用吸尘器、鼓风机等电动工具时应佩戴防静电手环或采用防静电型号，防止模件损坏。</td><td></td><td>规范作业</td><td>日常</td></tr>
<tr><td colspan="4">举例：某厂在采用鼓风机进行模件清灰作业时，未佩戴防静电手环导致多块模件损坏。</td></tr>
<tr><td>8. 机组间工程师站和电子设备间设物理隔离，在醒目位置放置运行标志牌，宜配置准入门禁，防止走错间隔。</td><td></td><td>现场检查</td><td>基建期</td></tr>
<tr><td colspan="4">举例：某厂在进行停备机组开机试验时，误入运行机组导致运行机组非停。</td></tr>
<tr><td>1. 电子设备间、工程师室和控制室，应请电气专业配合选择合理的位置安装防浪涌保护器，或确认已安装防浪涌保护器的位置合理。</td><td>《火电厂热控系统可靠性配置与事故预》16.1</td><td>电气专业协查</td><td>基建期或设备改造后</td></tr>
<tr><td rowspan="4">防雷</td><td colspan="4">举例：某厂未安装防浪涌保护器，因雷击导致汽轮机轴振大保护动作机组非停。</td></tr>
<tr><td>2. 金属导体、电缆屏蔽层及金属线槽（架）等，由露天场地（循环水泵房等）进入电缆隔层的金属电缆桥架（线槽）及电缆屏蔽层等，应满足防浪涌保护器安装要求或采用等电位连接。其保护信号的屏蔽电缆，应在屏蔽层两端及雷电防护区交界处做等电位连接并接地。当采用非屏蔽电缆时，应敷设在金属管道内并埋地引入，金属管应具有电气导通性，并应在雷电防护区交界处做等电位连接并接地，其埋地长度应符合规定要求。</td><td></td><td>现场检查</td><td>基建期或设备改造后</td></tr>
<tr><td>3. 电子设备间内信号浪涌保护器的接地端，宜采用截面积不小于1.5mm^{2}的多股绝缘铜导线，单点连接至电子设备间局部等电位接地端子板上；电子设备间内的安全保护接地、信号工作接地、屏蔽接地、防静电接地和浪涌保护器接地等，均连接到局部等电位接地端子板上。</td><td></td><td>现场检查</td><td>基建期或设备改造后</td></tr>
<tr><td colspan="4">举例：某厂ETS的PLC系统由于雷击诱因，导致手动打闸、润滑油压低、EH油压低、真空低、发电机跳闸同时误发信号，机组非停。</td></tr>
</table>

续表

项目	内容	标准	编制依据	方法	周期
接地	接地	1. 所有进入分散控制系统的控制信号电缆必须采用质量合格的屏蔽电缆，且可靠单端接地；分散控制系统与电气系统共用一个接地网时，分散控制系统接地线与电气接地网只允许有一个连接点。	《防止电力生产事故的二十五项重点要求》9.1.7	现场检查	基建期或设备改造后
		举例：某厂引风机轴承温度测点因屏蔽线与一次元件外壳碰触，造成两点接地，导致温度跳变。			
		2. 控制系统接入厂级接地网的接地点，应保持与大功率电气设备接地点的距离大于5m，且在该点范围内不得有高电压、强电流设备的安全接地和保护接地点。	DL/T 1340—2014《火力发电厂分散控制系统故障应急处理导则》附录A	现场检查	基建期或设备改造后
		3. 当厂区电气系统接地网接地电阻值小于4Ω时，控制系统可直接接入厂级接地网；当厂区电气系统接地网接地电阻值较大或控制系统制造厂有特殊要求时，应独立设置接地系统且接地电阻应小于4Ω（或按仪表制造厂要求确定）。	DL/T 1340—2014《火力发电厂分散控制系统故障应急处理导则》附录A	现场检查	基建期或设备改造后
		4. 杜绝DCS与动力设备之间的共通接地。DCS系统的总接地铜排到DCS专用接地网之间的连接，需采用导线截面积满足厂家要求的多芯铜质电缆。	《火电厂热控系统可靠性配置与事故预》16.2	现场检查	基建期或设备改造后
		5. 对于接入同一接地网的热控设备，可以采用电缆连接，但需要保证接地网的接地电阻满足要求，实现等电位连接；对于分开等电位连接（未接入同一接地网）的本地DCS机柜和远程DCS机柜之间的连接，应使用无金属的纤维光缆或其他非导电介质。	《火电厂热控系统可靠性配置与事故预》16.2	现场检查	基建期或设备改造后
		6. DCS机柜接地应严格遵守有关规程、规范和制造厂的技术要求。与建筑物钢筋不允许直接连通的DCS机柜，应保持与安装金属底座的绝缘，所有机柜的外壳、电源地、屏蔽地和逻辑地应分别接到机柜的各接地线上，再通过导线截面积满足制造厂规定要求的多芯铜质电缆，以星形连接方式汇接至接地柜的铜排上，整个接地回路不得出现多点接地，接地连接处紧固，接地电阻严格满足DCS厂家要求。与楼层钢筋可直接连通的DCS机柜，其安装底座应与楼层钢筋焊接良好，DCS机柜除了与安装底座用螺栓紧固外，还应通过导线连接至接地点，两端采用压接方式连接紧固。	《火电厂热控系统可靠性配置与事故预》16.2	现场检查	基建期或设备改造后

续表

项目	内容	标准	编制依据	方法	周期
接地	接地	**举例：**某厂脱硝改造中新增的DCS机柜与建筑钢筋焊接，在焊接过程中造成多个模块损坏。			
		7. 机柜内部的接地应采用导线直接连接至机柜接地排；远程控制柜或I/O柜应就近独立接入电气接地网；现场测量控制系统设备接地按规定要求连接，烟囱附近的热控设备接地不得连接烟囱接地系统。	《火电厂热控系统可靠性配置与事故预》16.2	现场检查	基建期或设备改造后
		举例：某厂一机组脱硫改造中，为图方便（或对防雷要求不了解），将脱硫CEMS小间电源接地与烟囱接地系统连接，雷击造成脱硫CEMS设备以及PLC模块烧坏。			
		8. I/O信号的屏蔽线要求单端接地。信号端不接地的回路，其屏蔽线应直接接在机柜接地线上；信号端接地的回路，其屏蔽线应在信号端接地。	《火电厂热控系统可靠性配置与事故预》16.2	现场检查	基建期或设备改造后
		举例：某厂600MW机组的1个高压调门（GV1）出现剧烈抖动，通过检查发现信号屏蔽线存在两端接地情况，解除了现场端的接地，同时更换了VP卡和伺服阀，对阀门重新进行标定和控制参数进行优化，处理后干扰消失。			
		9. 具有“一点接地”要求的控制系统，机组A级检修时，应在解开总接地母线连接的情况下，进行DCS接地、屏蔽电缆的屏蔽层接地、电源中性线接地、机柜外壳安全接地4种接地系统对地的绝缘电阻测试，以及接地电极接地电阻值测试。各项数值应满足有关规程、规范的技术要求。	《火电厂热控系统可靠性配置与事故预》16.2	现场检查	机组检修
		举例：某厂OVATION控制系统，在机组升负荷期间，给水自动切手动，CCS退出，部分画面模拟量点紫色报警，测点品质为“BAD”（坏值）。热工人员对显示坏值的测点汇总，发现坏值的测点都接在同一对控制器下的1、2号分支上，类型均为“AI”型。检查对应AI卡件，“ERROR”指示灯点亮，通道指示灯均为红色，控制器I/O接口模块O_1指示灯闪烁，卡件输出电压低。分析得知，OVATION系统接地分CG机柜地和PG电源地两种。CG接地原则是每个接地簇的机柜地单点连接到DCS系统的专用接地网上。所有控制器分支（Brance）的PG端子互相串联在一起，在电源分配板右上角用电位接地环接通。PG和CG端对地都应导通。卡件输出电压低是因为电源分配板上PG和机柜地接触不良造成PG对地电阻大，形成较大的接触电压干扰。			
		10. 热控系统中的数字地（各种数字电路的零电位）应集中接到一点数字地，以减小对模拟信号的干扰；同样，各模拟电路的模拟地（变送器、传感器、放大器、A/D和D/A转化器等模拟电路的零电位）也应集中连接到一点模拟地，然后模拟地和数字地再汇集至接地铜排上。	《火电厂热控系统可靠性配置与事故预》16.3	现场检查	基建期或设备改造后

续表

<table>
<tr><th>项目</th><th>内容</th><th>标准</th><th>编制依据</th><th>方法</th><th>周期</th></tr>
<tr><td rowspan="5">接地</td><td rowspan="5">接地</td><td colspan="4">举例：某厂4号机组在正常运行中B侧所有风机轴承温度出现间隙性、周期性异常，一到晚上，所有温度剧烈波动，导致速率保护频繁动作，而白天所有情况又都恢复正常。经多项试验与反复检查，最后确认干扰来自2B一次风机振动信号，其采用的供电方式为外供电。外供电DC 24V电源装置滤波回路元件受环境温度影响所造成的高频干扰，而DCS系统接地对高频干扰的屏蔽作用不好。后更换DC 24V电源装置后，系统恢复正常。</td></tr>
<tr><td>11. 当利用金属桥架作为接地线时，电缆桥架的起始端和终点端与接地网可靠连接。全长不大于30m时，不应少于2处与接地网连接；全长大于30m时，应增设间隔20～30m与接地网的连接点，应保证电气连接的全长贯通。</td><td>DL 5190.4—2012《电力建设施工技术规范　第4部分：热工仪表及控制装置》8.4.3</td><td>现场检查</td><td>基建期或设备改造后</td></tr>
<tr><td>12. 采用现场单独专用接地网的接地铜板面积应符合设计要求，通常为900mm×(900～1200mm)×1200mm，与其他接地极相距应大于10m，且专用接地网应与电气地网连接。</td><td>DL/T 1340—2014《火力发电厂分散控制系统故障应急处理导则》附录A</td><td>现场检查</td><td>基建期或设备改造后</td></tr>
<tr><td>13. 地线汇集板和地网接地极之间连接的接地线截面积不应小于$50mm^2$，系统内机柜中心接地点至接地母线排的接地线截面积不应小于$25mm^2$，机柜间链式接地线的截面积不应小于$6mm^2$；接地线应采用多芯软铜线；接地电缆线应采用压接接线鼻子后与接地母线排可靠连接。</td><td>DL 5190.4—2012《电力建设施工技术规范　第4部分：热工仪表及控制装置》8.4.11</td><td>现场检查</td><td>基建期或设备改造后</td></tr>
<tr><td colspan="4">举例：某电厂运行中的3号机组因雷击报警，发“3号机组4号轴承温度大于120℃”。之后，检查发现多处控制系统出现问题：机前压力C测点故障，DEH跳闸，4号轴承温度故障，DD层小风门全部故障，EF层1、2角风门故障，1号一次风机变频器温度显示异常，2、3号补给水提升泵电流显示异常，3号脱硫增压风机动叶反馈故障，增压风机入口压力和GGH出口压力显示故障，DCS系统多台显示器显示异常。雷击时，3、4号机组烟囱周围区域有较强雷电活动，雷电流虽通过烟囱引入了大地，但同时产生了极大的感应电动势，造成设备的地电位发生很大变化，接地线与电源、信号等接线之间产生过电压，导致DCS卡件电源、通信电缆等产生瞬时脉冲电压，从而导致I/O卡件、执行器、变送器、显示器损坏。分析得知：
1. DCS保护接地、屏蔽接地和电气防雷接地采用全厂公用的接地网，当遭受雷击时，接地线与信号线、电源线等线路会产生电位差，使电子设备被反向击穿。
2. 据观察，脱硫系统的电源电缆距离烟囱接地引下线距离较近，当遭受雷击时，强大的接地电流会使电缆沟中的信号线、电源线等感应带电。</td></tr>
</table>

续表

项目	内容	标准	编制依据	方法	周期
接地	接地	3. 雷击产生后，通过I/O电缆的走线桥架和建筑物接地引下线产生电感性耦合，会在附近的I/O金属线缆上感应出数以千伏的浪涌电压，电缆走线桥架未完全采取金属屏蔽，I/O线中可能产生较大的感应电动势。 4. 电厂DCS部分接地与电源线共用一个桥架，当接地线有强脉冲电流通过时，会产生强烈的电磁感应，使电源产生脉冲电流。 5. 通过对现场损坏的控制系统装置的检查，发现主要是装置的输入/输出接口元器件有损坏，原因可能是雷击时信号线上感应了数以千伏的浪涌电压，并通过卡件形成电流回路，击穿相应的卡件通道或公共电路。			
		14. OVATION系统每个机柜的PG（数字地）接地点出厂时，通过电源分配板上安装的短路棒与CG（保护地）连接。在安装机柜组群时，仅在中心机柜保留此跳线，定期对此跳线连接情况进行检查。		规范作业	实时
		举例： 某厂2号机组采用OVATION系统，机组正常运行中凝结水泵出口压力、凝结水精处理出口压力的几个测点测量值比实际工况值偏小，如凝结水泵出口就地压力表显示为3.2MPa，DCS中显示测量值为1.02MPa。检查就地测量变送器的正负接线端子电压为12.2V DC，就地变送器铭牌上标明的工作电压为10.5～55V DC，测量卡件的供电电压也只有12.4V DC。进一步检查发现是PG与CG的接地不良造成的。对电源分配板的接地进行处理后，测量显示正常。			
		15. 绝缘式热电偶应在DCS侧接地，接壳式热电偶因测量负极与外面的保护管导通DCS侧不能接地。DCS系统热电偶模块设置有特殊要求的，应按厂家要求。（例如，OVATION系统在热电偶模件内部有2个跨接片，如采用绝缘式热电偶则2个跨接片均保留，如采用接壳式热电偶则2个跨接片均取消。）		现场检查	基建期或设备改造后
		举例： 某厂OVATION系统接壳式热电偶两点接地，导致温度测量波动大。			
		16. TSI系统中，通常COM与机架电源地在出厂时，缺省设置为导通，整个TSI系统是通过电源地接地，因此与其他系统连接时，应把TSI系统和被连接的系统作为一个整体系统来考虑，并保证屏蔽层为一点接地。如通过记录仪输出信号（4～20mA）与第三方系统连接时，须确认COM端在第三方系统中的情况。	《火电厂热控系统可靠性配置与事故预控》9.3	规范作业	基建期或设备改造后
		举例： 某厂在进行2号机组发电机轴电压测试过程中，在测励端挡油盖对地电压时，因6Y瓦振大（其他瓦振也相应增大）汽轮机跳闸。造成6Y振动大的原因是接头绝缘存在问题，导致励侧大轴和励侧试验端子BCE6短接时有谐波电压进入6Y轴振信号的COM端。因TSI系统COM端为公用端，导致其他瓦振也相应增大。检查与第三方（DEH）系统之间的信号接地情况，DEH系统未隔离，TSI系统的COM接地导致COM端有1V谐波电压进入。			

续表

项目	内容	标准	编制依据	方法	周期
DCS控制器、服务器	冗余与分散	1. 控制器应采用冗余配置，其对数应严格遵循机组重要保护和控制分开的独立性原则配置，不应以控制器能力提高为理由，减少控制器的配置数量，从而降低系统配置的分散度。	《火电厂热控系统可靠性配置与事故预控》3.2	现场检查	基建期或设备改造后
		2. 采用B/S、C/S结构的分散控制系统的服务器应采用冗余配置，服务器或其供电电源在切换时应具备无扰切换功能。	《防止电力生产事故的二十五项重点要求》9.1.2	现场检查、试验	基建期或设备改造后，切换实验应在机组检修
		举例：某厂DCS系统采用B/S、C/S结构，其服务器为单台设计，由于运行年限较长，服务器出现故障死机，导致上下位信息无法交换，操作员操作指令无法下发，控制器的控制和监视信息无法上传，监控画面无法刷新，最后只能启动停机预案。本次事故是典型的系统核心节点硬件设计缺陷导致。			
		3. 机组DCS、DEH、脱硫以及外围辅控等主要控制系统的控制器均应单独冗余配置。单元机组控制系统的控制器均应冗余配置，任一控制器配置点原则上每对不大于400点。	DL/T 261—2012《火力发电厂热工自动化系统可靠性评估技术导则》6.2.1.1	现场检查	基建期或设备改造后
		4. 送风机、引风机、一次风机、空气预热器、给水泵、凝结水泵、真空泵、重要冷却水泵、重要油泵、增压风机、A/B段厂用电以及非母管制的循环水泵等多台组合或主/备运行的重要辅机（辅助）设备的控制，应分别配置在不同的控制器中，但允许送、引风机等按介质流程的纵向组合分配在同一控制器中。	DL/T 261—2012《火力发电厂热工自动化系统可靠性评估技术导则》6.2.1.1	现场检查	基建期或设备改造后
		举例：某厂送风机、引风机配置在同一控制器中，因该控制器故障导致MFT动作。			
		5. 300MW及以上机组磨煤机、给煤机和油燃烧器等多台冗余或组合的重要设备控制，应按工艺流程要求纵向组合，配置至少3对控制器。同一控制系统控制的纵向设备布置应在同一控制器中。	DL/T 261—2012《火力发电厂热工自动化系统可靠性评估技术导则》6.2.1.1	现场检查	基建期或设备改造后
		6. 单台辅机/子系统的顺序控制功能及其相应的连锁、保护功能应在同一控制器内实现。互为备用的辅机/子系统的顺序控制用I/O信号应接入不同的I/O模件，以保证工艺子系统/辅机设备安全及工艺子系统/辅机设备冗余有效。	DL/T 5175—2003《火力发电厂热工控制系统设计技术规定》6.2.2.10	现场检查	基建期或设备改造后

续表

<table>
<tr><th>项目</th><th>内容</th><th>标准</th><th>编制依据</th><th>方法</th><th>周期</th></tr>
<tr><td rowspan="10">DCS控制器、服务器</td><td rowspan="6">冗余与分散</td><td>7. 机组主控系统中，重要辅机设备配置并列或主/备运行方式时，应将并列或主/备辅机系统的控制、保护功能配置在不同的控制处理器中。</td><td>DL/T 1083—2008《火力发电厂分散控制系统技术条件》4.3.2.3</td><td>现场检查</td><td>基建期或设备改造后</td></tr>
<tr><td>8. 主副控制器冗余切换要确定副控制器在正常运行状态下才可进行。</td><td></td><td>规范作业</td><td>实时</td></tr>
<tr><td colspan="4">举例：某厂ABB系统，主控制模件状态灯绿闪，其错误信息为NVRAM内存检查错误；主模件指示灯7、8亮、表明主模件继续在执行状态运行，主模件出错时没能完成冗余切换；从模件状态灯绿色，表明从模件在执行状态，但冗余指示8灯不亮，表明从模件冗余切换不成功。这种情况下不能强制手动冗余切换。由于电厂热工人员就该问题进行判断与处理时，过于相信DCS厂家技术人员的水平，在未制订完善安全措施的情况下，进行了手动冗于切换，导致非停。</td></tr>
<tr><td>9. 应定期对控制器主/备冗余情况进行巡视，防止失去备用导致控制器切换失败。</td><td></td><td>检查巡视记录</td><td>日常巡检</td></tr>
<tr><td colspan="4">举例1：某厂补水系统PLC的CPU热备通信模块故障，在主控制器故障的情况下无法切到备用控制器，导致补水系统瘫痪。
举例2：某厂11号机组244MW负荷运行中，DCS的M8主控制器故障，在主从控制器切换过程中，控制器与IO子模件通信异常，导致汽包水位测量计算错误，汽包水位高、低信号误发，水位高Ⅲ值保护误动作，机组跳闸。</td></tr>
<tr><td rowspan="5">性能</td><td>1. 应在控制软件完成后进行控制器冗余能力的测试，控制器切换时，硬件I/O、通信和控制块数据、参数和状态应无扰动。</td><td>DL/T 1340—2014《火力发电厂分散控制系统故障应急处理导则》附录A</td><td>试验</td><td>机组检修</td></tr>
<tr><td colspan="4">举例：某厂1号机组OVATION系统，A、B循泵出口蝶阀状态、指令信号以及循泵温度等信号由就地远程站通过远程节点卡，经光纤与电子间的drop16/66控制器进行数据通信。异常工况发生时，负责与drop16控制器通信的循泵系统远程节点卡故障，导致两台循泵跳闸，凝汽器真空低保护动作。分析得知，drop16/66控制器为主辅冗余配置，循环水系统远程站的远程节点卡（包括电源、光纤等通信回路）也是对应的冗余配置，但该控制器组态设置时将“Disable Controller Failover on Node Failure”功能开启，即当远程节点卡故障时不触发控制器切换，因此本次异常发生时，负责与drop16控制器通信的循泵系统远程节点卡故障后，drop66控制器未能及时接管，实际失去了冗余备用功能。</td></tr>
<tr><td>2. 控制器内存余量不小于40%，负荷率正常运行情况下不大于40%，在恶劣工况下不大于60%。</td><td>DL/T 261—2012《火力发电厂热工自动化系统可靠性评估技术导则》6.2.1.2</td><td>现场检查</td><td>日常</td></tr>
<tr><td colspan="4">举例：某厂200MW机组DCS改造，由于系统配置的负荷率计算不准，且为了减少投资技术指标均靠近允许极限，加之该系统有运行时中间虚拟I/O点量大的特点，所以在改造后期（大修即将结束时）调试时发现，个别控制器的负荷率竟超过了90%，个别软手操操作响应竟接近1min，根本无法使用，后经过大幅度系统调整（系统重新增加配置），才解决了这个问题。</td></tr>
</table>

续表

<table>
<tr><th>项目</th><th>内容</th><th>标准</th><th>编制依据</th><th>方法</th><th>周期</th></tr>
<tr><td rowspan="10">DCS控制器、服务器</td><td rowspan="10">性能</td><td>3. 进行控制器切换时，应留充足时间保证主/备控制器逻辑对拷完毕，防止因程序拷贝过程中断而造成的组态不完整甚至损坏控制器。</td><td></td><td>规范作业</td><td>实时</td></tr>
<tr><td colspan="4">举例：某厂对DCS控制器（DPU）进行清扫吹灰维护后，重新上电发现部分DPU内控制组态出现缺失，经查原因是：切断副控DPU供电，清扫完毕待并上电后，再切断主控DPU进行清扫；为了节约时间，从副控上电到切断主控电源的间隔时间不够，使同步从主控拷贝组态的过程中主控DPU断电，此时还未完成组态的同步过程，造成控制器内逻辑组态缺失；切换后刚上电的DPU升为主控DPU，而待另一台DPU（即原主控DPU）清扫完后上电再次同步时，又将不完整的组态文件同步过来，造成两台DPU内的组态都不完整。将各DPU组态的备份恢复到DPU后正常。</td></tr>
<tr><td>4. 更换运行机组的控制器，应仔细核对模件的硬件设置、芯片版本、固件版本。更换前，如具备条件，应在停运机组进行测试。</td><td></td><td>规范作业</td><td>实时</td></tr>
<tr><td colspan="4">举例：某厂在机组运行中更换故障的冗余控制器，备件通过测试后存放了较长时间，更换前没有在停运机组测试，刚将备件插入插槽就导致跳闸输出，导致一台小机跳闸。</td></tr>
<tr><td>5. Symphony系统控制器的NVRAM电池寿命为9～10年，宜在第8年更换。</td><td></td><td>现场检查</td><td>机组检修</td></tr>
<tr><td>6. FOXBORO公司I/A系统存在部分CP负荷率过高，应对其组态的BPC进行重新合理设置，并相应调整其相位，删除控制器内未连接点、未定义点。</td><td></td><td>规范作业</td><td>实时</td></tr>
<tr><td colspan="4">举例：某厂（FOXBORO系统）控制器负荷率因各种问题超高（75%），造成控制器离线。</td></tr>
<tr><td>7. 新华XDPS 400系统控制器DPU在更换前应修改CMOS选项，未修改可能导致主控切换时数据中断（进入PNP/PCI Configuration选项，找到IRQ Resoures，设置IRQ3、4、5、7、10、11为Legacy ISA，其他9、12、14、15为PCI/ISA PNP）。</td><td></td><td>规范作业</td><td>实时</td></tr>
<tr><td colspan="4">举例：某厂1号机组新华XDPS 400系统，控制器DPU11切为主控，数据会中断1～2s，控制器DPU31切为主控一切正常，主要原因就是控制器DPU11的CMOS配置存在问题。</td></tr>
<tr><td>8. 新华XDPS 400系统控制器DPU在更换前应修改控制器的网络节点号、配置文件（Vdpu. cfg，Vio. dll，Vdpu. _ex，Vfunc. dll，Xnet. dll）。</td><td></td><td>规范作业</td><td>实时</td></tr>
</table>

续表

项目	内容	标准	编制依据	方法	周期
DCS控制器、服务器	性能	**举例：** 某厂1号机组新华XDPS 400系统，控制器DPU21损坏，热工人员将停备2号机组控制器DPU拆至1号机组，未修改配置文件直接接入，导致另一台DPU离线。			
		9. Symphony系统两个冗余的电源模块版本必须保持一致。		规范作业	实时
		举例： 某厂Symphony系统在更换电源时未核对电源模块版本，导致2块电源模块烧坏。			
		10. Symphony系统服务器、交换机、操作员站的以太网宜采用RNRP方式连接，去除交换机之间的互连线。		现场检查	基建期或设备改造后
DCS通信	通信网络冗余与容错	1. 机组DCS、DEH、脱硫以及外围辅控等各主要控制系统的主控通信、I/O通信的网络交换设备（通信接口或通信模件）应选一级设备并冗余配置。	DL/T 261—2012《火力发电厂热工自动化系统可靠性评估技术导则》6.2.2.1	现场检查	基建期或设备改造后
		举例1： 某厂（燃机）控制系统电源卡PPDA网络硬件虽冗余配置，但软件设置不正确，造成处于单网运行，机组运行中，其中一台交换机故障，导致电源卡与控制器通信中断，触发“直流电压低”信号启动自动停机程序，机组非停。 **举例2：** 某厂1号机组采用Symphony系统，因通信接口模件配置参数有误，主通信卡故障切至副通信卡后，导致DCS内A汽泵转速信号异常，最终水冷壁出口温度高保护动作，机组跳闸。原因分析：机组运行中，通信卡件主卡故障后，副卡接管，除转速用的计数DP卡外，其他卡件的数据均能够正常上传，但转速信号处于冻结状态（失去实时更新能力），手动复位故障通信卡后，主卡件故障灯消失。热工人员后采用信号发生器模拟转速（脉冲）信号发至CI840通信卡，并拔出主通信卡模拟事件当时的工况，发现控制器接收的转速信号再次出现冻结和示值异常的现象。针对此问题，热工人员协调DCS厂家，要求在其厂内搭设测试环境进行测试，之后厂家确认该问题原因为通信接口模件CI840、计数输入模件DP820配置参数有误，具体为通信接口模件CI840中的S23（定义通道数据类型及地址）存在STAT=0：0字段，有两种情况会导致这种现象，一是在组态时没有删除STAT=0：0字段（默认存在的），二是在组态删除了STAT=0：0字段，但在增加新的硬件定义后在编译时勾选了“重新刷新”弹窗导致此字段再次出现，即恢复到原始设置。STAT参数是模件和通道的状态参数，正常来讲系统会根据硬件结构自动计算STAT参数，但是如果在功能块里填写了STAT参数，则系统自动计算的参数不起作用。因为STAT=0：0这个参数与DP820模件不匹配，导致在CI840切换后重新建立通信连接时DP820模件被标记为坏质量，DP820的数据控制器无法收到。这才导致CI840切换后计数模件DP820的输出信号异常，MEH转速信号无法实时更新。后将STAT=0：0删除，再次试验时正常。			
		2. 控制单元和操作员站的通信处理模件均应独立、冗余配置。	DL/T 261—2012《火力发电厂热工自动化系统可靠性评估技术导则》6.2.2.1	现场检查	基建期或设备改造后

续表

项目	内容	标准	编制依据	方法	周期
DCS通信	通信网络冗余与容错	3. 连接到数据通信系统上的任一系统或设备故障、通信介质局部故障或中断时，不会引起机组跳闸或影响控制器的正常运行、导致通信系统瘫痪或影响其他联网系统设备正常工作。	DL/T 261—2012《火力发电厂热工自动化系统可靠性评估技术导则》6.2.2.1	试验	机组检修
		举例1： 某厂3号控制器（主控）故障前，2号控制器（辅控）因硬件故障或通信阻塞，已经同I/O总线失去了通信。当3号控制器因主机卡故障离线后，2号控制器升为主控，但无法读取I/O数据，造成参与汽水系统控制的一对冗余控制器同时失灵，给水自动控制系统失控，汽包水位保护失灵。在新更换的3号控制器重启成功后释放强制点的过程中，DCS将旁路给水调节门指令置零，关闭旁路调节门，造成汽包缺水。 **举例2：** 某厂燃机公用系统综合泵房PLC系统（西门子S7-400）网络柜失电，两个交换机同时失电、光纤收发器故障，冗余A路PLC切换至B路PLC，由于PLC OB组织块未配置OB88（过程中断程序），通信故障导致A路CPU进入停止状态，失去冗余。综合泵房切换至B-CPU运行后，通信子模件故障，导致最后一组DO卡及AO卡输出均变为0（最后一组输出卡件带的设备为冷热水循环泵），再因冷热水循环泵启动指令（长指令）中断，冷热水循环泵跳闸，天然气加热水中断，引起天然气温度低于6.2℃，触发“天然气温度低”保护动作跳闸。			
		4. 网络系统具备故障诊断与报警功能，通信模件、交换机故障或局部网络中断时，应及时可靠诊断并发出报警信息。	DL/T 261—2012《火力发电厂热工自动化系统可靠性评估技术导则》6.2.2.1	试验	机组检修
		5. 互为冗余的通信设备必须保证完全物理隔离，不应共用一个通信光缆（电缆）、插头和通信模件。	DL/T 1340—2014《火力发电厂分散控制系统故障应急处理导则》附录A.5.5	现场检查	基建期或设备改造后
		6. 对于分层设置的网络交换机，每个控制器交换机上至少接一台操作员站。值长站宜与历史站接于同一交换机。		现场检查	基建期或设备改造后
		举例： 某厂Foxboro系统，所有操作员站集中连接到同一对交换机上，存在因一对交换机故障引起全部操作员站黑屏的隐患。			
		7. 对于多对通信设备（如交换机），即使任一对通信设备同时故障，操作员站通信也不应全部失去。操作员站应分散布置在不同的交换机上。	DL/T 1340—2014《火力发电厂分散控制系统故障应急处理导则》附录A.5.3	现场检查	基建期或设备改造后
		举例： 某厂300MW机组所有操作员站、工程师站数据中断，检查发现A、B网络交换机相继故障。分析得知，在A网络交换机故障前，B网络交换机就已通信堵塞但并未离线，当A网络交换机故障时，B网络交换机通信进一步恶化，最终导致所有通信中断。			
		8. 对于只有一对冗余交换机的网络，一个交换机故障如不能发出明显的报警信息，应让两台操作员站分别只连一台交换机，实现交换机故障监视功能。		现场检查	基建期或设备改造后

续表

项目	内容	标准	编制依据	方法	周期
DCS通信	通信网络性能	1. 机组检修中应对DCS进行性能测试，测试内容应包括网络流量测试、广播风暴测试、光纤链路性能、主控通信网络的数据通信负荷率。		试验	大修后或设备改造后
		2. 采用多机一控的电厂，必须保证机组之间的操作隔离和网络设备上的逻辑隔离，确保机组间不能相互访问，减少网络风暴对系统的影响。	《火电厂热控系统可靠性配置与事故预控》3.12	现场检查	基建期或设备改造后
		举例：某厂DCS系统改造后，频繁出现故障和死机导致机组非停，检查原因为改造后DCS系统上、下位机通信负荷率不匹配。			
		3. 多机组公用的设备和系统可设计公用控制系统主控通信网络，该网络应有相对独立性，与相关机组主控通信网络应配置在不同网段，应有可靠的访问限制机制。	DL/T 1083—2008《火力发电厂分散控制系统技术条件》6.2.1.5	现场检查	基建期或设备改造后
		举例：某厂在2号机组整机启动前进行DEH系统调试，一人通过Symphony系统的环路打开已经投产的1号机组DEH系统逻辑进行参考，但离开时忘记关闭此逻辑页，另一人正在做2号机组DEH系统的静态试验，试验中发现问题返回工程师站准备修改逻辑并下装，发现逻辑已打开（实际为1号机组逻辑），就直接在上面进行改动并下装，造成1号机组跳闸。			
		4. 应对历史库和SIS数据点进行整理，减少报警点、中间点等不必要的数据，修改不合理的采样时间和采样死区，降低网络负荷。		现场检查	大修后或设备改造后
		5. 新增通信网络接口或设备前，应对可能造成网络负荷率增大进行论证和测试。		试验	大修后或设备改造后
		举例：某厂3号机组IA系统网络故障，主要故障原因是：3号机组IA系统的Nodebus网络负荷远高于Foxboro建议值（<50%），现场实测时，其平均网络负荷高达90%以上，而其中第三方数据采集软件（SIS程序）占到了80%。当运行机组产生大量的过程报警或是工艺流程变化较大的等情况下，会造成网络数据流量的峰值，此时负荷超过了Nodebus设计指标。会导致冗余的Nodebus的A线堵塞，B线单网工作。然而，B线同样也无法承受如此高的的网络数据流量，最终导致了整个网络堵塞。			
		6. 对于网络交换机的每个端口有具体定义的系统（例如：Ovation、Foxboro等），严禁随便更换网络线缆的端口。新的交换机要保持与被换下的交换机配置相同，严禁直接更换未经配置的交换机。		规范作业	实时

续表

项目	内容	标准	编制依据	方法	周期
DCS通信	通信网络性能	**举例：**某厂6号机组DCS网络设备工作异常。6号机组DCS网络交换机端口组态定义与实际联接的端口类型不一致，造成各控制器、工作站数据交换存在混乱现象，引起网络上数据通信量与网络设备的负荷率增加。在一定条件下引起网络数据交换发生堵塞，控制器离线。			
		7. 不宜在机组运行时对系统进行软、硬件的改动，尤其不宜进行与A、B实时网络有关的更改或调试工作。如的确需要进行在线修改，DCS厂家工程师必须与用户单位技术部门共同制定安全措施并得到批准后方可实施。		规范作业	实时
		举例：某厂在现场进行实时数据通信试验。目的是将3号机组中公用系统的控制，通过通信功能在4号机组中能进行监视和操作。调试通信软件的工作中，因配置失误将3号机组中的大量实时数据广播到4号机组的实时网中，导致4号机组的通信紊乱，DPU的负荷率急剧升高，多个DPU先后复位，机组MFT。			
		8. 通信电缆的敷设应与动力电缆保持500mm以上。		现场检查	基建期或设备改造后
		9. 以太网网线及接头宜由厂家定制，避免因质量和制作工艺不良导致通信不稳定等故障。		现场检查	基建期或设备改造后
		举例：某厂因网线水晶头铜片氧化导致操作员站上行数据不畅，操作指令响应缓慢，更换水晶头后正常。			
		10. 发现同型号DCS的软、硬件BUG应及时与DCS厂家联系解决。		现场检查	日常
		11. 环路电缆粗细转换处应绝缘可靠，避免和机柜接触。		现场检查	基建期或设备改造后
		12. Symphony系统进行模件切换试验时，第一次切换后，应在冗余BRC、NPM模件的第8个LED亮30s后方可再次切换，否则容易出现跨PCU的通信数据在接收端锁死的现象；如在机组运行中发现有数据锁死，可通过切换接收端BRC的方法解决，但应确认接收端的冗余BRC状态正常，冗余状态字节为YES时才能进行。		试验	机组检修
		举例：某厂集中检修后Symphony系统进行模件切换试验，由于操作人员切换过快，冗余BRC和NPM的第8灯刚亮就进行第二次切换，导致个别跨PCU的通信数据在接收端锁死，不发生变化，机组运行后才被发现，切换接收端BRC才使数据接收正常。			

续表

项目	内容	标准	编制依据	方法	周期
DCS通信	通信网络性能	13. Symphony 系统同一 PCU 内开关量通信信号延续时间应大于 1s（Controlway 通信 I/O 周期不能过短，建议 FC82 的 S13 设置为 1s，FC90 的 S2 设置为 0.25s。通常 FC82 的 S13 需要设置为 FC90 的 S2 的整数倍），防止数据接收不稳定。		现场检查	机组检修
		14. Symphony 系统的 Controlway 通信程序和芯片应升级到 A2 及以上版本，否则同一 PCU 内通信数据可能丢失。		现场检查	机组检修
		举例：某厂 Symphony 系统因 PCU 内通信数据丢失多次导致高中压段输水门运行中自开，升级通信芯片到 A2 版本后，问题解决。			
		15. Symphony 系统 PGP 不应有指向冗余控制器的标签，控制器中 FC95 不应指向冗余控制器。这样组态会引起频繁查询不存在的模件，导致错误计数大量增加，最终导致 Controlway 复位。		现场检查	基建期
		16. DCS 系统例外报告死区设置应合理，应兼顾通信负荷率和数据刷新时间。		现场检查	基建期
		举例：某厂 DCS 系统历史库所有数据采样周期、死区设置一致，造成大量不必要数据，同时发送 SIS 数据点也超过 12000 点，造成通信堵塞。			
		17. Infi90 和 Symphony 系统的环路电阻应在 30Ω 以内，集中检修后应对 DCS 环路电阻进行检查并做好记录，发现异常应逐个节点排查。		现场检查	基建期或设备改造后
		18. Symphony 系统 PGP 服务器的注册表项 option/netqueueentries 应设置成实际标签数量的 3 倍，否则会造成通信缓慢，log 文件巨大。注册表项 size/nmalad 应设置成实际标签数量的 2 倍，否则报警大量出现时会导致 PGP 运行缓慢。		现场检查	基建期或设备改造后
		19. 系统工程师站使用串口通信时，除计算机本身集成的 COM 口外，宜增加串口卡或 USB 转 RS-232 设备实现冗余。		现场检查	实时
		举例：某厂 DEH 系统工程师站与下位机通信采用 RS-232 接口，由于工程师站串口卡故障，导致无法及时修改参数。			

续表

项目	内容	标准	编制依据	方法	周期
DCS通信	通信网络性能	20. 国电智深EDPF-NT＋网络维护问题一般出现在对网络连接不清楚的情况下，错误插拔网线造成某个A网线连入B网交换机中，或某个B网线联入A网交换机中。一般主控室的交换机容易分清楚（靠网线颜色的不同区别），当存在二级交换机时（远程站），尤其是两级交换机由光纤连接时，容易分不清A、B网，故要小心操作，当网络维护不当造成实际连接为环网结构时，可能导致网络风暴，直至网络通信瘫痪。		规范作业	实时
DCS I/O	I/O模件	1. 为满足隔离或增加容量等需要而在测量和控制系统的I/O回路中加装隔离器时，应遵循以下原则： a）宜采用无源隔离器，否则隔离器电源宜与对应测量或控制仪表为同一电源。 b）应采取有效措施，防止积聚电荷而导致信号失真、漏电而导致执行器位置漂移、电源异常导致测量与控制失常现象发生。 c）隔离器安装位置，用于输入信号时应在控制系统侧，用于输出信号时宜在现场侧。	《火电厂热控系统可靠性配置与事故预控》3.11	现场检查	基建期或设备改造后
		举例：某600MW新机组，由于在招标技术规范中对I/O通道隔离性质表述不到位，DCS厂家做的配置很低，结果在调试时烧损了大量I/O板，后来改变了隔离方式和更换了硬件，电厂又花费了许多资金，也抵消了当初的招标价格优势。			
		2. 冗余配置的I/O信号，应分别配置在不同的I/O模件上。	DL/T 261—2012《火力发电厂热工自动化系统可靠性评估技术导则》6.2.3.1	现场检查	基建期或设备改造后
		3. 多台同类设备，其各自控制回路的I/O信号，应分别配置在不同的I/O模件上。	DL/T 261—2012《火力发电厂热工自动化系统可靠性评估技术导则》6.2.3.1	现场检查	基建期或设备改造后
		举例：某厂循环水泵房远程I/O柜内卡件松动，导致2台循泵出口蝶阀阀位反馈信号同时故障，2台循环水泵跳闸。			
		4. 模件、预制电缆、插槽、跨接器、排线等各部件之间应连接牢固、接触良好。		现场检查	机组检修

续表

项目	内容	标准	编制依据	方法	周期
DCS I/O	I/O模件	**举例：**某厂3号机组FSSS系统1号0PCU柜3号、4号主模件的冗余电缆经长时间使用后，存在表面氧化和接触不良的问题，造成主备控制器冗余切换不成功。			
		5. I/O模件的固定装置应紧固、可靠，预制电缆应固定牢靠，进行卡件插拔时，应有防止相邻卡件松动的措施，插入的卡件应与插槽和预制电缆接触良好。		现场检查	机组检修
		举例：某厂在处理ICV1伺服卡的时候，由于插拔导致ICV1卡旁边的ICV2伺服卡失去电源。			
		6. Symphony系统的TPS02应升级到B及以上版本，否则可能误发OPC指令。		现场检查	基建期或设备改造后
		举例：某厂运行机组忽然所有调门全关，经查为Symphony系统TPS02模件、端子板误发OPC信号所致，升级至B版本后问题解决。			
		7. 在线更换I/O模件前应对该模件所有点进行隔离，并强制与之对应的控制模件的连锁关系点，同时做好事故预案与安全技术措施。		规范作业	实时
		举例：某厂1号机组左侧中压调门反馈忽然显示故障，指示值为60%，初步检查为HSS03（液压伺服子模件）故障，在未采取任何安全措施的情况下，直接更换了新模件，造成负荷从295MW升至325MW。分析得知，因伺服卡故障实际左侧中压调门已关闭，但是DEH指令仍为100%，更换新卡件后，阀门全开至100%造成负荷突增。			
		8. 在线更换伺服卡前，应强制关闭对应伺服阀进油门，同时做好事故预案与安全技术措施，防止调门大幅度波动。		规范作业	实时
		举例：某厂DEH系统BCNET卡与VCC卡之间的MODBUS板有问题，在拔出一块VCC卡后调门大幅波动，导致A汽泵切手动、RB动作、炉内工况恶劣，锅炉保护动作，机组跳闸。			
	重要I/O信号配置	1. 电气负荷信号应通过硬接线直接接入DCS；用于机组和主要辅机跳闸的保护输入信号，必须直接接入对应保护控制器的输入模件。	《火电厂热控系统可靠性配置与事故预控》3.3	现场检查	基建期或设备改造后
		2. 控制机柜内热电偶冷端补偿元件，至少应在输入模件的每层端子板上配置，不允许仅在一机柜内设置一个公用补偿器。其补偿功能应通过实际试验，确定满足通道精度要求。	《火电厂热控系统可靠性配置与事故预控》7.2	现场检查	基建期或设备改造后
		举例：某厂热电偶冷端补偿元件仅在机柜内设置一个公用补偿器，FC112机柜公用补偿器故障后导致再热汽温、过热汽温以及一、二级减温器前后温度、壁温显示异常。			

续表

项目	内容	标准	编制依据	方法	周期
DCS I/O	重要I/O信号配置	3. 当用于保护和控制信号时，模拟量信号推荐采用三重冗余（或同等冗余功能）配置，如：机组负荷、汽轮机转速、轴向位移、给水泵汽轮机转速、凝汽器真空、汽轮机润滑油压力、热井水位、EH油压、主蒸汽压力、主蒸汽温度、主蒸汽流量、调节级压力、汽包水位、汽包压力、水冷壁进口流量、主给水流量、除氧器水位、送风风量、炉膛压力、增压风机入口压力、一次风母管压力、再热蒸汽压力、再热蒸汽温度、常压流化床床温及流化风量、中间点温度（作为保护信号时）、主保护信号等。	DL/T 261—2012《火力发电厂热工自动化系统可靠性评估技术导则》6.2.3.2	现场检查	基建期或设备改造后
		4. 双重冗余配置的模拟量信号：加热器水位、凝结水流量、汽轮机润滑油温、发电机氢温、汽轮机调节汽门开度、分离器水箱水位、给水温度、磨煤机一次风量、磨煤机出口温度、磨煤机入口负压、单侧烟气含氧量、除氧器压力、中间点温度（不作为保护信号时）等。当本项信号作为保护信号时，则应三重冗余（或同等冗余）配置。	DL/T 261—2012《火力发电厂热工自动化系统可靠性评估技术导则》6.2.3.2	现场检查	基建期或设备改造后
		5. “三取二”逻辑判断（或同等判断功能）配置的开关量信号：主保护动作跳闸（MFT、ETS、GTS）信号；连锁主保护动作的主要辅机动作跳闸信号。其中，炉膛保护信号取自两侧时，宜采用“四选二”判断逻辑（每侧的“二选一”信号组成“二选二”）。	DL/T 261—2012《火力发电厂热工自动化系统可靠性评估技术导则》6.2.3.2	现场检查	基建期或设备改造后
	I/O信号连接	1. 用于机组和主要辅机跳闸的输入信号，应通过硬接线直接接入对应保护单元的输入通道。不同系统间的重要连锁与控制信号，除通信连接外，还应硬接线连接并冗余配置。	DL/T 261—2012《火力发电厂热工自动化系统可靠性评估技术导则》6.2.3.4	现场检查	基建期或设备改造后
		2. GTS和DEH跳机信号，各自应有三路直接接至ETS并采用“三取二”判断逻辑。如只能送出两路信号至ETS，应采用“二取一”逻辑动作，跳闸汽轮机。		现场检查	基建期或设备改造后
		3. FSSS宜采用失电动作逻辑，其MFT继电器板应送出三路动断触点信号至ETS装置，在ETS内进行“三取二”逻辑判断后跳闸汽轮机。		现场检查	基建期或设备改造后
		4. 通过DCS控制且配有独立控制装置的控制回路，其自保持功能应在就地实现。		现场检查	基建期或设备改造后

续表

<table>
<tr><th>项目</th><th>内容</th><th>标准</th><th>编制依据</th><th>方法</th><th>周期</th></tr>
<tr><td rowspan="7">DCS I/O</td><td rowspan="3">I/O信号连接</td><td>5. 远程控制柜与主系统的两路通信电（光）缆要分层敷设。</td><td>《防止电力生产事故的二十五项重点要求》9.1.11</td><td>现场检查</td><td>基建期或设备改造后</td></tr>
<tr><td>6. DCS与DEH为不同厂家，SOE宜通过硬接线连接，采用一套系统。</td><td></td><td>现场检查</td><td>基建期或设备改造后</td></tr>
<tr><td>7. Symphony系统ASI23 I/O温度模件接入的热电偶、热电阻信号因干扰易引起信号波动。通过以下措施能有效解决：
a）FC216的S11（AD转换精度）设置为24。
b）屏蔽线和机柜的屏蔽棒可靠地连接。
c）端子板接地螺钉可靠地与机柜连接。
d）加1μF滤波电容。</td><td></td><td>现场检查</td><td>基建期或设备改造后</td></tr>
<tr><td rowspan="3">CCS至DEH信号连接</td><td>1. 不同系统的控制指令（应包括CCS指令、阀位限制、RB指令、机组负荷、AGC指令、机组负荷限制等），除网络通信传输外，还应采用冗余输出通道，由硬接线冗余连接至控制对象。</td><td>DL/T 261—2012《火力发电厂热工自动化系统可靠性评估技术导则》6.2.3.6</td><td>现场检查</td><td>基建期或设备改造后</td></tr>
<tr><td colspan="4">举例：某厂DCS与DEH系统分别由两家国外公司制造，两系统差异较大，通信问题没有很好地解决，存在一些难以消除的缺陷。热工人员在DCS工程师站上向负责DCS与汽轮机控制系统通信的PLC传送通信代码时，DCS将汽轮机阀位限制由正常运行中的120%修改为0.25%，造成汽轮机1、2、3号调门由20%关闭至0%，机组负荷由552MW迅速降至5MW。</td></tr>
<tr><td>2. 采用增减脉冲式开关量I/O通道时，信号扫描周期应与脉冲宽度匹配，满足调门变化速率的要求。</td><td>DL/T 261—2012《火力发电厂热工自动化系统可靠性评估技术导则》6.2.3.6</td><td>试验</td><td>机组检修</td></tr>
<tr><td rowspan="3">DCS逻辑组态</td><td rowspan="3">故障诊断</td><td>1. DCS主控通信网络画面上，应能显示设备状态和故障诊断信息。</td><td>DL/T 261—2012《火力发电厂热工自动化系统可靠性评估技术导则》6.2.4.1</td><td>现场检查</td><td>基建期或设备改造后</td></tr>
<tr><td>2. 控制器诊断画面，应能显示各I/O模件状态（宜显示各I/O通道的状态）。</td><td>DL/T 261—2012《火力发电厂热工自动化系统可靠性评估技术导则》6.2.4.1</td><td>现场检查</td><td>基建期或设备改造后</td></tr>
<tr><td>3. 采用现场总线仪表和设备的系统，应能显示其提供的状态和诊断信息。</td><td>DL/T 261—2012《火力发电厂热工自动化系统可靠性评估技术导则》6.2.4.1</td><td>现场检查</td><td>基建期或设备改造后</td></tr>
</table>

续表

<table>
<tr><th>项目</th><th>内容</th><th>标准</th><th>编制依据</th><th>方法</th><th>周期</th></tr>
<tr><td rowspan="12">DCS逻辑组态</td><td rowspan="8">故障诊断</td><td>4. 控制系统保护动作及主要辅助设备故障、控制系统监控设备故障（模件故障、回路故障等）、控制系统电源和气源故障、主要电气设备故障、辅助系统设备故障时，报警记录功能应醒目提示运行人员并满足故障分析的需求。</td><td>DL/T 261—2012《火力发电厂热工自动化系统可靠性评估技术导则》6.2.4.1</td><td>试验</td><td>机组检修</td></tr>
<tr><td>5. 模件故障应产生报警信息，DCS应至少能够诊断模件级的故障。</td><td>DL/T 1083—2008《火力发电厂分散控制系统技术条件》6.1.3.3</td><td>现场检查</td><td>基建期或设备改造后</td></tr>
<tr><td>6. DI端子单元如多个通道共用一个熔断器，应有监视熔断器的措施。DI可短接一个通道，实现熔断器监视。</td><td></td><td>现场检查</td><td>基建期或设备改造后</td></tr>
<tr><td>7. Symphony系统HSS03模件在伺服阀或LVDT检修时应拔出槽位，防止因现场线路接地导致模件损坏。</td><td></td><td>规范作业</td><td>实时</td></tr>
<tr><td colspan="4">举例：某厂Symphony系统在机组检修中进行水压试验，由于高压调门漏水导致伺服阀接线端子进水，HSS03卡件损坏。</td></tr>
<tr><td>8. 应定期对TSI装置进行检查，对报警信号查明原因后及时复位。</td><td></td><td>现场检查</td><td>日常</td></tr>
<tr><td colspan="4">举例1：某机组因3号轴承X向相对振动信号误发跳闸，按保护逻辑组态不应动作（本轴承的X向相对振动高报警信号和本轴承的Y向绝对振动跳机信号组成与逻辑），但检查发现1个月前，3号轴承Y向绝对振动信号曾误发，由于其继电器输出信号触发后运行人员未复位（装置设置为“闭锁”），使跳机逻辑条件满足。
举例2：某新建机组进行试验，连接录波器监视转速过程中，转速信号跳机。检查发现DEH测速卡故障报警信号消失后的复归设置为手动，工作人员将录波器连接第一个转速信号时，录波器上无显示（录波器接地造成），而CRT报警未引起运行人员注意，测速卡该通道报警输出被保留，工作人员未查明原因又去连接第二个转速信号，转速“三选二”条件满足，ETS动作。
举例3：某厂1号机组8X振动显示坏点，TSI发通道故障报警，热工人员开票退出了ETS的轴振大保护，当检查工作结束，投入发电机轴承振动大保护时，没有检查TSI装置上保护输出继电器状态，没有将此保护动作信号复位，在接通TSI至ETS硬接线回路的瞬间，导致TSI装置上闭锁的保护动作信号输出，机组跳闸。</td></tr>
<tr><td rowspan="2">参数报警</td><td>1. 必须具备报警切除功能（系统停用时相关报警同步停用），确保报警及时、准确，以保证正常报警的功用。</td><td></td><td>现场检查</td><td>基建期或设备改造后</td></tr>
<tr><td>2. DCS报警声光装置禁止关闭。</td><td></td><td>现场检查</td><td>基建期或设备改造后</td></tr>
</table>

续表

项目	内容	标准	编制依据	方法	周期
DCS逻辑组态	参数报警	**举例：**某厂在机组停运期间由于声光报警经常发出，运行人员擅自关闭了声光报警装置电源，机组运行后，机一级报警装置电源未及时投入，导致真空泵跳闸后未及时发现。			
		3. DCS的报警信号，应按运行实际要求进行合理分级，其中： a）一级报警信号，直接在大屏幕显示器或专用画面上显示并进行声音提醒。应列入一级报警的信号包括：机组跳闸、重要控制系统的任一路电源失去或故障、气源故障、主重要参数越限、重要自动信号在连锁保护信号作用时的自动切手动，以及可能引起机组跳闸的其他故障信号。 b）二级报警信号，通过大屏显示器或专用画面特定显示窗口显示，并提供运行人员进一步分析故障原因的诊断链接。应列入二级报警的信号包括：测量值与设定值偏差大、主要参数的设备故障、控制系统输出与执行器位置的偏差大、控制系统设备故障、控制参数越限、偏差大或故障、故障减负荷、主要辅机跳闸、一般连锁保护等影响机组正常运行控制的信号。 c）三级报警信号，在操作站显示器（VDU）窗口显示，对机组安全经济运行影响较小，未列入一、二级报警的故障信号。	《火电厂热控系统可靠性配置与事故预控》7.4	现场检查	基建期或设备改造后
		4. 用于保护连锁的测量信号，应有坏质量信号保护剔除功能，并作为二级报警信号在大屏幕上报警，信号正常后应自动恢复保护功能。控制信号采用“三取二”逻辑判断配置的，任一信号越限时应报警，信号正常后应自动复归。	DL/T 261—2012《火力发电厂热工自动化系统可靠性评估技术导则》6.2.4.1	现场检查	基建期或设备改造后
	组态、下装	1. 通过DCS（或远程控制器）控制且配有独立控制装置（电动门、辅机电动机、泵等）的控制对象的启动、停止指令，应采用短脉冲（特殊要求的除外）信号，并在每个控制对象的就地控制回路中实现控制信号的自保持功能。对于给粉机或给煤机（直吹式制粉系统）的自保持回路以及对应的控制设备，既要防止厂用电切换时误跳闸，又要防止厂用电失去后恢复时间段内失控状态下的重新启动，造成炉膛爆燃事故发生。	《火电厂热控系统可靠性配置与事故预控》6.1	现场检查	基建期或设备改造后

续表

项目	内容	标准	编制依据	方法	周期
DCS逻辑组态	组态、下装	2. 受DCS控制且在停机停炉后不应马上停运的设备，如空气预热器电动机、重要辅机的油泵、火焰检测器冷却风机等，必须采用脉冲信号控制，以防止DCS失电而导致停机停炉时引起这些设备误停运，造成重要辅机或主设备的损坏。	《火电厂热控系统可靠性配置与事故预控》6.2	现场检查	基建期或设备改造后
		3. 输出控制电磁阀的指令形式，应根据下列情况确定： a）汽轮机紧急跳闸电磁阀、抽汽止回阀的电磁阀、汽轮机紧急疏水电磁阀以及锅炉燃油关断电磁阀（支阀）等具有故障安全要求的电磁阀，必须采用失电时使工艺系统处于安全状态的单线圈电磁阀，控制指令必须采用持续长信号（另有规定时除外）。 b）没有故障安全要求的电磁阀，应尽量采用双线圈电磁阀，控制指令应采用短脉冲信号。 c）随工艺设备供应的电磁阀形式必须满足上述规定要求。安装调试时如发现不符，应进行更改。	《火电厂热控系统可靠性配置与事故预控》6.3	现场检查	基建期或设备改造后
		举例： 某厂1号机组380V公用Ⅱ段母线失压，脱硝喷氨关断门设计为电动门脉冲信号控制，导致锅炉灭火后喷氨关断门没有自动关闭。			
		4. 主机及主要辅机保护逻辑设计应合理，符合工艺及控制要求，逻辑执行时序、相关保护的配合时间配置应合理，防止由于取样延迟等时间参数设置不当而导致的保护失灵。	《防止电力生产事故的二十五项重点要求》9.4.10	现场检查	基建期或设备改造后
		举例1： 某厂3台给水泵的控制逻辑存放在同一个控制器的同一个控制区，回路时间定义为1s。2号给水泵A段控制逻辑放在回路号1220～1224中，B段控制逻辑放在回路号1240～1244中。2号泵A、B段启动指令和运行信号均为过程I/O信号。由于2号泵在停运后仍处于备用方式，当1号泵因泵润滑油温升高导致跳闸并联动2号泵A段合闸时，正好运行手动启动2号泵B段，在这个1s的执行周期中，控制回路检测到的2号泵状态为A段停、B段停，因此A段和B段允许合闸，控制指令有效，A段和B段同时合闸，在这个执行周期中A段、B段互锁逻辑失效。在第二个执行周期中，过程I/O检测到A段合闸、B段合闸，两段同时保护动作，导致2号泵跳闸。 **举例2：** 某厂在做并网试验时，汽轮机的6个调门忽然开至100%，致使转速过高而OPC动作。分析得知，电气断路器合闸信号来自另外一个主模件（网络传输点），在试验过程中，实际断路器已合闸，但因网络延迟导致负荷目标值未切换，负荷目标值仍以原转速（3000r/min）作为目标值，造成调门全开OPC动作。 **举例3：** 某厂2号机组（采用和利时MACS Ⅴ）322MW负荷运行中，汽包水位测点2故障单点跳变，汽包水位高保护误动作，机组跳闸。分析得知，热工人员在机组检修中修改了汽包水位保护逻辑，但在逻辑组态时未考虑逻辑执行时序，因DCS系统控制站以250ms为周期顺序执行逻辑运算，其中不同功能块扫描运算存在时间差异，导致逻辑出错。咨询厂家后得知，需在CFC逻辑中点击鼠标右键，选择“根据数据流排序”并下装即可解决该问题。			

续表

<table>
<tr><th>项目</th><th>内容</th><th>标准</th><th>编制依据</th><th>方法</th><th>周期</th></tr>
<tr><td rowspan="9">DCS逻辑组态</td><td rowspan="9">组态、下装</td><td>5. 触发停机停炉的热工保护信号测量仪表应单独设置；当与其他系统合用时，其信号应首先进入优先级最高的保护连锁回路，其次是模拟量控制回路，顺序控制回路最低。控制指令应遵循保护优先原则，保护系统输出的操作指令应优先于其他任何指令。</td><td>《火电厂热控系统可靠性配置与事故预控》5.3</td><td>现场检查</td><td>基建期或设备改造后</td></tr>
<tr><td>6. 通信网络传送的重要保护连锁系统的开关量信号，应通过加延时、与对应的硬接线保护信号组成或逻辑等方法来确保信号的可靠性，减少信号瞬时干扰造成的保护系统误动作。</td><td>《火电厂热控系统可靠性配置与事故预控》5.3</td><td>现场检查</td><td>基建期或设备改造后</td></tr>
<tr><td colspan="4">举例：某厂3号机组在投入“3号机组高压缸排汽压力高保护”过程中高压缸排汽压力高保护误动作，机组解列。检查后发现，汽轮机有3路转速信号送至DEH系统1号控制站，经“三取中”后通过网络变量送至2号控制站，该网络点共有6处被2号控制站引用，只有1处通信正常（显示3000r/min），其他5处均故障（显示0r/min），因投入高压缸排汽压力高保护时转速＜1050r/min、高排压力＞1.7MPa满足条件保护动作。分析得知，该机组DEH系统由XDPS-400E升级至OC-6000后，站间变量只能引用一次，其余需要使用站内变量引用。</td></tr>
<tr><td>7. 具有强制功能的DCS，不应强制RS触发器的输出，防止强制释放时，输出不可控。</td><td></td><td></td><td></td></tr>
<tr><td colspan="4">举例1：某厂在机组启动过程中强制锅炉启动允许条件，将RS触发器的输出强制为0，在机组运行后进行强制恢复时，未仔细查验逻辑，仅查看了输入无跳闸信号即恢复，恢复后RS触发器保持的信号即发出跳闸信号，导致锅炉点火失败跳闸MFT。
举例2：某厂热工工作负责人在定期工作中，退出炉膛负压高保护时，误将炉膛负压高保护输出当前值强制为1，炉膛压力高信号动作，MFT动作。</td></tr>
<tr><td>8. 参与连锁、保护的开关量通信信号（没有硬接线）应利用取非、延时等手段实现容错功能（尽量让通信数据为0），防止数据丢失、通信模件初始化导致的保护连锁误动作。</td><td></td><td>现场检查</td><td>基建期或设备改造后</td></tr>
<tr><td>9. 控制逻辑的设计应考虑控制器上电重启、初始化后的初始状态，防止设备误动（特别是速率限制块、有记忆功能的块在初始化时的输出）。</td><td></td><td>现场检查</td><td>基建期或设备改造后</td></tr>
<tr><td colspan="4">举例：某厂Foxboro系统在修改RB逻辑时，计算模块中关键参数TIMINI设置为0，由于投油逻辑中有T-OFF，在逻辑确认下装时，计算块自动初始化运算而T-OFF的输入管脚为0，根据TIMINI设置功能，自动运算出1，导致油枪自动投入。</td></tr>
</table>

续表

项目	内容	标准	编制依据	方法	周期
DCS逻辑组态	组态、下装	10. 在逻辑上可能形成闭环累加的组态要防止循环累加。		现场检查	基建期或设备改造后
		11. 日立 DCS 的 BMP 块存在循环切换的可能，应使用 BP 1 块。		规范作业	实时
		12. ABB DCS 组态的项目文件不应在工程师站备份，防止打开错误的项目文件。		规范作业	实时
		举例：某厂 5 号机组在停机时误将错误组态文件下装到控制器，造成 A 引风机保护误动作。			
		13. Symphony 系统禁止同一个控制器内使用两个及以上 AI/L（DI/L）接收同一地址信号。		规范作业	实时
		举例：某厂 Symphony 系统在修改组态后将同一个控制器内使用两个 AI/接收同一地址信号，导致数据出错。			
		14. 组态时应有防止除法块分母为零的措施。		规范作业	实时
		举例：某厂 3 号机组（600MW）在冲转期间，同一天发生 7 次因为 DEH 系统故障引起的机组跳闸事件。分析得知，在 DEH 逻辑中流量修正逻辑回路有一路逻辑是用再热蒸汽压力作为分母进行计算，而该厂的冲转模式设置为高压缸冲转模式，从汽轮机挂闸到机组冲转到 750r/min 过程中，压力变化由负数往正方向走，当压力正好为 0 时，造成计算回路无意义，引起通信中断，报 DEH 系统双 CPU 故障，机组跳闸。			
		15. 控制系统的逻辑组态及参数修改实行监护制，做好记录备案，组态下装前应对修改的逻辑进行检查，利用控制系统存在的编译功能检查逻辑正确性，防止错误逻辑下装后导致控制器功能失常。在组态修改后要及时将主副控制器全部更新，保持主副控制器中的组态一致。		规范作业	实时
		举例 1：某厂 6 号机组 DCS 控制器 drop16/66 两次离线后自动重启，原因为高压旁路减温水截止阀的控制逻辑有错误，导致运行该逻辑时，控制器进程挂死，从而离线。 **举例 2：**某厂 2 号机组进行新投产机组性能试验，热工人员将阀位限制值由 96.2%修改至 96.7%过程中，误输入 9.67%，造成高压调门快速关闭，机组跳闸。			
		16. 组态逻辑正确性的验证除静态模拟、仿真之外必须进行一次完整的带实际设备的动态传动试验验证。		规范作业	实时

续表

<table>
<tr><th>项目</th><th>内容</th><th>标准</th><th>编制依据</th><th>方法</th><th>周期</th></tr>
<tr><td rowspan="8">DCS逻辑组态</td><td rowspan="8">组态、下装</td><td colspan="4">**举例：**某厂3号机组1号定子冷却水泵跳闸，冷却水流量低信号发出，3s后备用的2号泵连锁启动，冷却水流量恢复，流量低信号消失，但30s后发电机断水保护动作跳闸。分析得知，该厂在机组检修期间修改了发电机断水保护逻辑后，未完整验证保护逻辑，仅采取停运定子冷却水泵，延时30s后保护动作，即确认断水保护正常，没有进行30s内恢复内冷水泵运行保护不应动作的逻辑试验。机组运行过程中，由于断水保护逻辑错误，输出采用自保持逻辑，运行泵跳闸联启备用泵后定子冷却水正常，但仍造成发电机断水保护误发。</td></tr>
<tr><td>17. 运行机组不宜进行在线组态、下装。在线组态、下装前应对该控制器内所有控制设备全部切就地运行，对该控制模件所有通信的点进行全部隔离，并强制与之对应的控制模件的连锁关系点，对不同PCU柜的硬接线点进行强制，同时做好事故预案与安全技术措施。存在威胁机组安全运行可能性时，严禁在线组态。</td><td></td><td>规范作业</td><td>实时</td></tr>
<tr><td colspan="4">**举例：**某厂1号炉DCS940 3A、3B两个控制器故障，在未执行安全措施的情况下下装，导致一次风门全部关闭、燃料失去，全炉膛灭火保护动作。</td></tr>
<tr><td>18. 在线修改PID参数时，应充分了解参数含义，保证PID输出不大幅度波动。</td><td></td><td>规范作业</td><td>实时</td></tr>
<tr><td colspan="4">**举例：**某电厂投入给水自动后，汽动给水泵指令由30%直接突变至100%，运行人员及时切除给水自动，手动调稳给水流量。原因分析：ABB公司的Symphony系统中，PID功能块中的仅比例功能用在了给水总指令后面，表面上仅比例功能当K和K_p设置为1时，相当于给水总指令×1，给水总指令不应该有突变，实际上会忽略K_i的作用，虽然此时K_i的参数设置为0，如果是OVATION系统，K_i设置为0是可用的，但在Symphony系统中，K_i设置为0时，会使整个PID功能块输出为最大值，即100%。</td></tr>
<tr><td>19. 如果存在模件故障，在重新下载组态前，应确认系统可以自动更新组态，否则应人工确认组态参数的版本正确。</td><td>《火电厂热控系统可靠性配置与事故预控》9.3</td><td>规范作业</td><td>实时</td></tr>
<tr><td>20. 在运用西门子DCS系统DCM功能块时，应考虑到DCM功能块在设置监视状态偏差报警情况下，当发生状态偏差报警时，功能块内部产生保护使DCM的输出指令与现场设备保持一致。</td><td></td><td>规范作业</td><td>实时</td></tr>
<tr><td colspan="4">**举例：**某厂抽汽逆止门采用西门子DCM功能块，设置了监视状态偏差报警，因现场三抽逆止门反馈螺栓松动导致DCM的开指令失去，三抽逆止门阀门关闭。</td></tr>
</table>

续表

项目	内容	标准	编制依据	方法	周期
DCS接口与防护	CIS/SIS/MIS接口	1. DCS与DEH、远程I/O、现场总线等系统的通信接口负荷率、通信速率和所有通过通信传递的数据精度，应符合标称值要求，冗余设置的通信接口任一侧故障时应可靠冗余切换，故障接口应安全隔离。	DL/T 261—2012《火力发电厂热工自动化系统可靠性评估技术导则》6.2.7.2	现场检查	基建期或设备改造后
		2. DCS与厂级监控信息系统（SIS）或管理信息系统（MIS）通信，宜采用OPC通信方式。OPC通信功能可包含在操作员站中，对于通信数据最大的机组DCS，可单独配置厂级管理信息接口站。	DL/T 1083—2008《火力发电厂分散控制系统技术条件》6.6.3.2	现场检查	基建期或设备改造后
		3. SIS和DCS应分别设置独立的网络，信息流应按单向设计，只准许DCS向SIS发送数据，不准许在SIS中配置任何形式（通信和硬接线）向DCS发送控制指令或设定值指令等的信息传递。	DL/T 924—2016《火力发电厂厂级监控信息系统技术条件》4.6	现场检查	基建期或设备改造后
		4. SIS接口站应独立设置，所配置的路由器应具有防火墙功能。	DL/T 261—2012《火力发电厂热工自动化系统可靠性评估技术导则》6.2.7.2	现场检查	基建期或设备改造后
		举例： 某厂DCS与SIS未经隔离，SIS接口站中病毒后，将病毒自动发送至DCS系统操作员站及工程师站，造成操作员站、工程师站重复死机。			
		5. SIS的接入，应不降低DCS的性能，如分辨率、操作响应速度、总线的负荷率等。	DL/T 261—2012《火力发电厂热工自动化系统可靠性评估技术导则》6.2.7.2	现场检查	基建期或设备改造后
		举例： 某厂新增一套自动控制诊断系统，采用OPC与DCS工程师站进行通信（该站同时与SIS系统通信），由于通信数据量大，造成网络堵塞，工程师站频繁蓝屏。			
	DCS防护	1. 运行期间严禁在控制器、人机接口网络上进行不符合相关规定许可的较大数据包的存取，防止通信阻塞。	《防止电力生产事故的二十五项重点要求》9.3.8	规范作业	实时
		举例： 某厂热工人员将画面组态（200MB）从4号机组工程师站AW2001拷贝至3号机组工程师站AW1001，导致4号机组多台操作员站数据不刷新。			

续表

项目	内容	标准	编制依据	方法	周期
DCS接口与防护	DCS防护	2. 分散控制系统与管理信息大区之间必须设置经国家指定部门检测认证的电力专用横向单向安全隔离装置。分散控制系统与其他生产大区之间应当采用具有访问控制功能的设备、防火墙或者相当功能的设施，实现逻辑隔离。分散控制系统与广域网的纵向交接处应当设置经过国家指定部门检测认证的电力专用纵向加密认证装置或者加密认证网关及相应设施。分散控制系统禁止采用安全风险高的通用网络服务功能。分散控制系统的重要业务系统应当采用认证加密机制。	《防止电力生产事故的二十五项重点要求》9.1.9	现场检查	基建期或设备改造后
		举例：某电厂4号机组操作员站指令有数秒滞后，检查后发现4号机组所有操作员站和工程师站均感染了同一种计算机病毒。感染病毒的原因是4号机组设有一台与全厂MIS系统相连的专用通信站，计算机病毒由此通道进入DCS系统。			
		3. DCS应具备防止各类计算机病毒侵害和DCS内各存储器数据丢失的能力，DCS网络与所有外部系统之间的通信接口（网关、端口）应实时在线监视，有效防范外部系统的非法入侵和信息窃取。	DL/T 261—2012《火力发电厂热工自动化系统可靠性评估技术导则》6.2.7.2	现场检查	基建期或设备改造后
		举例：某厂3号机组DCS系统MMI人机接口站屏幕数据不刷新（除大屏显示正常外），网络数据通信堵塞，无法进行操作，仅能通过大屏进行监控。经过紧急查杀病毒并暂时加装防火墙软件后恢复正常。事后检查分析，是系统存在的病毒造成了网络堵塞。			
		4. 操作员站、工程师站有防病毒软件的，应关闭自动扫描、自动隔离功能，并定期离线更新病毒库。		现场检查	实时
		举例：某厂操作员站因防病毒软件自动扫描，导致运行操作员站画面切换速度过慢，影响事故处理。			
	卫星对时系统	1. 控制系统应具备全球定位系统接入功能，各种类型的历史数据必须具有统一时标，能自动与卫星时钟同步，并由卫星时钟自动授时。	《火电厂热控系统可靠性配置与事故预控》3.3	现场检查	实时
		2. DCS有主、备时钟服务器的系统，要监视主、备时钟服务器同步情况，防止因主、备时钟不同步造成系统时钟紊乱导致控制器脱网。宜对系统软件升级，采用一个时钟服务器。		现场检查	实时
		3. 当发现DCS时钟与卫星时钟不同步时，应停用卫星时钟。在机组停机运行后，做好安全技术措施，再与卫星时钟进行对时。		规范作业	实时

续表

项目	内容	标准	编制依据	方法	周期
DCS接口与防护	卫星对时系统	4. 卫星对时分脉冲、串口、网络3种方式，应清楚不同对时方式的原理和对设备安全的影响。要制定措施，严防卫星修改时钟，引起控制系统对时异常，造成数据紊乱、大量报警阻塞网络引起控制系统瘫痪，控制失灵迫使机组停止运行。		规范作业	实时
		举例： 某厂2号机组运行过程中各控制器依次发报警，随后1、2、5、2、7、9号控制器脱网，导致A、B、E磨煤机跳闸，A引风机动叶被强制关闭。DCS控制器脱网原因为主时钟与备用时钟不同步造成系统时钟紊乱。			
		5. 严禁运行中修改监控系统工程师站、操作员站时钟。		规范作业	实时
		举例： 某厂在机组运行中修改时钟服务器AW7032的系统时钟，造成所有操作员站死机。			
	人机接口	1. 操作员站有密码输入次数限制的DCS宜放开次数限制。		现场检查	基建期或设备改造后
		举例： 某厂DEH操作员站操作级别密码存在输入次数限制，热工人员在不知情的情况下多次输入错误导致系统锁死，DEH系统失去操作功能。			
		2. 工程师站应具备操作员站监视功能，否则应在工程师室中配置开放监视功能的操作员站。	DL/T 261—2012《火力发电厂热工自动化系统可靠性评估技术导则》6.2.9	现场检查	基建期或设备改造后
		3. 当DCS与DEH为不同系统时，为防止DEH操作员站出现异常时汽轮机失去监视和控制，宜在DCS操作站画面上，实现主重要设备运行状态和影响机组安全经济运行指标参数（主重要参数）的监视和操作功能。该操作功能在机组正常运行时应予以屏蔽，当DEH操作员站发生异常时即时开放。	《火电厂热控系统可靠性配置与事故预控》3.10	现场检查	基建期或设备改造后
		举例： 某厂3号机组DCS与DEH为不同系统，且DEH操作员站仅配置一台，因操作员站故障导致汽轮机失去监视和控制。			
		4. 操作员站、服务站的中央处理单元（CPU）在恶劣工况下的负荷率应不大于40%。	DL/T 261—2012《火力发电厂热工自动化系统可靠性评估技术导则》6.2.9	现场检查	实时
		举例： 某厂CPU负荷率过高，造成操作员站、工程师站易死机，主要原因是VIEW的CPU负荷率过高（画面粘贴问题）。			

续表

<table>
<tr><th>项目</th><th>内容</th><th>标准</th><th>编制依据</th><th>方法</th><th>周期</th></tr>
<tr><td rowspan="8">DCS接口与防护</td><td rowspan="8">人机接口</td><td>5. 操作员站、工程师站、服务站、历史数据站的内存余量应大于总内存容量的50%，外存余量应大于总存储器容量的60%。</td><td>DL/T 774—2015《火力发电厂热工自动化系统检修运行维护规程》4.2.1.5.1</td><td>现场检查</td><td>日常</td></tr>
<tr><td colspan="4">举例：某厂2号机组DCS系统服务器（和利时MACSⅡ）句柄数异常增加，最高可达到38万条，导致服务器系统软件运行异常服务器切换失败，DCS所有操作员站及工程师站失灵。</td></tr>
<tr><td>6. 不同操作员站之间、工程师站和操作员站之间、子系统与公用系统之间的操作行为，具有相互闭锁功能。操作员站工艺流程画面上受控设备的颜色和显示方式，应根据其实时状态变化。</td><td>DL/T 261—2012《火力发电厂热工自动化系统可靠性评估技术导则》6.2.9</td><td>现场检查</td><td>基建期或设备改造后</td></tr>
<tr><td>7. 正常运行时，操作员站的闲置外部接口功能与工程师站的系统维护功能均应闭锁。</td><td>《火电厂热控系统可靠性配置与事故预控》3.7</td><td>现场检查</td><td>基建期或设备改造后</td></tr>
<tr><td colspan="4">举例：某厂操作员站USB口未封闭，运行人员用此为手机充电，存在较大网络安全隐患。</td></tr>
<tr><td>8. DCS数据显示精度以满足运行要求为宜。</td><td></td><td>现场检查</td><td>基建期或设备改造后</td></tr>
<tr><td colspan="4">举例：某厂DCS系统磨煤机总貌画面参数显示精度统一配置为0.01，导致切换画面时间超过2.5s，频繁切换画面甚至出现数据丢失。</td></tr>
<tr><td>9. Symphony系统服务器和操作员站的计算机硬件、计算机BIOS版本、SCSI卡硬件、SCSI卡固件版本、SCSI卡驱动程序必须匹配。</td><td></td><td>现场检查</td><td>基建期或设备改造后</td></tr>
<tr><td rowspan="4">DCS与公用系统</td><td rowspan="4">DCS与公用系统</td><td>1. 按照单元机组配置的重要设备（如循环水泵、空冷系统的辅机）应纳入各自单元控制网，避免由于公用系统中设备事故扩大为两台或全厂机组的重大事故。</td><td>《防止电力生产事故的二十五项重点要求》9.1.5</td><td>现场检查</td><td>基建期或设备改造后</td></tr>
<tr><td colspan="4">举例：某厂两台600MW机组公用一套公用系统，其中循环水泵由公用系统控制。2008年6月，公用系统控制器主控制器故障，备用控制器切换不成功，导致循环水泵跳闸，进而使两台机组跳闸。</td></tr>
<tr><td>2. 对于多台机组分散控制系统网络互联的情况，以及当公用分散控制系统的网络独立配置并与两台单元机组的分散控制系统进行通信时，应采取可靠隔离措施、防止交叉操作。</td><td>《防止电力生产事故的二十五项重点要求》9.1.12</td><td>规范作业</td><td>实时</td></tr>
<tr><td colspan="4">举例：某厂1、2号机组网络没有进行必要的隔离，维护人员修改逻辑过程中误将2号机组A侧引风机静叶指令改为1号机组A侧引风机静叶指令，导致1号机组引风机误跳闸。</td></tr>
</table>

续表

项目	内容	标准	编制依据	方法	周期
系统软件和应用软件	系统软件和应用软件	1. 系统备份至少用两种不同介质进行存储。	《防止电力生产事故的二十五项重点要求》9.3.7	规范作业	实时
		2. 工程师站、操作员站、服务器的操作系统版本、语言环境满足DCS厂家要求，系统补丁及时更新，硬件的驱动程序和固件版本满足DCS厂家要求。		现场检查	基建期或设备改造后
		举例1：某厂1号机组在更换DEH系统控制器时未检查控制器固件版本，因版本不一致导致主控制器离线。 **举例2：**某厂9号机组和利时MACSV系统29号控制器发生异常，导致1号循环水泵、1号排烟风机、1号循环水升压泵、2号顶轴油泵控制在没有任何指令的情况下，发生掉闸及异常启动现象。分析得知，出现故障的控制器版本检测为MACSV1.1.0 SP2版本，应使用MACSV1.1.0SP4版本。			
		3. 存储数据的硬盘或分区有足够的容量能保存一年以上的数据，定期清理和备份历史数据，防止因硬盘空间不足导致的计算机故障。		规范作业	实时
		举例：某厂2号机组脱硫DCS服务器历史数据库与系统软件安装在同一分区，分区空间不足导致服务器系统软件故障。			
		4. 定期检查巡视服务器、操作员站的日志文件，发现异常应分析查找原因。		规范作业	实时
		举例：某厂1号机组DCS服务器因切换失败导致所有操作员站失灵，查服务器日志文件发现服务器曾有过频繁切换记录，因未及时发现导致服务器双机切换监控卡故障。			

第二章

热工设备隐患排查自动控制部分

项目	内容	标准	编制依据	方法	周期
汽包水位控制系统	信号	1. 汽包水位、汽包压力、主蒸汽压力、主蒸汽流量、给水流量信号均应三重冗余配置，应遵循从取样点到输入模件全程相对独立的原则。	《防止电力生产事故的二十五项重点要求》9.4.3	现场检查、检查资料、逻辑检查	基建期、设备改造期
		举例：某厂1号机组汽包水位补偿用汽包压力测点有3个，其中两个压力测点PT12301、PT12302为同一卡件布置，由于卡件故障导致汽包水位补偿错误，汽包实际水位与计算水位偏差最多达120mm。			
		2. 每个水位取样装置都应具有独立的取样孔。取样孔不够时可使用多测孔技术，实现取样的独立性。用于保护和控制的汽包水位测量信号取样装置，应设计连接汽包非同一端头的3对取样孔（如同一端头需两个取样口，其间距离应保持在400mm以上），每个取样装置应具有独立的取样孔。	《火电厂热控系统可靠性配置与事故预控》10.2 DL/T 261—2012《火力发电厂热工自动化系统可靠性评估技术导则》6.6.1.3	现场检查、检查资料	基建期、设备改造期
		3. 差压式水位计，汽侧取样管应斜下汽包取样孔侧，水侧取样管应斜上汽包取样孔侧。		现场检查、检查资料	基建期、设备改造期
		4. 取样管应穿过汽包内壁隔层，管口应尽量避开汽包内水汽工况不稳定区（如安全阀排汽口、汽包进水口、下降管口、汽水分离器水槽处等），若不能避开时，应在汽包内取样管口加装稳流装置。	《防止电力生产事故的二十五项重点要求》6.4.2.1	现场检查、检查资料	基建期、设备改造期
		5. 汽包水位计水侧取样管孔位置应低于锅炉汽包水位停炉保护动作值，一般应有足够的裕量。	《防止电力生产事故的二十五项重点要求》6.4.2.2	现场检查、检查资料	基建期、设备改造期
		6. 水位计、水位平衡容器或变送器与汽包连接的取样管，一般应至少有1∶100的斜度，汽侧取样管应向上向汽包方向倾斜，水侧取样管应向下向汽包方向倾斜。	《防止电力生产事故的二十五项重点要求》6.4.2.3	现场检查、检查资料	基建期、设备改造期
		举例：某厂（1024t/h亚临界锅炉）运行时1号差压水位计和2、3号差压水位计偏差最高为64mm，1号差压水位计正压侧取样管水平段，由于安装时未满足1∶100的斜度导致正压侧平均段热膨胀不均匀。尤其是热态时，由于热应力的变形导致平衡容器无法形成稳定的两相流，造成实际平衡容器内温度过低，从而造成了水位指示的偏差。通过在汽包上焊接T形支架固定1号差压水位计的平衡容器，确保正压侧水平段满足1∶100的斜度，并适当增加参比水柱水平冷却段，最终使1号差压水位计和2、3差压水位计偏差减少为13mm以内。			
		7. 差压式水位计严禁采用将汽水取样管引到一个连通容器（平衡容器），再在平衡容器中段引出差压水位计的汽水侧取样的方法。	《防止电力生产事故的二十五项重点要求》6.4.2.5	现场检查、检查资料	基建期、设备改造期

续表

项目	内容	标准	编制依据	方法	周期
汽包水位控制系统	信号	**举例：**某厂为上海锅炉厂生产的引进型锅炉，将差压水位计的汽水取样管引到平衡容器，再从平衡容器中段引出差压水位计的汽水侧取样管。由于其存在着较大的测量误差，若水位达到低水位跳闸值为－340mm时，其差压已超过其差压水位表量程860mm，所以低水位保护始终无法动作。			
		8. 应采用三对独立取样孔的给节流装置，节流装置的安装方向应正确。		现场检查、检查资料	基建期、设备改造期
		9. 机组停运时，通过打开平衡门、关闭二次阀门的方式检验变送器是否有零点漂移。进行水位变送器校验前，必须清理干净变送器膜盒内的积水。	《火电厂热控系统可靠性配置与事故预控》10.3	现场检查、检查资料	基建期、设备改造期
		10. 在锅炉启动前完成汽包水位保护实际传动试验后，应确保差压式水位测量装置参比水柱的形成，点火前汽包水位保护必须投入运行。		现场检查、检查资料	基建期、设备改造期
		11. 为防止因管路结垢、未起压时排污而造成管路堵塞的情况发生，汽包水位变送器的排污应在停炉或起压期间、当汽包压力为1～2MPa时进行。		现场检查、检查资料	基建期、设备改造期
		举例：某厂在机组启动时汽包水位测点LT1003显示异常，检修人员打开正压侧排污阀发现没有冷凝水，证实取样管道堵塞，在没有关闭排污阀的情况下对取样管道敲击疏通取样管道，由于当时汽包压力为4MPa，疏通后大量高温、高压蒸汽瞬时通过排污阀泄漏，关闭一次门、二次门、排污门均发现无法关死，阀芯由于冲刷损坏。			
		12. 运行中用红外测温仪测量正在运行的单室平衡容器的外壁温，如果上下壁温差不够大，可以认为取样管疏水不通畅。倾斜度不满足要求时，可在机组检修时增加取样管的倾斜度。		现场检查、检查资料	基建期、设备改造期
		13. 高温、高压容器的水位取样管路直径应不小于ϕ25mm；取样一次阀应为2个工艺截止阀门串联安装，阀体横装且阀杆水平。	DL/T 261—2012《火力发电厂热工自动化系统可靠性评估技术导则》6.6.1.3	现场检查、检查资料	基建期、设备改造期
		14. 高温、高压平衡容器输出端正/负压管，应水平引出大于400mm后再向下并列敷设。		现场检查、检查资料	基建期、设备改造期
		15. 采用差压式汽包水位计的汽、水侧取样管和取样阀门均应良好保温，单室平衡容器及参比水柱有温度陡度的取样管路（汽水取样通路无联通管路）应不保温。		现场检查、检查资料	基建期、设备改造期

续表

项目	内容	标准	编制依据	方法	周期
汽包水位控制系统	信号	**举例：**某厂差压水位计两个单室平衡容器参比水柱均做了保温处理，增大了测量误差，再则其倾斜角度过大，当高水位时会形成“水封”，增大水位测量误差。当水位上升时，汽包水位淹没汽侧取样口（取样口过低约100mm左右）。在水位不变的情况下，会造成汽包水位从100mm左右飞升至满量程300mm，存在水位保护误动的隐患。			
		16. 汽包水位平衡容器的支架安装，应考虑汽包膨胀的因素。		现场检查、检查资料	基建期、设备改造期
		17. 汽包水位应采用“三选中”后的汽包压力补偿，给水流量应进行给水温度补偿，给水流量应考虑加入过热器喷水总流量。		现场检查、检查资料	基建期、设备改造期
		18. 有电伴热装置的机组，根据季节温度及时投用和停用电伴热装置，并将伴热带检查作为入冬前的常规安全检查项目。		现场检查、检查巡检记录	工作环境温度可能低于0℃时
		举例：某厂1号机组运行中BTG盘“给水主控切手动”报警，同时发现给水流量指示下降直到零，汽包水位发生较大波动，经值班员手动调整，汽包水位基本稳定。因当时室外气温为−7℃，判断可能是给水流量变送器结冻，在恢复给水流量测量过程中，由于没有给水流量作参考，手动调节汽包水位比较困难，最终因汽包水位波动大，水位高保护动作。			
		19. 信号屏蔽层具有全线路电气连续性。检查接线盒或中间端子柜的屏蔽电缆接线，当有分开或合并时，其两端的屏蔽线通过端子可靠连接。	DL/T 261—2012《火力发电厂热工自动化系统可靠性评估技术导则》6.5.2.5	现场检查	基建期、设备改造期
		20. MCS至并列运行的给水泵（电泵或汽泵）转速指令应分别布置在不同的AO卡件上。		现场检查	基建期、设备改造期
		21. 排污阀宜为2个工艺截止阀门串联安装。		现场检查	基建期、设备改造期
	执行机构	1. 断电、断气、断信号时保持位置不变或使被操作对象按对系统安全的预定方式动作。		现场检查、检查资料	机组检修、设备改造
		举例：某厂电泵勺管电动执行机构异常关闭（AUMA电动执行机构）导致汽包水位低三值MFT动作。分析得知，执行器内部软件功能不能判断反馈板损坏后发出的虚假反馈信号，故障后执行器不能自锁（闭环控制），导致勺管执行器关闭。对执行器软件升级后自锁功能正常。			

续表

<table>
<tr><th>项目</th><th>内容</th><th>标准</th><th>编制依据</th><th>方法</th><th>周期</th></tr>
<tr><td rowspan="9">汽包水位控制系统</td><td rowspan="3">执行机构</td><td>2. 执行机构灵敏度和死区满足调节系统投自动要求。</td><td></td><td>现场检查、检查资料</td><td>机组检修、设备改造</td></tr>
<tr><td colspan="4">举例：某厂锅炉灭火恢复过程中，因给水调节门漏流量大，运行人员未能有效控制汽包水位，水位直线上升，汽温急剧下降，造成汽轮机水冲击。低温蒸汽长期进入汽轮机，致使气缸变形、大轴弯曲、动静部件径向严重碰磨，最终造成轴系断裂事故。</td></tr>
<tr><td>3. 采用高压变频器作为给水泵自动调节执行机构时，应确保变频器的工作环境满足要求，变频器的参数整定应充分考虑系统电压波动的影响。</td><td>《火电厂热控系统可靠性配置与事故预控》6.18</td><td>现场检查、检查巡检记录</td><td>机组检修、设备改造</td></tr>
<tr><td rowspan="6">控制逻辑</td><td>1. 测量信号间偏差大报警、信号故障报警及报警后“三选中”逻辑转换功能正确、可靠。</td><td></td><td>逻辑检查、检查资料</td><td>基建期、自动逻辑优化期</td></tr>
<tr><td colspan="4">举例：某厂CRT画面汽包水位1和汽包水位2均显示＋300mm，事故放水一、二次电动门突然打开，汽包水位高保护动作，汽轮机跳闸。分析得知，汽包水位1与汽包水位2变送器安装在同一个变送器柜，由于汽包水位1变送器接头泄露后长期未发现，变送器垫片（钢纸垫片）因冲刷后破损造成高温蒸汽泄露，汽包水位2变送器损坏，汽包水位1实际与其他两个水位偏差超过300mm，因无测点偏差大报警，造成未及时发现变送器接头泄漏。</td></tr>
<tr><td>2. 测量信号间偏差大、执行器指令与反馈偏差大、给定值与被调量偏差大切除自动功能设置正确；在RB发生时，将自动控制系统偏差大切除自动或闭锁指令等逻辑的偏差限值适当放宽，必要时可暂时解除。</td><td>DL/T 1213—2013《火力发电机组辅机故障减负荷技术规规程》4.2.5.3</td><td>逻辑检查、检查资料</td><td>基建期、自动逻辑优化期</td></tr>
<tr><td colspan="4">举例1：某厂主给水流量取样表管被冻，导致主给水流量突增，水位自动没有及时切除，导致汽包水位高高MFT动作。
举例2：某厂5号机组模拟量控制系统，偏差大切除自动功能，因偏差限值设置不当，无法正确动作。查看“除氧器水位”、“高压加热器水位”、“炉膛压力”、“省煤器出口压力”、“主汽压力”等5个模拟量控制系统的冗余测量信号“三取中”模块的偏差限值设置，均为出厂缺省值“100”，尤其是“主汽压力”和“省煤器出口压力”测量信号量程只有40MPa，根本不可能达到100MPa的偏差限值。</td></tr>
<tr><td>3. 自动切除后应有明显的报警。</td><td></td><td>逻辑检查、检查资料</td><td>基建期、自动逻辑优化期</td></tr>
<tr><td colspan="4">举例：某厂解除AGC降负荷，主汽压力下降，主蒸汽流量下降，A、B汽泵指令转速与实际转速偏差大切除自动未发现，给水流量未进行调整，给水流量异常大于主蒸汽流量，汽包水位达＋300mm，锅炉“MFT”熄火，汽轮机跳闸、发电机解列。</td></tr>
</table>

续表

项目	内容	标准	编制依据	方法	周期
汽包水位控制系统	控制逻辑	4. 手动/自动方式之间应实现无扰切换。	DL/T 657—2015《火力发电厂模拟量控制系统验收测试规程》5.2	逻辑检查、检查资料	基建期、自动逻辑优化期
		5. 给水控制等系统单冲量/三冲量控制方式之间实现无扰切换。		逻辑检查、检查资料	基建期、自动逻辑优化期
		6. 串级控制系统应配置外回路防积分饱和功能，调节器下游指令输出范围受限的系统，应配置防止调节器过度积分的限制逻辑，单设备运行时的调节器限制逻辑。	DL/T 261—2012《火力发电厂热工自动化系统可靠性评估技术导则》6.2.4.3	逻辑检查、检查资料	基建期、自动逻辑优化期
		举例： 某厂在调试给水自动PID参数时，给水系统自动试投后，自动发散，调门在100%开度后，给水控制逻辑强制跟踪，无法切到手动方式，导致水位高高MFT动作。			
		7. 调节系统下游回路输出受到调节限幅限制或因其他原因而指令阻塞时，上游回路指令应同步受限，防止发生指令突变与积分饱和。	DL/T 261—2012《火力发电厂热工自动化系统可靠性评估技术导则》6.2.4.3	逻辑检查、检查资料	基建期、自动逻辑优化期
		举例： 某厂进行汽泵RB试验，停运1台汽泵后，另外1台汽泵指令增加到5900r/min，由于蒸汽压力的问题，汽泵实际出力5506r/min，导致阀门全开，PID发生积分饱和，导致阀门指令长时间无法关闭，最后切至手动控制，稳定汽包水位。			
		8. 当两个或两个以上的控制驱动装置控制一个变量时，可由一个驱动装置维持自动运行。运行人员可将其余的驱动装置投入自动，而不需手动平衡。当追加的驱动装置投入自动后，控制系统应自动适应追加的驱动装置的作用，即不论驱动装置在手动或自动方式的数量如何组合变化，控制作用应满足工艺系统调节品质的要求。	DL/T 1083—2008《火力发电厂分散控制系统技术条件》5.2.1	逻辑检查、检查资料	基建期、自动逻辑优化期
		9. 应对多控制驱动装置的运行提供偏置调整，偏置应能在保证系统安全的范围内调整，新建立的关系不应产生过程扰动。		逻辑检查、检查资料	基建期、自动逻辑优化期
		10. 在自动状态，设置一个控制驱动装置为自动或遥控，不需进行手动平衡或对其偏置进行调整。并且，不论此时偏置设置的位置或过程偏差的幅度如何，不应引进任何控制驱动装置的阶跃波动。		逻辑检查、检查资料	基建期、自动逻辑优化期

续表

项目	内容	标准	编制依据	方法	周期
汽包水位控制系统	控制逻辑	**举例：** 某厂投入给水自动后，汽动给水泵指令由30%直接突变至100%，运行人员及时切除给水自动，手动调稳给水流量。分析得知，ABB公司的Symphony系统中，PID功能块中的仅比例功能用在了给水总指令后面，表面上仅比例功能当 K 和 K_p 设置为1时，相当于给水总指令×1，给水总指令不应该有突变，实际上会忽略 K_i 的作用，虽然此时 K_i 的参数设置为0，如果是OVATION系统，K_i 设置为0是可用的，但在Symphony系统中，K_i 设置为0时，会使整个PID功能块输出为最大值，即100%。			
		11. 在启动和低负荷时，单冲量汽包水位控制可调节电动给水泵给水管道上的启动调节阀和电动给水泵的转速。在蒸汽参数稳定、给水流量允许时，可自动或手动切换到蒸汽流量、汽包水位和给水流量组成的三冲量控制，单冲量控制和三冲量控制的相互切换应无扰动。在达到规定负荷时运行人员可平滑地将汽动给水泵投入运行，并将控制切换至由汽动给水泵的运行来满足负荷变化的要求。	DL/T 1083—2008《火力发电厂分散控制系统技术条件》5.2.2.4.8.1	逻辑检查、检查资料	基建期、自动逻辑优化期
		举例： 某厂电泵改汽泵后，因汽轮机负荷增加，给水实际流量超过了流量孔板设计流量，导致给水流量孔板在高负荷时无法测出实际流量差压，造成给水自动控制品质差，汽包水位3个测量点都上升到205mm，机组跳闸。			
		12. 给水自动调节回路设计应满足机组配置的锅炉给水泵的多种配合运行方式，在上述不同运行方式下，调节回路均应能够投入自动。	DL/T 1083—2008《火力发电厂分散控制系统技术条件》5.2.2.4.8.1	逻辑检查、检查资料	基建期、自动逻辑优化期
		13. 与主机DCS的指令跟踪切换功能设置正确，小机故障时，控制系统应自动安全切至本地控制。	DL/T 261—2012《火力发电厂热工自动化系统可靠性评估技术导则》6.4.4.1	逻辑检查、检查资料	基建期、自动逻辑优化期
		14. 指令偏差及过速率时切至本地控制的限值设置合理，指令变化速率设置满足机组MCS指令调节要求。	DL/T 261—2012《火力发电厂热工自动化系统可靠性评估技术导则》6.4.4.1	逻辑检查、检查资料	基建期、自动逻辑优化期
		举例： 某厂在就地处理高压加热器出口电动门，将高加系统瞬间投入，造成给水冲击，汽包瞬间停止供水，给水流量瞬间回零，DCS中给水流量测量“三选中”模块速率超限动作，信号保持，保持时间为10s，使给水控制系统过多上水10s，水位偏高。10s后，给水流量测量“三选中”模块速率超限动作解除，给水流量信号突然增大，再往回调时过调，MEH转速控制偏差过大切除遥控并无法再次投入，至使汽包水位达到低三值，MFT动作机组跳闸。			
		15. 转速调节与高、低压汽源切换功能正常。	DL/T 261—2012《火力发电厂热工自动化系统可靠性评估技术导则》6.4.4.1	逻辑检查、检查资料	基建期、自动逻辑优化期
		16. 前置泵出口流量显示坏值剔除和最小流量连锁保护等功能，满足机组事故状态下运行要求。		逻辑检查、检查资料	基建期、自动逻辑优化期

续表

项目	内容	标准	编制依据	方法	周期
汽包水位控制系统	控制逻辑	**举例：** 某厂1、2号机组的给水泵再循环调门以及2号机组的凝泵再循环门的连锁信号为长信号，长信号的设置会不利于异常工况运行人员手动干预。如当给水泵入口流量异常时，连锁打开再循环门，在运行人员已知流量测点不准的情况下，由于长信号一直存在，运行人员无法对该调门进行人工干预，存在安全隐患。			
		17. 电泵处于备用状态时，勺管指令宜跟踪汽泵指令。		逻辑检查、检查资料	基建期、自动逻辑优化期
		18. 对汽包水位信号进行补偿的温度、压力信号应和汽包水位信号布置在同一控制器。		逻辑检查、检查资料	基建期、自动逻辑优化期
		举例： 某厂汽包水位与汽包压力在不同控制器，汽包水位补偿通过网络传输变量实现，由于控制器网络故障造成汽包水位测量偏差大。			
	调节品质	1. 稳态品质指标：300MW等级以下机组±20mm，300MW等级及以上机组±25mm；系统的执行机构不应频繁动作。	DL/T 657—2015《火力发电厂模拟量控制系统验收测试规程》附录A.1.4	现场检查、检查资料	机组大修、自动控制回路改造、对象特性改变
		举例： 某厂1号机组A、C、D三台磨煤机运行，机组负荷338MW，协调方式，给水主控投自动。进行锅炉汽包水位自动参数优化调整时，在蒸汽流量平稳的情况下，给水流量调节出现了波动。第一波过后，运行人员发现水位调节不正常，要求恢复原调节参数，热控试验人员要求再观察一下。第二波出现时，给水调节呈现渐扩振荡，汽包水位迅速上升，给水主控改手动后，操作控制输出键无效（经查为A、B汽动给水泵的汽轮机主控站任一个输出达100%时，给水主控即被强制跟踪）。此时再将A/B给水泵主控改为手动调节，同时打闸C磨煤机组，汽包水位已达跳闸值，汽包水位高二值MFT。			
		2. 机组启/停过程中，汽包水位控制允许动态偏差：30%负荷以下单冲量方式运行时±80mm，30%～70%负荷范围三冲量给水控制运行时±60mm，70%～100%负荷范围三冲量给水控制运行时，动态品质应满足附录A的要求。	DL/T 657—2015《火力发电厂模拟量控制系统验收测试规程》附录A.1.4	现场检查、检查资料	机组大修、自动控制回路改造、对象特性改变
		举例： 某厂低负荷运行，锅炉燃烧不稳，给水自动调节品质变差，造成给水泵转速出现大幅度摆动，最后造成汽包水位继续快速降低，MFT保护动作，机组跳闸。			

续表

项目	内容	标准	编制依据	方法	周期
汽包水位控制系统	保护要求	1. 水位保护信号的产生，宜采用差压式水位计保护接点信号“三选二”判断逻辑，或差压式水位计模拟量信号“三选中”判断后的保护接点和二侧电接点水位计保护接点信号组成“三选二”判断逻辑。为减少因压力补偿信号引起的水位测量示值偏差，应采用“三选中”后的汽包压力信号对各汽包水位差压信号分别进行补偿。	《火电厂热控系统可靠性配置与事故预控》10.4	逻辑检查、资料检查	基建期、机组检修、机组停运超15天
		举例：某厂改进原有单室平衡容器并取消连通管，参比水柱高度由原来的860mm扩大到1130mm，在修改DCS组态时，对水位测量和压力补偿参数修改不符合现场实际的数据，而且未进行汽包水位计的热态调整及校核，导致实际启机并网带负荷后差压水位计的测量误差随汽包压力的升高而加大，当电极点水位计和云母水位计显示水位已达＋300mm（实际还要高）时，3个差压水位计显示分别为－99.5、－82.4、－166mm，满水保护不动作，控制系统不断增大给水流量，手动打闸停机，造成汽包水位满水，主蒸汽带水和汽温急剧下降。			
		2. 汽包水位测量信号若在模拟量控制系统（MCS）中，则应将水位保护信号“三选二”逻辑判断也组态在MCS系统中，FSSS系统中只组态汽包水位MFT动作逻辑。用于保护与控制的信号，除采用通信方式外，还应通过三路硬接线方式进行分卡传输。	《火电厂热控系统可靠性配置与事故预控》10.4	逻辑检查、资料检查	基建期、机组检修、机组停运超15天
		3. 用于保护、控制的锅炉汽包水位信号，应在DCS中设置坏质量（速率、越限、偏差大）判断和报警，实现水位保护、控制信号判断逻辑的自动切换。		逻辑检查、资料检查	基建期、机组检修、机组停运超15天
		举例：某厂2号机组负荷为350MW，A、C、D三磨煤机运行，总煤量为149t/h，总风量1285t/h，主汽压为16.6MPa，汽包水位为－4.7mm，机组协调方式；因D磨煤机润滑油泵跳闸，造成D磨煤机跳闸，机组RB，煤量自动减至104t/h，汽包水位调节测点值高至138mm时，北侧汽包水位保护测点分别高至220、203mm，造成汽包水位保护动作，锅炉MFT。该事件暴露了该机组汽包水位两侧偏差大的问题。			
		4. 锅炉汽包水位保护的定值和延时值，随炉型和汽包内部结构不同而不同，其数值应由锅炉制造厂负责确定。	《防止电力生产事故的二十五项重点要求》6.4.8.4	逻辑检查、资料检查	基建期、机组检修、机组停运超15天

续表

<table>
<tr><th>项目</th><th>内容</th><th>标准</th><th>编制依据</th><th>方法</th><th>周期</th></tr>
<tr><td rowspan="3">汽包水位控制系统</td><td rowspan="3">保护要求</td><td>5. 锅炉汽包水位高、低保护应采用独立测量的“三取二”的逻辑判断方式。当有一点因某种原因须退出运行时，应自动转为“二取一”的逻辑判断方式，办理审批手续，限期（不宜超过8h）恢复；当有两点因某种原因须退出运行时，应自动转为“一取一”的逻辑判断方式，应制定相应的安全运行措施，严格执行审批手续，限期(8h以内）恢复，如逾期不能恢复，应立即停止锅炉运行。当自动转换逻辑采用品质判断等作为依据时，要进行详细试验确认，不可简单地采用超量程等手段作为品质判断。</td><td>《防止电力生产事故的二十五项重点要求》6.4.8.1</td><td>逻辑检查、资料检查</td><td>基建期、机组检修、机组停运超15天</td></tr>
<tr><td colspan="4">举例1：某厂汽包南侧水位变送器二次门前漏汽，热工人员对热控设备保护的情况不了解，动手关了汽包南侧水位平衡容器汽侧和水侧一次门，致使汽包水位计低于380mm，锅炉MFT。
举例2：某厂两台汽包水位差压变送器排污门泄漏，消缺处理后，因单室平衡容器参比水柱形成和正、负压管温度平衡需要一段时间，故将该两变送器至控制器的信号强制在一个确定值（8mm），没有办理当有两点退出运行水位保护自动转为“一取一”的逻辑判断方式，水位保护仍然采用“三取二”的判断方式。在此期间，运行人员误把自动调节信号切为该两故障信号的“平均”模式，因水位设定值为18mm，于是给水指令连续增加给水量，最终导致水位保护无法正确动作，汽包满水，手动MFT停炉。</td></tr>
<tr><td>6. 锅炉汽包水位保护在锅炉启动前和停炉前应进行实际传动校检。用上水方法进行高水位保护试验、用排污门放水的方法进行低水位保护试验，严禁用信号短接方法进行模拟传动替代。</td><td>《防止电力生产事故的二十五项重点要求》6.4.8.3</td><td>逻辑检查、资料检查</td><td>基建期、机组检修、机组停运超15天</td></tr>
<tr><td rowspan="4">除氧器水位控制系统</td><td rowspan="4">信号</td><td>1. 除氧器水位信号宜采用三重冗余配置。</td><td>DL/T 261—2012《火力发电厂热工自动化系统可靠性评估技术导则》6.2.3.2</td><td>现场检查、检查资料、逻辑检查</td><td>基建期、设备改造期</td></tr>
<tr><td colspan="4">举例：某厂除氧器水位为单点配置，汽源由辅汽倒四抽的过程中，由于压力波动大，导致除氧器水位瞬间大幅度波动，触发除氧器水位低，汽泵、电泵保护跳闸，机组MFT。</td></tr>
<tr><td>2. 应采用3对独立取样孔的给水流量节流装置，节流装置的安装方向应正确。</td><td></td><td>现场检查、检查资料</td><td>基建期、设备改造期</td></tr>
<tr><td>3. 直流锅炉凝结水流量、除氧器入口凝结水流量宜采用3对独立取样孔的节流装置，节流装置的安装方向应正确。</td><td></td><td>现场检查、检查资料</td><td>基建期、设备改造期</td></tr>
</table>

续表

项目	内容	标准	编制依据	方法	周期
除氧器水位控制系统	信号	4. 给水流量取样一次阀应为2个工艺截止阀门串联安装，排污阀宜为2个工艺截止阀门串联安装。		现场检查、检查资料	基建期、设备改造期
		5. 并列运行的凝结水泵变频器指令应分别布置在不同的AO卡件上。		现场检查、检查资料	基建期、设备改造期
	执行机构	1. 断电、断气、断信号时保持位置不变或使被操作对象按对系统安全的预定方式动作。		现场检查、检查资料	基建期、设备改造期
		举例： 某厂1号机组除氧器上水调整门没有考虑定位器断电时阀门保位功能，存在阀门全开或者全关导致除氧器满水或缺水的安全隐患。			
		2. 执行机构灵敏度和死区满足调节系统投自动要求。		现场检查、检查资料	基建期、设备改造期
		3. 采用高压变频器凝结水泵自动调节时，应确保变频器的工作环境满足要求，变频器的参数整定应充分考虑系统电压波动的影响。	《火电厂热控系统可靠性配置与事故预控》6.18	现场检查、检查巡检资料	日常
	控制逻辑	1. 采用除氧器水位调节阀的控制系统，应具备执行器指令与反馈偏差大、给定值与被调量偏差大切除自动功能。		逻辑检查、检查资料	基建期、自动逻辑优化期
		举例： 某厂除氧器水位1、2分别跳变到2538mm和2369mm，致使“三选二”的除氧器高水位保护动作，连锁关闭四抽逆止门、四级抽汽电动门和抽汽至除氧器电动门，小机失去工作汽源，给水流量下降，主给水流量低触发MFT，机组跳闸。			
		2. 自动切除后应有明显的报警。		逻辑检查、检查资料	基建期、自动逻辑优化期
		举例： 某厂A汽泵再循环调整门在36%开度关小时发生卡涩，导致给水流量下降时无法调整，虽采取措施，但30s内流量未能恢复正常值，省煤器入口流量低低保护动作，锅炉MFT。			
		3. 手动/自动方式之间应实现无扰切换。	DL/T 657—2015《火力发电厂模拟量控制系统验收测试规程》5.2	逻辑检查、检查资料	基建期、自动逻辑优化期
		4. 单冲量/三冲量控制方式之间应实现无扰切换。		逻辑检查、检查资料	基建期、自动逻辑优化期

续表

项目	内容	标准	编制依据	方法	周期
除氧器水位控制系统	控制逻辑	5. 串级控制系统应配置外回路防积分饱和功能；调节器下游指令输出范围受限的系统，应配置防止调节器过度积分的限制逻辑、单设备运行时的调节器限制逻辑。	DL/T 261—2012《火力发电厂热工自动化系统可靠性评估技术导则》6.2.4.3	逻辑检查、检查资料	基建期、自动逻辑优化期
		6. 调节系统下游回路输出受到调节限幅限制或因其他原因而指令阻塞时，上游回路指令应同步受限，防止发生指令突变与积分饱和。	《火电厂热控系统可靠性配置与事故预控》6.5	逻辑检查、检查资料	基建期、自动逻辑优化期
		举例：某厂1号机组凝结水泵变频器自动控制指令范围在0%～100%，可能引起凝泵变频器在低转速时发生不出力，严重时导致断水；若凝泵变频器内部设置最低转速，自动控制就无法实现抗积分饱和功能，严重影响凝泵变频器自动调节品质，导致除氧器水位大幅度波动。			
	调节品质	1. 稳态品质指标：±20mm。	DL/T 657—2015《火力发电厂模拟量控制系统验收测试规程》附录A.4.2	现场检查、检查资料	机组大修、自动控制回路改造、对象特性改变
		2. 动态品质指标：当水位给定值改变100mm时，过渡过程衰减率Ψ=0.7～0.8，300MW等级以下机组稳定时间应小于10min，300MW等级及以上机组稳定时间应小于20min。		现场检查、检查资料	机组大修、自动控制回路改造、对象特性改变
		举例：某厂控制除氧器在高水位运行，但由于在进行该试验时，没有考虑到净疏水泵、暖风器疏水泵启动后给除氧器水位造成的影响，将除氧器水位控制偏高，使得除氧器水位很快就达到保护值，逻辑保护自动关闭除氧器上水阀和降低凝泵变频出力，造成凝汽器水位快速上涨，触发凝汽器水位高，机组跳闸。			
炉膛压力控制系统	信号	1. 应配备4个炉膛压力变送器，其中3个为调节用，另一个作监视用，其量程应大于炉膛压力保护定值。	《防止电力生产事故的二十五项重点要求》6.2.1.8	现场检查、检查资料、逻辑检查	基建期、设备改造期
		举例：某厂炉膛压力变送器共有4个，3个用于调节的压力变送器量程范围为－1500～＋1500Pa，监视用压力变送器量程范围为－8000～＋8000Pa，炉膛压力低二值保护定值为－2000Pa，炉膛压力低三值保护定值为－4000Pa，炉膛压力高二值MFT保护定值＋2000Pa，炉膛压力高三值MFT保护定值＋3000Pa，不符合要求。			

续表

项目	内容	标准	编制依据	方法	周期
炉膛压力控制系统	信号	2. 炉膛压力取源部件位置应符合锅炉厂规定，具有防堵功能，不宜集中布置在单侧。	DL/T 261—2012《火力发电厂热工自动化系统可靠性评估技术导则》6.6.1.2	现场检查、检查资料	基建期、设备改造期
		举例：某厂炉膛负变送器压取样管拐弯处有3条裂纹，最长的达10mm，系弯管时造成的，致使负压表不能正确反映炉膛真实压力，锅炉调整时负压表变化甚微，导致压力保护动作，锅炉MFT动作。			
		3. 炉膛压力按“三选中”发出信号，应遵循从取样点到输入模件全程相对独立的原则。		现场检查、检查资料	基建期、设备改造期
		举例1：某厂1号机组只选用2个炉膛负压测点参与炉膛压力自动控制，二选算法块存在较大隐患。假设当其中1个炉膛负压测点在10Pa左右时表管堵塞，另外一个炉膛负压测点下降至－100Pa时，因为偏差大，二选算法输出会一直选择离量程平均值近的点并保持输出，即一直选择在10Pa左右的测点，将导致引风机调节执行机构往一个方向动作，严重时可导致负压保护动作。 **举例2：**某厂炉膛负压“三选中”后经过3s一阶惯性滤波后进入控制回路，3s滤波偏长，异常工况下负压调节滞后，有可能引起调节系统品质变差甚至振荡。			
		4. 炉膛压力测量管路，宜不配置阀门，防止取样管路堵塞。		现场检查、检查资料	基建期、设备改造期
		举例：某厂炉膛压力测量管路配置了二次门（截止阀），机组检修后未完全开启阀门，该炉膛压力测点因取样管道堵塞造成测量偏差大。			
		5. 在垂直管道、炉墙或烟道上，取压管应倾斜向上安装。	DL 5190.4—2012《电力建设施工技术规范 第4部分：热工仪表及控制装置》3.3.3	现场检查、检查资料	基建期、设备改造期
		6. 与炉膛压力开关要求相同：取样点与人孔、看火孔和吹灰器间应有足够的距离，且各取样点应在同一标高，取样管直径应不小于60mm，与炉墙间的夹角小于45°为宜。为避免取样管内积灰堵塞，应采取防堵措施。	《火电厂热控系统可靠性配置与事故预控》15.2	现场检查、检查资料	基建期、设备改造期
		举例：某厂炉膛压力取样管直径为60mm，但在安装时由于水冷壁异性管孔径小于30mm，施工人员将取样管砸扁后焊接，机组运行后，炉膛负压取样管经常堵塞，存在较大安全隐患。			
		7. 信号屏蔽层具有全线路电气连续性。检查接线盒或中间端子柜的屏蔽电缆接线，当有分开或合并时，其两端的屏蔽线通过端子可靠连接。	DL/T 261—2012《火力发电厂热工自动化系统可靠性评估技术导则》6.5.2.5	现场检查、检查资料	基建期、设备改造期

续表

项目	内容	标准	编制依据	方法	周期
炉膛压力控制系统	信号	8. 并列运行的引风机动叶（静叶、变频器）指令应分别布置在不同的AO卡件上。		现场检查、检查资料	基建期、设备改造期
		举例：某厂模件故障（未分模件布置），该站内部分测量信号模件与主控间通信故障，主控误发指令使引风机出口挡板执行机构动作关，两台引风机出口挡板输出从56.16%降到44.16%，引起炉膛压力开关动作，锅炉MFT。			
	执行机构	1. 执行机构工作速度应不超过控制系统的灵敏度和定位能力，避免自动控制时发生振荡或过调。过快速度将破坏下游负压瞬态过程，过快速度对手操控制也是不适宜的。	DL/T 1091—2008《火力发电厂锅炉炉膛安全监控系统技术规程》4.5.2.3	现场检查、检查资料	基建期、设备改造期
		2. 引风控制设备的工作速度，应不低于送风流量控制设备的工作速度。		现场检查、检查资料	基建期、设备改造期
		3. 执行机构灵敏度和死区应满足调节系统投自动要求。		现场检查、检查资料	基建期、设备改造期
		4. 动叶（静叶）执行机构的动作速度应一致，避免出现抢风。		现场检查、检查资料	基建期、设备改造期
		举例：某厂动叶执行机构动作速率设置不一致，导致风机失速。			
		5. 应用高压变频器作为引风机自动调节执行机构时，应确保变频器的工作环境满足要求，变频器的参数整定应充分考虑系统电压波动的影响。	《火电厂热控系统可靠性配置与事故预控》6.18	现场检查、检查资料	基建期、设备改造期
	控制逻辑	1. 测量信号间偏差大报警、信号故障报警及报警后“三选中”逻辑转换功能应正确、可靠。		逻辑检查、检查资料	基建期、自动逻辑优化期
		举例：某厂一侧引风机失速，引风机自动没有切除，另外一侧引风机出力增大，导致引风机过流跳闸，炉膛负压保护动作，锅炉灭火。			
		2. 手动/自动方式之间应实现无扰动切换。	DL/T 657—2015《火力发电厂模拟量控制系统验收测试规程》5.2	逻辑检查、检查资料	基建期、自动逻辑优化期
		3. 在引风机控制中，应有一个方向性闭锁作用。即在炉膛压力低时，应闭锁引风机出力的继续增大；在炉膛压力高时，应闭锁引风机出力的继续减小。	DL/T 1083—2008《火力发电厂分散控制系统技术条件》5.2.2.4.5	逻辑检查、检查资料	基建期、自动逻辑优化期

续表

项目	内容	标准	编制依据	方法	周期
炉膛压力控制系统	控制逻辑	**举例：**某厂增加风机自动与引风机自动匹配效果差，负压波动后，引发自动调节系统发散，导致炉膛负压保护动作。			
		4. 炉膛压力低超驰控制、MFT 超驰控制等保护连锁回路投入，以便将较高的负压偏差减至最小。在发生总燃料跳闸（MFT），且风量大于 30%时，应在压力控制系统中产生一个超驰控制信号，使引风机出力快速减小。该信号应随时间而衰减（时间可调），直至恢复正常的挡板控制。不需运行人员的干预，并且对控制系统不产生扰动。	DL/T 1083—2008《火力发电厂分散控制系统技术条件》5.2.2.4.5	逻辑检查、检查资料	基建期、自动逻辑优化期
		举例：某厂 660MW 超超临界直流锅炉，引风机系统设计采用引风机、脱硫增压风机二合一方案。机组带负荷调试试运行期间，突发设备故障导致锅炉灭火事故。由于自动控制逻辑设计不合理，锅炉灭火后两台引风机设有超驰开逻辑，且未设置炉膛压力低低跳引风机功能，导致锅炉灭火后炉膛负压短时间低于－6000Pa，部分烟道内陷坍塌。			
		5. 轴流风机应有防喘振控制和风机启动连锁。	DL/T 1083—2008《火力发电厂分散控制系统技术条件》5.2.2.4.5	逻辑检查、检查资料	基建期、自动逻辑优化期
		举例：某厂空气预热器冷端低温腐蚀逐渐堵塞、除灰系统长期超负荷运行、电除尘效果差引起引风机叶片磨损，造成 A 引风机突然喘振、风机出力快速下降，运行无法及时调整，造成炉膛压力高保护动作。			
		6. 系统应设计代表锅炉空气需求量的前馈信号，该信号可以是燃料量信号、锅炉主控信号、送风机指令信号或其他合适的需求量指示值，但不应是测得的空气量信号。	DL/T 1091—2008《火力发电厂锅炉炉膛安全监控系统技术规程》4.5.2.2	逻辑检查、检查资料	基建期、自动逻辑优化期
		7. 在自动/手动切换站后，当炉膛负压偏差大时，使用超驰动作或直接闭锁。	DL/T 1091—2008《火力发电厂锅炉炉膛安全监控系统技术规程》4.5.2.2	逻辑检查、检查资料	基建期、自动逻辑优化期
		8. 在自动/手动切换站后，由总燃料跳闸启动超驰动作，以将压力偏差降至最低。	DL/T 1091—2008《火力发电厂锅炉炉膛安全监控系统技术规程》4.5.2.2	逻辑检查、检查资料	基建期、自动逻辑优化期
		9. RB 情况下超驰回路或变参数设置应合理。		逻辑检查、检查资料	基建期、自动逻辑优化期
		举例 1：某厂 5 号机组控制逻辑中设置了风烟系统（六大风机）电流大闭锁增功能，但 RB 动作后解除了风机电流大闭锁增功能，不符合要求。			

续表

项目	内容	标准	编制依据	方法	周期
炉膛压力控制系统	控制逻辑	**举例 2**：某厂 1 号机组引风机 RB 动作时，二次风调节执行机构超驰动作至 35%开度，通过负荷与二次风执行机构静态参数分析，机组在 260MW 负荷时，送风机执行机构开度在 30%左右，当 1 台引风机跳闸后，会导致送风量与引风量不匹配，不利于机组的稳定运行。同时参考机组 RB 试验报告，机组在 275～280MW 负荷时，送风机动叶开度在 64%；在 RB 试验中二次风动叶超驰关闭 35%，炉膛负压最高升至 528Pa。因此，二次风动叶执行机构超驰量应根据机组实际运行工况进行优化，降至与机组单台引风机出力相匹配的开度。 **举例 3**：某厂 1、2 号机炉膛负压控制逻辑，在一次风机满负荷 RB 下引风机动叶超驰指令为－5%，会导致负压下降过低，同时一次风机 RB 超驰时间为 30s，时间偏长，不利于 PID 算法块的运算。			
		10. 测量信号间偏差大、执行器指令与反馈偏差大、给定值与被调量偏差大切自动功能设置正确；在 RB 发生时，将炉膛压力自动控制系统偏差大切除自动或闭锁指令等逻辑的偏差限值适当放宽，必要时可暂时解除。	DL/T 1213—2013《火力发电机组辅机故障减负荷技术规规程》4.2.5.3	逻辑检查、检查资料	基建期、自动逻辑优化期
		举例：某厂和利时 MACS-K 系统 5 号炉炉膛压力控制调节系统逻辑设置不合理，参与调节的 3 个炉膛压力测点偏差大切除自动的“三选中”逻辑，偏差设置为±500Pa 且当前模式设定为 0 模式 Q0 输出切除自动，只有在 3 个压力测点均坏质量或两两偏差大于±500Pa 时才会切除自动，存在测量信号偏差大切除自动功能基本失效问题。			
		11. 当两个或两个以上的控制驱动装置控制一个变量时，可由一个驱动装置维持自动运行。运行人员可将其余的驱动装置投入自动，而不需手动平衡。当追加的驱动装置投入自动后，控制系统应自动适应追加的驱动装置的作用，即不论驱动装置在手动或自动方式的数量如何组合变化，控制作用应满足工艺系统调节品质的要求。	DL/T 1083—2008《火力发电厂分散控制系统技术条件》5.2.1	逻辑检查、检查资料	基建期、自动逻辑优化期
		12. 应对多控制驱动装置的运行提供偏置调整，偏置应能在保证系统安全的范围内调整，新建立的关系不应产生过程扰动。		逻辑检查、检查资料	基建期、自动逻辑优化期
		13. 在自动状态，设置一个控制驱动装置为自动或遥控，不需进行手动平衡或对其偏置进行调整。并且，不论此时偏置设置的位置或过程偏差的幅度如何，不应引进任何控制驱动装置的阶跃波动。		逻辑检查、检查资料	基建期、自动逻辑优化期
		14. 自动切除后应有明显的报警。		逻辑检查、检查资料	基建期、自动逻辑优化期

续表

项目	内容	标准	编制依据	方法	周期
炉膛压力控制系统	控制逻辑	15. PID输出的上下限设置应合理。		逻辑检查、检查资料	基建期、自动逻辑优化期
		16. 自然通风请求下的逻辑功能应完善。		逻辑检查、检查资料	基建期、自动逻辑优化期
		17. 正确设置炉膛压力防内爆超驰保护回路、风煤交叉限制回路以及直流机组的煤水交叉限制回路。	《火电厂热控系统可靠性配置与事故预控》6.8	逻辑检查、检查资料	基建期、自动逻辑优化期
		18. 炉膛负压控制通过控制引风机叶片（或入口挡板）的开度维持炉膛压力为设定值。300MW及以上机组宜采用风量指令作为超前变化的前馈信号，使炉膛负压波动最小。炉膛负压控制宜设方向闭锁，在炉膛压力低时，应闭锁引风机叶片（或入口挡板）开度进一步增大；在炉膛压力高时，应闭锁引风机叶片（或入口挡板）开度进一步减小。在发生总燃料跳闸（MFT）且风量大于30%时，应能根据负压超弛信号使引风机叶片开度（或入口挡板）快速减小，直至恢复正常的负压控制。	DL/T 5175—2003《火力发电厂热工控制系统设计技术规定》5.1.10	逻辑检查、检查资料	基建期、自动逻辑优化期
	调节品质	1. 稳态品质指标：300MW等级以下机组为±50Pa，300MW等级及以上机组为±100Pa。	DL/T 657—2015《火力发电厂模拟量控制系统验收测试规程》附录A.3.3	现场检查、检查资料	机组大修、自动控制回路改造、对象特性改变
		2. 炉膛压力定值扰动（扰动量300MW等级以下机组±100Pa、300MW等级及以上机组±150Pa）：过渡过程衰减率$\Psi=0.75\sim0.9$，300MW等级以下机组稳定时间应小于40s，300MW等级及以上机组稳定时间应小于1min。		现场检查、检查资料	机组大修、自动控制回路改造、对象特性改变
		3. 机炉协调控制方式下的动态、稳态品质指标符合附表A的要求。		现场检查、检查资料	机组大修、自动控制回路改造、对象特性改变

续表

项目	内容	标准	编制依据	方法	周期
送风控制系统	信号	1. 信号屏蔽层具有全线路电气连续性。检查接线盒或中间端子柜的屏蔽电缆接线，当有分开或合并时，其两端的屏蔽线通过端子可靠连接。	DL/T 261—2012《火力发电厂热工自动化系统可靠性评估技术导则》6.5.2.5	现场检查、检查资料	基建期、设备改造期
		2. 通过两个二次风道上的一次元件，分别测得锅炉的二次风量，该测量结果应是经温度补偿的双重化测量，各测量值的总和即为总二次风量。总二次风量与总一次风量形成一个总的锅炉送风量信号，该信号可用来限制总负荷指令和总燃料量。	DL/T 1083—2008《火力发电厂分散控制系统技术条件》5.2.2.4.2	现场检查、检查资料	基建期、设备改造期
		3. 已安装省煤器出口烟道CO测量装置的机组，宜利用CO或氧量进行送风量及二次风门指令的校正。		现场检查、检查资料	基建期、设备改造期
		4. 并列运行的送风机动叶（静叶）指令应分别布置在不同的AO卡件上。		现场检查、检查资料	基建期、设备改造期
	执行机构	1. 执行机构灵敏度和死区满足调节系统投自动要求。		现场检查、检查资料	基建期、设备改造期
		举例： 某厂1、2号机组自动调节系统执行机构在指令不变的情况下，个别执行机构的反馈信号存在摆动现象，例如2号机组凝汽器补水调整门，在自动投用过程中指令不变，反馈出现7%的摆动，存在缩短执行机构寿命、降低调节品质等隐患。			
		2. 应用高压变频器作为送风机自动调节执行机构时，应确保变频器的工作环境满足要求，变频器的参数整定应充分考虑系统电压波动的影响。	《火电厂热控系统可靠性配置与事故预控》6.18	现场检查、检查资料	基建期、设备改造期
		3. 动叶（静叶）执行机构的动作速度应一致，避免出现抢风。		现场检查、检查资料	基建期、设备改造期
		举例： 某厂动叶执行机构动作速率设置不一致，导致风机失速。			
	控制逻辑	1. 测量信号间偏差大、执行器指令与反馈偏差大、给定值与被调量偏差大切自动功能设置正确；在RB发生时，将送风自动控制系统偏差大切除自动或闭锁指令等逻辑的偏差限值适当放宽，必要时可暂时解除。	DL/T 1213—2013《火力发电机组辅机故障减负荷技术规规程》4.2.5.3	逻辑检查、检查资料	基建期、自动逻辑优化期

续表

项目	内容	标准	编制依据	方法	周期
送风控制系统	控制逻辑	**举例：**某厂3、4号机组执行器偏差大均设置为15%延时10s，5号机组均设置偏差大于20%延时20s。快速调节系统在异常工况时，因切除自动不及时，可能引起调节系统品质变差甚至振荡，严重时导致参数超限机组非停。			
		2. 自动切除后应有明显的报警。		逻辑检查、检查资料	基建期、自动逻辑优化期
		3. 手动/自动方式之间应实现无扰动切换。	DL/T 657—2015《火力发电厂模拟量控制系统验收测试规程》5.2	逻辑检查、检查资料	基建期、自动逻辑优化期
		4. 炉膛压力自动控制系统手动状态下应切除送风控制系统自动。		逻辑检查、检查资料	基建期、自动逻辑优化期
		5. 炉膛压力方向性闭锁，炉膛压力高时，应闭锁送风机继续增大风量；炉膛压力低时，应闭锁送风机继续减小风量。	DL/T 1083—2008《火力发电厂分散控制系统技术条件》5.2.2.4.2	逻辑检查、检查资料	基建期、自动逻辑优化期
		6. 风量指令应不低于吹扫额定值，一旦实际的风量低于吹扫额定值，应发出报警，并向FSSS送出一个开关量信号。此外，当总风量降低到比吹扫额定值低5%时（满容积风量百分比），应产生一个闭合触点去触发MFT动作。		逻辑检查、检查资料	基建期、自动逻辑优化期
		7. 对轴流风机，应有防喘振控制和启动的连锁。		逻辑检查、检查资料	基建期、自动逻辑优化期
		8. 氧量是在省煤器后的烟道中测得，锅炉总风量宜由氧量校正回路进行修正。氧量修正子回路应有下列功能： a）运行人员可在合理的范围内修改氧量设定值。 b）通过氧量校正信号的变化，可改变总的过剩空气量。 c）运行人员可根据氧量显示值的大小，手动调节氧量校正站的输出，从而调整过剩空气，实现氧量校正的手动操作功能。		逻辑检查、检查资料	基建期、自动逻辑优化期
		9. 单元机组应配置燃料量与总风量控制的交叉限制回路。	DL/T 261—2012《火力发电厂热工自动化系统可靠性评估技术导则》6.2.4.3	逻辑检查、检查资料	基建期、自动逻辑优化期

续表

项目	内容	标准	编制依据	方法	周期
送风控制系统	控制逻辑	10. RB情况下超驰回路或变参数设置应合理。		逻辑检查、检查资料	基建期、自动逻辑优化期
		举例：某厂由于两台送风机在自动状态下调节系统存在问题，经检查后发现，送风机动叶自小修后，调整特性很差，动叶调整范围由原来的0%～100%变为0%～40%，且有跃变现象，造成原控制参数不合适，送风量测量装置也有堵塞现象，造成风量信号不准确，所以一个小的扰动引发了调节过程的渐扩振荡，使送风量大幅度波动，最终造成“总风量低”MFT。			
		11. PID输出的下限设置应合理。		逻辑检查、检查资料	基建期、自动逻辑优化期
		12. 自然通风请求下的逻辑功能应完善。		逻辑检查、检查资料	基建期、自动逻辑优化期
		13. 当两个或两个以上的控制驱动装置控制一个变量时，可由一个驱动装置维持自动运行。运行人员可将其余的驱动装置投入自动，而不需手动平衡。当追加的驱动装置投入自动后，控制系统应自动适应追加的驱动装置的作用，即不论驱动装置在手动或自动方式的数量如何组合变化，控制作用应满足工艺系统调节品质的要求。	DL/T 1083—2008《火力发电厂分散控制系统技术条件》5.2.1	逻辑检查、检查资料	基建期、自动逻辑优化期
		14. 应对多控制驱动装置的运行提供偏置调整，偏置应能在保证系统安全的范围内调整，新建立的关系不应产生过程扰动。	DL/T 1083—2008《火力发电厂分散控制系统技术条件》5.2.1	逻辑检查、检查资料	基建期、自动逻辑优化期
		15. 在自动状态，设置一个控制驱动装置为自动或遥控，不需进行手动平衡或对其偏置进行调整。并且，不论此时偏置设置的位置或过程偏差的幅度如何，不应引进任何控制驱动装置的阶跃波动。	DL/T 1083—2008《火力发电厂分散控制系统技术条件》5.2.1	逻辑检查、检查资料	基建期、自动逻辑优化期
		16. 送风控制通过控制送风机叶片（或入口挡板）的开度控制风量达到最佳燃烧工况。300MW及以上机组送风控制宜设置方向闭锁，当炉膛压力高时，应闭锁送风机叶片（或入口挡板）开度进一步增大；炉膛压力低时，应闭锁送风机叶片（或入口挡板）开度进一步减小。当总风量低于吹扫额定值时，应发出报警信号。	DL/T 5175—2003《火力发电厂热工控制系统设计技术规定》5.1.11	逻辑检查、检查资料	基建期、自动逻辑优化期

续表

项目	内容	标准	编制依据	方法	周期
送风控制系统	调节品质	1. 锅炉稳定运行时，控制系统应能保持送入炉膛的氧量在给定值的±1%范围内。	DL/T 261—2012《火力发电厂热工自动化系统可靠性评估技术导则》6.7.2.6	现场检查、检查资料	机组大修、自动控制回路改造、对象特性改变
		2. 燃烧率指令改变时，风量应能在30s内变化，炉膛氧量应能在1min内变化。		现场检查、检查资料	机组大修、自动控制回路改造、对象特性改变
		3. 风压/差压给定值改变10%时，控制系统衰减率Ψ=0.75～0.9、稳定时间应小于50s。		现场检查、检查资料	机组大修、自动控制回路改造、对象特性改变
一次风压控制系统	信号	1. 信号屏蔽层具有全线路电气连续性。检查接线盒或中间端子柜的屏蔽电缆接线，当有分开或合并时，其两端的屏蔽线通过端子可靠连接。	DL/T 261—2012《火力发电厂热工自动化系统可靠性评估技术导则》6.5.2.5	现场检查、检查资料	基建期、设备改造期
		2. 并列运行的一次风机动叶（静叶、变频器）指令应分别布置在不同的AO卡件上。		现场检查、检查资料	基建期、设备改造期
	执行机构	1. 执行机构灵敏度和死区满足调节系统投自动要求。		现场检查、检查资料	基建期、设备改造期
		2. 应用高压变频器作为一次风机自动调节执行机构时，应确保变频器的工作环境满足要求，变频器的参数整定应充分考虑系统电压波动的影响。	《火电厂热控系统可靠性配置与事故预控》6.18	现场检查、检查资料	日常
		3. 动叶（静叶）执行机构的动作速度应一致，避免出现抢风。		现场检查、检查资料	基建期、设备改造期

续表

<table>
<tr><th>项目</th><th>内容</th><th>标准</th><th>编制依据</th><th>方法</th><th>周期</th></tr>
<tr><td rowspan="12">一次风压控制系统</td><td rowspan="12">控制逻辑</td><td>1. 测量信号间偏差大、执行器指令与反馈偏差大、给定值与被调量偏差大切自动功能设置正确；在RB发生时，将送风自动控制系统偏差大切除自动或闭锁指令等逻辑的偏差限值适当放宽，必要时可暂时解除。</td><td>DL/T 1213—2013《火力发电机组辅机故障减负荷技术规程》4.2.5.3</td><td>逻辑检查、检查资料</td><td>基建期、自动逻辑优化期</td></tr>
<tr><td colspan="4">举例1：某厂A一次风机动叶执行机构板件故障，导致动叶突然关闭，一次风机风量低，磨煤机全跳，失去燃料锅炉MFT动作。
举例2：某厂1号机一次风机变频指令反馈偏差大切手动逻辑，切手动定值为10Hz，而查阅历史曲线全工况下变频调节范围为30～43Hz，此项逻辑在机组正常运行时基本不会触发，设置不合理。
举例3：某厂一次风压自动投入，B侧热一次风压测量变送器发生故障，风压由8.2kPa突然降至0kPa，A、B一次风机动叶开度在自动控制快速开启，炉膛压力最高至+2488Pa，触发MFT保护动作，机组跳闸。</td></tr>
<tr><td>2. 自动切除后应有明显的报警。</td><td></td><td>逻辑检查、检查资料</td><td>基建期、自动逻辑优化期</td></tr>
<tr><td colspan="4">举例：某厂由于运行人员误停一次风机调节机构电源，发现停错电源后，又将电源送上，送电后，一次风机调节机构逻辑触发全关指令，导致一次风与炉膛差压低，机组MFT动作。</td></tr>
<tr><td>3. 具备手/自动双向无扰切换功能。</td><td></td><td>逻辑检查、检查资料</td><td>基建期、自动逻辑优化期</td></tr>
<tr><td>4. RB情况下超驰回路或变参数设置应合理。</td><td></td><td>逻辑检查、检查资料</td><td>基建期、自动逻辑优化期</td></tr>
<tr><td>5. 一次风压定值曲线设置应合理。</td><td></td><td>逻辑检查、检查资料</td><td>基建期、自动逻辑优化期</td></tr>
<tr><td colspan="4">举例：某厂1、2号机组一次风压设定值为炉主控输出函数（炉主控X：0，132，268；一次风压Y：7.5，7.8，8），导致在变负荷过程中，一次风压设定值变化微小，影响锅炉燃料在快速变负荷时的供应。</td></tr>
<tr><td>6. RB情况下超驰回路或变参数设置应合理。</td><td></td><td>逻辑检查、检查资料</td><td>基建期、自动逻辑优化期</td></tr>
<tr><td>7. 防喘振保护回路投入。</td><td>DL/T 774—2015《火力发电厂热工自动化系统检修运行维护规程》9.4.3.2</td><td>逻辑检查、检查资料</td><td>基建期、自动逻辑优化期</td></tr>
</table>

续表

项目	内容	标准	编制依据	方法	周期
一次风压控制系统	控制逻辑	8. 当两个或两个以上的控制驱动装置控制一个变量时，可由一个驱动装置维持自动运行。运行人员可将其余的驱动装置投入自动，而不需手动平衡。当追加的驱动装置投入自动后，控制系统应自动适应追加的驱动装置的作用，即不论驱动装置在手动或自动方式的数量如何组合变化，控制作用应满足工艺系统调节品质的要求。	DL/T 1083—2008《火力发电厂分散控制系统技术条件》5.2.1	逻辑检查、检查资料	基建期、自动逻辑优化期
		9. 应对多控制驱动装置的运行提供偏置调整，偏置应能在保证系统安全的范围内调整，新建立的关系不应产生过程扰动。		逻辑检查、检查资料	基建期、自动逻辑优化期
		10. 在自动状态，设置一个控制驱动装置为自动或遥控，不需进行手动平衡或对其偏置进行调整。并且，不论此时偏置设置的位置或过程偏差的幅度如何，不应引进任何控制驱动装置的阶跃波动。		逻辑检查、检查资料	基建期、自动逻辑优化期
	调节品质	1. 稳定工况下，一次风压应能保持在给定值的±100Pa范围内；正常运行时，控制系统应保持一次风量与负荷（主燃料量）相适应。	DL/T 261—2012《火力发电厂热工自动化系统可靠性评估技术导则》6.7.2.7	现场检查、检查资料	机组大修、自动控制回路改造、对象特性改变
		2. 动态稳定时间：一次风门开度改变5%时，控制系统应在30s内消除扰动；一次风压定值改变300Pa时，控制系统衰减率$\Psi=0.75\sim0.9$，300MW及以上机组稳定时间小于50s。		现场检查、检查资料	机组大修、自动控制回路改造、对象特性改变
主蒸汽温度控制系统	信号	1. 主蒸汽温度信号宜三重冗余配置，并遵循从温度元件到输入模件全程相对独立的原则。	DL/T 261—2012《火力发电厂热工自动化系统可靠性评估技术导则》6.2.3.2	现场检查、检查资料	基建期、设备改造期
		2. 主蒸汽温度信号补偿导线全程屏蔽可靠并一点接地，指示准确，同参数信号间偏差应小于系统允许综合误差。	DL/T 261—2012《火力发电厂热工自动化系统可靠性评估技术导则》6.7.2.3	现场检查、检查资料	基建期、设备改造期
		3. 热电偶元件安装时应保证热电偶元件热端与热电偶保护套管接触良好。		现场检查、检查资料	基建期、设备改造期

续表

项目	内容	标准	编制依据	方法	周期
主蒸汽温度控制系统	信号	4. 控制机柜内热电偶冷端补偿元件，至少应在输入模件的每层端子板上配置，不允许仅在一机柜内设置一个公用补偿器。其补偿功能应通过实际试验，确定满足通道精度要求。	《火电厂热控系统可靠性配置与事故预控》7.2	现场检查、检查资料	基建期、设备改造期
		5. 应对温度元件护套内可能存在的氧化物和污物进行清除。	DL/T 261—2012《火力发电厂热工自动化系统可靠性评估技术导则》6.6.1.1	现场检查、检查资料	基建期、设备改造期
		举例：某厂主蒸汽管道1号温度测点焊口产生裂纹，导致发生泄漏，发出“主汽温度低”报警，主汽压力降至8MPa，期间检查泄漏声音及附近蒸汽泄漏量未减小，打闸停运。			
		6. 补偿导线不允许有中间接头。		现场检查、检查资料	基建期、设备改造期
		7. 主蒸汽减温水宜取自给水流量取样之后，以减少主蒸汽温度调节的外部扰动影响。	某厂1000MW机组已成功应用	现场检查、检查资料	基建期、设备改造期
		8. 长期运行在高温区域（超过60℃）的电缆（汽轮机调节阀、主汽阀关闭信号、火焰检测器等）和补偿导线（机侧主蒸汽温度、汽缸或过热器壁温等），应使用耐高温特种电缆或耐高温补偿电缆。	《火电厂热控系统可靠性配置与事故预控》14.2	现场检查、检查资料	基建期、设备改造期
	执行机构	1. 调节阀门特性满足调节要求：最大流量应满足锅炉最大负荷要求并约有10%的裕量；漏流量应小于其最大流量的10%；工作段应大于全行程的70%且工作特性呈线性，回程误差应小于最大流量的3%；死行程应小于全行程的3%。	DL/T 261—2012《火力发电厂热工自动化系统可靠性评估技术导则》6.7.2.3	现场检查、检查资料	基建期、设备改造期
		2. 断电、断气、断信号时保持位置不变或使被操作对象按对系统安全的预定方式动作。		现场检查、检查资料	基建期、设备改造期
		举例：某厂仪用空气系统内积水导致减温水调整门关闭，过热汽减温水流量到零，造成机组长时间超温运行。			
		3. 执行机构灵敏度应满足调节系统投自动要求。		现场检查、检查资料	基建期、设备改造期

续表

项目	内容	标准	编制依据	方法	周期
主蒸汽温度控制系统	控制逻辑	1. 主蒸汽温度信号宜“三取中”（至少“二取均”），信号偏差报警和信号故障后逻辑转换可靠，信号变化速率闭锁及解除设置正确。	DL/T 261—2012《火力发电厂热工自动化系统可靠性评估技术导则》6.7.2.3	逻辑检查、检查资料	基建期、自动逻辑优化期
		2. 自动切除后应有明显的报警。		逻辑检查、检查资料	基建期、自动逻辑优化期
		3. 手动/自动方式之间应实现无扰动切换。	DL/T 657—2015《火力发电厂模拟量控制系统验收测试规程》5.2	逻辑检查、检查资料	基建期、自动逻辑优化期
		4. 串级控制系统应配置外回路防积分饱和功能，调节器下游指令输出范围受限的系统，应配置防止调节器过度积分的限制逻辑，单设备运行时的调节器限制逻辑。	DL/T 261—2012《火力发电厂热工自动化系统可靠性评估技术导则》6.2.4.3	逻辑检查、检查资料	基建期、自动逻辑优化期
		5. 调节系统下游回路输出受到调节限幅限制或因其他原因而指令阻塞时，上游回路指令应同步受限，防止发生指令突变与积分饱和。		逻辑检查、检查资料	基建期、自动逻辑优化期
		6. 应提供完善的主蒸汽温度控制系统，充分考虑汽包锅炉与直流锅炉在启动和正常运行时蒸汽温度控制的不同特点。在规定的锅炉运行范围内，特别是达到温度控制的负荷时，控制各级过热器的出口温度。可将经过修正的锅炉总风量作为温度控制的前馈指令，并可考虑下列条件： a）在负荷瞬变时，会引起过燃和欠燃工况，因此宜以进汽压力偏差的函数来修正负荷系数。 b）在末级过热汽温达到设定值前，用于闭锁增减负荷的指令应退出运行。该温度设定值宜为负荷指令的函数。末级过热器出口蒸汽温度设定值宜具有一个合适的修正系数，使其在控制范围内自动随机组负荷增加而增加，而不至于过早喷水。 c）对于直流锅炉，在锅炉处于纯直流运行状态时，应通过调节煤水比的手段控制中间点（分离器出口）温度，将喷水减温作为精确调节手段。	DL/T 1083—2008《火力发电厂分散控制系统技术条件》5.2.2.4.6.1	逻辑检查、检查资料	基建期、自动逻辑优化期

续表

项目	内容	标准	编制依据	方法	周期
主蒸汽温度控制系统	控制逻辑	7. 当发生 MFT 汽轮机跳闸或机组负荷低至规定值时，自动超驰关闭喷水调节阀及截止阀。喷水调节阀装有旁路阀时，旁路阀应同时关闭，防止汽轮机进水及低负荷工况时阀门阀芯的磨蚀。	DL/T 5428—2009《火力发电厂热工保护系统设计技术规定》8.3.4	逻辑检查、检查资料	基建期、自动逻辑优化期
		举例：某厂 2 号炉发生 MFT 时，有关闭减温水截止阀逻辑，但没有关闭减温水调整门，当发生 RB 时有关闭减温水调整门逻辑但没有关闭减温水截止阀。			
		8. 在确认喷水对降低蒸汽温度已基本无效的负荷点，不宜投入喷水自动调节。这些负荷点宜遵循锅炉厂的推荐。当重新投入自动调节时，应逐渐加大喷水量，避免突然大量喷水的方式。	DL/T 5428—2009《火力发电厂热工保护系统设计技术规定》8.3.4	逻辑检查、检查资料	基建期、自动逻辑优化期
		9. RB 发生后应关闭过热器减温水调整门及隔离门。		逻辑检查、检查资料	基建期、自动逻辑优化期
	调节品质	1. 稳态品质指标：300MW 等级以下机组为±2℃，300MW 等级及以上机组为±3℃；执行器不应频繁动作。	DL/T 261—2012《火力发电厂热工自动化系统可靠性评估技术导则》	现场检查、检查资料	机组大修、自动控制回路改造、对象特性改变
		2. 定值改变±5℃时，过渡过程衰减率 $\Psi=0.75\sim1$，300MW 等级以下机组稳定时间应小于 15min，300MW 等级及以上机组稳定时间应小于 20min。		现场检查、检查资料	机组大修、自动控制回路改造、对象特性改变
		3. 机炉协调控制方式下的动态、稳态品质指标见附录 A 的要求。		现场检查、检查资料	机组大修、自动控制回路改造、对象特性改变
		举例：主蒸汽温度调节品质满足要求，但从调节系统指令输出及阀位历史曲线分析判断，执行机构接近于等幅振荡，会导致劣化调节品质并致使执行机构频繁动作，缩短执行机构寿命，同时也会因反复调整减温水流量影响经济性。			
	保护要求	机组正常运行时，主蒸汽温度在 10min 内突然下降 50℃应立即打闸停机。调峰型单层汽缸机组可根据制造商相关规定执行。	《防止电力生产事故的二十五项重点要求》8.3.4	逻辑检查、资料检查	基建期、机组检修、机组停运超 15 天

续表

项目	内容	标准	编制依据	方法	周期
再热蒸汽温度控制系统	信号	1. 再热汽温度信号宜三重冗余配置，并遵循从温度元件到输入模件全程相对独立的原则。	DL/T 261—2012《火力发电厂热工自动化系统可靠性评估技术导则》6.2.3.2	现场检查、检查资料	基建期、设备改造期
		2. 再热蒸汽温度信号补偿导线全程可靠屏蔽并一点接地，指示准确，同参数信号间偏差应小于系统允许综合误差。	DL/T 261—2012《火力发电厂热工自动化系统可靠性评估技术导则》6.7.2.3	现场检查、检查资料	基建期、设备改造期
		3. 热电偶元件安装时应保证热电偶元件热端与热电偶保护套管接触良好。		现场检查、检查资料	基建期、设备改造期
		4. 控制机柜内热电偶冷端补偿元件，至少应在输入模件的每层端子板上配置，不允许仅在一机柜内设置一个公用补偿器。其补偿功能应通过实际试验，确定满足通道精度要求。	《火电厂热控系统可靠性配置与事故预控》7.2	现场检查、检查资料	基建期、设备改造期
		5. 应对温度元件护套内可能存在的氧化物和污物进行清除。	DL/T 261—2012《火力发电厂热工自动化系统可靠性评估技术导则》6.6.1.1	现场检查、检查资料	基建期、设备改造期
		6. 补偿导线不允许有中间接头。		现场检查、检查资料	基建期、设备改造期
	执行机构	1. 燃烧器摆角或尾部烟道控制挡板，应有足够的调节裕量且可控。	DL/T 261—2012《火力发电厂热工自动化系统可靠性评估技术导则》6.7.2.4	现场检查、检查资料	基建期、设备改造期
		2. 调节阀门特性满足调节要求：最大流量应满足锅炉最大负荷要求并约有10%的裕量；漏流量应小于其最大流量的10%；工作段应大于全行程的70%且工作特性呈线性，回程误差应小于最大流量的3%；死行程应小于全行程的3%。		现场检查、检查资料	基建期、设备改造期
		3. 热态下尾部烟道控制挡板机械部分动作灵活，无卡涩；执行机构位置环境温度应符合设备运行要求，转角范围无阻档，全程调节动作灵活、无卡涩；控制系统逻辑满足控制要求。		现场检查、检查资料	基建期、设备改造期
		4. 断电、断气、断信号时保持位置不变或使被操作对象按对系统安全的预定方式动作。		现场检查、检查资料	基建期、设备改造期
		5. 执行机构灵敏度应满足调节系统投自动要求。		现场检查、检查资料	基建期、设备改造期

续表

项目	内容	标准	编制依据	方法	周期
再热蒸汽温度控制系统	控制逻辑	1. 再热蒸汽温度信号宜“三取二”(至少“二取均”),信号偏差报警和信号故障后逻辑转换可靠。信号变化速率闭锁及解除设置正确。	DL/T 261—2012《火力发电厂热工自动化系统可靠性评估技术导则》6.7.2.3	逻辑检查、检查资料	基建期、自动逻辑优化期
		2. 自动切除后应有明显的报警。	DL/T 657—2015《火力发电厂模拟量控制系统验收测试规程》5.2	逻辑检查、检查资料	基建期、自动逻辑优化期
		3. 手动/自动方式之间应实现无扰动切换。		逻辑检查、检查资料	基建期、自动逻辑优化期
		4. 串级控制系统应配置外回路防积分饱和功能,调节器下游指令输出范围受限的系统,应配置防止调节器过度积分的限制逻辑,单设备运行时的调节器限制逻辑。	DL/T 261—2012《火力发电厂热工自动化系统可靠性评估技术导则》6.2.4.3	逻辑检查、检查资料	基建期、自动逻辑优化期
		5. 调节系统下游回路输出受到调节限幅限制或因其他原因而指令阻塞时,上游回路指令应同步受限,防止发生指令突变与积分饱和。		逻辑检查、检查资料	基建期、自动逻辑优化期
		6. 当发生 MFT 汽轮机跳闸或机组负荷低至规定值时,自动超驰关闭喷水调节阀及截止阀。喷水调节阀装有旁路阀时,旁路阀应同时关闭,防止汽轮机进水及低负荷工况时阀门阀芯的磨蚀。	DL/T 5428—2009《火力发电厂热工保护系统设计技术规定》8.3.4	逻辑检查、检查资料	基建期、自动逻辑优化期
		7. 在确认喷水对降低蒸汽温度已基本无效的负荷点,不宜投入喷水自动调节。这些负荷点宜遵循锅炉厂的推荐。当重新投入自动调节时,应逐渐加大喷水量,避免突然大量喷水的方式。		逻辑检查、检查资料	基建期、自动逻辑优化期
		8. 应提供完整的再热汽温控制系统。在规定的锅炉运行范围内,控制末级再热汽温。锅炉总风量信号宜经修正后作为再热器热量需求的前馈指令,控制系统应在下列工况条件下保证合格的调节品质: a)滑压运行时负荷特性发生变化。 b)在末级再热汽温度达到设定值前,宜考虑因不同的锅炉运行工况引起负荷与控制要求关系的偏移,故可用负荷指令信号系数闭锁控制输出。再热汽温的设定值宜具有一个合适的修正系数,在控制范围内自动随机组负荷而变化。	DL/T 1083—2008《火力发电厂分散控制系统技术条件》5.2.2.4.7.1	逻辑检查、检查资料	基建期、自动逻辑优化期
		9. RB 发生后应关闭过热器减温水调门及隔离门。		逻辑检查、检查资料	基建期、自动逻辑优化期

续表

项目	内容	标准	编制依据	方法	周期
再热蒸汽温度控制系统	调节品质	1. 稳态品质指标：300MW 等级以下机组为±3℃，300MW 等级及以上机组为±4℃；执行器不应频繁动作。	DL/T 261—2012《火力发电厂热工自动化系统可靠性评估技术导则》6.7.2.4	现场检查、检查资料	机组大修、自动控制回路改造、对象特性改变
		2. 动态指标：给定值改变±5℃时，过渡过程衰减率 Ψ=0.75～1，300MW 等级以下机组稳定时间应小于 15min，300MW 等级及以上机组稳定时间应小于 20min。		现场检查、检查资料	机组大修、自动控制回路改造、对象特性改变
		3. 机炉协调控制方式下的动态、稳态品质应符合附录 A 的指标。		现场检查、检查资料	机组大修、自动控制回路改造、对象特性改变
	保护要求	机组正常运行时，再热蒸汽温度在 10min 内突然下降 50℃应立即打闸停机。调峰型单层汽缸机组可根据制造商相关规定执行。	《防止电力生产事故的二十五项重点要求》8.3.4	逻辑检查、资料检查	基建期、机组检修、机组停运超 15 天
RB	信号	1. 送风机、引风机、一次风机停止信号宜由运行、停止和电流信号（硬接线）经“三取二”判别。		现场检查、检查资料	基建期、设备改造期
		举例：某厂一次风机 B 停反馈触发，运行反馈未消失，电流仍正常；一次风机 RB 触发，协调撤出，切至汽轮机跟随方式。			
		2. 小机的跳闸表征信号宜为下列信号“二选一”： a）转速小于 2800r/min、给水泵汽轮机 METS 跳闸指令、安全油压和速关阀信号进行“四取二”逻辑运算。 b）安全油压信号进行“三选二”逻辑运算。	《火电厂热控系统可靠性配置与事故预控》附录 A	现场检查、检查资料	基建期、设备改造期
	控制逻辑	1. RB 回路应配置自动跳磨煤机与自动投入助燃设备的连锁回路；磨煤机跳闸间隔时间设置应与 RB 速率相匹配。	DL/T 261—2012《火力发电厂热工自动化系统可靠性评估技术导则》6.2.4.3	逻辑检查、检查资料	基建期、自动逻辑优化期
		举例：某厂 1、2 号机组燃油泵变频改造后，在油枪快投时超驰控制燃油泵变频指令为 45Hz，但是未考虑 RB 工况下也应超驰控制燃油泵变频指令，RB 下不能连锁燃油泵变频超驰，油压不足可能导致燃烧不稳，RB 失败。			

续表

项目	内容	标准	编制依据	方法	周期
RB	控制逻辑	2. 设备跳闸触发的RB回路，应将跳闸设备的运行状态信号与机组实际负荷信号共同作为RB动作的触发判据。	DL/T 261—2012《火力发电厂热工自动化系统可靠性评估技术导则》6.2.4.3	逻辑检查、检查资料	基建期、自动逻辑优化期
		举例： 某厂RB逻辑回路设计不合理，运行人员就地点动给煤机，锅炉负荷指令由95%快速增加10%，大于辅机最大出力109%，触发RB。			
		3. RB回路应设置手、自动复归功能。RB发生后在规定时间内不宜手动复位。	DL/T 261—2012《火力发电厂热工自动化系统可靠性评估技术导则》6.2.4.3	逻辑检查、检查资料	基建期、自动逻辑优化期
		举例： 某厂5号机组设计了送风机、引风机、一次风机、空气预热器RB（给水泵为单辅机配置）功能，设置了一个RB投退总开关。RB动作结束后，自动退出RB功能，但在运行规程中没有明确规定RB动作结束后应及时投入RB功能的要求，存在RB功能长时间退出的隐患。			
		4. 送风机、引风机、一次风机、给水泵、给煤机自动控制指令应设置出力上限防止超限跳闸，送风机、引风机指令上限应相互匹配，符合炉膛压力控制要求。	DL/T 261—2012《火力发电厂热工自动化系统可靠性评估技术导则》6.2.4.3	逻辑检查、检查资料	基建期、自动逻辑优化期
		5. 阻碍RB动作过程的协调控制闭锁增/减（BI/BD）回路和迫降（RUN/DOWN）回路应设置RB过程中自动切除逻辑。	DL/T 261—2012《火力发电厂热工自动化系统可靠性评估技术导则》6.2.4.3	逻辑检查、检查资料	基建期、自动逻辑优化期
		6. 每种RB应有单独的最大允许负荷或减负荷速率，以适应各种设备的动态特性。运行人员应能通过显示器得到RB工况时的信息。当发生RB时，控制系统应自动转换到保证机组安全运行的控制方式，使机组在适合当前辅机出力的负荷水平运行。	DL/T 1083—2008《火力发电厂分散控制系统技术条件》5.2.2.2.2	逻辑检查、检查资料	基建期、自动逻辑优化期
		举例： 某厂进行引风机RB试验，机组负荷为605MW，主汽压力为23.7MPa，总煤量为212t/h，当给水流量降到450t/h时，应联开最小流量阀，但因气压过低，造成最小流量阀开得很慢，指令发出17s后阀门才开始动作，此时正处于给水流量在最低处往回走的时刻，阀门的延时使给水流量在最低处再次减少约200t/h，造成给水流量低低，触发MFT。			
		7. 协调控制系统及控制子系统，在正常调节工况下的偏差切手动保护功能，以及阻碍辅机故障减负荷（RB）动作方向指令变化的大偏差指令闭锁功能，在RB工况下应自动解除，防止被控制参数超出正常波动范围时，将相应的控制系统撤出自动模式。	《火电厂热控系统可靠性配置与事故预控》6.11	逻辑检查、检查资料	基建期、自动逻辑优化期
		举例： 某厂1号机组给水泵RB动作，B汽泵跳闸后，电泵联启正常，但因为主给水流量实际值与设定值偏差大，退出给水自动，同时切除了燃料自动和机组协调，导致主给水流量低保护动作，机组跳闸。			

续表

项目	内容	标准	编制依据	方法	周期
RB	控制逻辑	8. 发生满足RB触发条件的辅机跳闸后，不论机组控制系统处于何种状态，均应能触发该RB功能所对应的磨煤机（给粉机）跳闸逻辑。	《火电厂热控系统可靠性配置与事故预控》6.12	逻辑检查、检查资料	基建期、自动逻辑优化期
		9. 两台运行的给水泵任一跳闸、电动备用给水系未成功联启，且机组负荷大于单台给水泵最大带负荷能力，发生给水泵RB；两台运行的汽动给水泵任一跳闸、电动给水泵成功联启，且机组负荷大于运行给水泵最大带负荷能力，发生汽动给水泵跳闸电泵联启RB。	GB/T 31461—2015《火力发电机组快速减负荷控制技术导则》4.1.4	逻辑检查、检查资料	基建期、自动逻辑优化期
		举例：某厂3、4号机组配置了两台50%汽动给水泵、一台30%电动给水泵，机组运行中发生单台汽动给水泵跳闸触发给水泵RB时，未设置等待电动给水泵联启成功的延时时间，导致机组负荷小于单台汽动给水泵和电动给水泵的总出力时，也会触发50%的给水泵RB动作，造成不必要的工艺系统扰动。			
		10. 带有脱硫脱硝系统并设计有增压风机的机组，在RB动作工况下，宜考虑增压风机压力超驰控制逻辑。	《火电厂热控系统可靠性配置与事故预控》6.14	逻辑检查、检查资料	基建期、自动逻辑优化期
		11. 空冷机组应设计30%负荷以上风机跳闸或凝汽器真空急剧降低的RB功能，具体降负荷速度通过试验确定。	《火电厂热控系统可靠性配置与事故预控》6.15	逻辑检查、检查资料	基建期、自动逻辑优化期
		12. RB工况下的主汽压力降压目标值应设置适当，太低可能使汽温降得太低，大致上应在机组的滑压运行曲线附近，给水泵RB时降压目标值应略低。	《火电厂热工自动化系统试验》第六章	逻辑检查、检查资料	基建期、自动逻辑优化期
		13. RB发生后无论是动态还是静态，都是以降压方式减负荷较为有利。以定压方式减负荷时，RB试验的成功率较低，其原因主要有：负荷与汽压之间的关系不匹配，汽轮机调门开度过小，对控制不利；发生给水泵RB时，不降压运行将导致锅炉上水困难，不利于汽包水位的控制。	《火电厂热工自动化系统试验》第六章	逻辑检查、检查资料	基建期、自动逻辑优化期
		14. 降压速率也应设置适当，速率太快会导致汽轮机调门大幅开关，对主汽温、水位产生较大的影响，如果未对汽轮机调门设计RB工况禁开逻辑，会导致机组负荷反调。	《火电厂热工自动化系统试验》第六章	逻辑检查、检查资料	基建期、自动逻辑优化期
		15. RB发生后应关闭过热器减温水调门及隔离门。	《火电厂热工自动化系统试验》第六章	逻辑检查、检查资料	基建期、自动逻辑优化期

续表

项目	内容	标准	编制依据	方法	周期
RB	控制逻辑	**举例：**某厂RB发生后关闭了过热器减温水调整门，但未关闭隔离门，且连锁信号为长信号，存在异常工况时，运行人员无法操作减温水可能导致大幅度降温。			
		16. 根据负荷确定磨煤机运行台数。		逻辑检查、检查资料	基建期、自动逻辑优化期
		17. FSSS应完成相关磨煤机（给煤机）或给粉机（排粉机）的切除控制，切除台数、时间间隔和顺序应合理，并可根据燃烧工况，连锁投入一层运行磨煤机（给粉机）对应的油燃烧器。	GB/T 31461—2015《火力发电机组快速减负荷控制技术导则》4.4.1	逻辑检查、检查资料	基建期、自动逻辑优化期
		18. RB动作后，CCS应切换到汽轮机跟随（TF）方式运行。	DL/T 774—2015《火力发电厂热工自动化系统检修运行维护规程》9.6.1.2	逻辑检查、检查资料	基建期、自动逻辑优化期
		19. RB情况下负压控制、送风控制、一次风压控制超驰回路或变参数设置应合理。		逻辑检查、检查资料	基建期、自动逻辑优化期
		举例1：某厂一次风机RB时，送、引风机发生了短时间振荡，说明参数设置不合理，RB发生后可能导致自动控制发散，严重时引起机组非停。 **举例2：**某厂5号机组的送风机、引风机动叶和给水泵转速控制均设计为“一拖二”带平衡算法的控制模式，该控制方案可满足当一个被控对象切至手动并将指令超驰至零时，自动将PID指令补偿至另一台仍在自动状态的被控对象，以保证总出力不变。但是在RB工况下，若一台辅机设备跳闸，平衡算法模块输出至另一台辅机设备的控制指令会翻倍增加，此时平衡算法的输出指令要远大于该设备手操器指令（手操器指令受手操器上限限制），实际调节过程中会出现一个较大的空行程区间，即“积分饱和”现象。			
一次调频控制系统	信号	1. 一次调频转速信号偏差值应不大于±1r/min。	DL/T 261—2012《火力发电厂热工自动化系统可靠性评估技术导则》6.2.8.4	现场检查、检查资料	基建期、设备改造期
		举例：某厂3号机组汽轮机TSI转速信号始终比其他偏低4r/min，进入DCS、DEH的转速信号波动较大，最大摆动16r/min。			
		2. 转速测量的其他要求见“汽轮机转速控制系统”中“信号”要求。	DL/T 261—2012《火力发电厂热工自动化系统可靠性评估技术导则》6.2.8.4	现场检查、检查资料	基建期、设备改造期
		举例：某厂3、4号机组主汽压力调节回路的机前主蒸汽压力信号、参与一次调频的转速信号只有一路，没有实现三重冗余，存在重大隐患。			

续表

<table>
<tr><th>项目</th><th>内容</th><th>标准</th><th>编制依据</th><th>方法</th><th>周期</th></tr>
<tr><td rowspan="9">一次调频控制系统</td><td rowspan="2">信号</td><td>3. DEH、CCS侧应采用同一频差信号。</td><td></td><td>现场检查、检查资料</td><td>基建期、设备改造期</td></tr>
<tr><td colspan="4">举例：某厂DEH内三路转速信号“三取高”后参与DEH一次调频逻辑，“三取中”后通过一路硬接线到DCS参与协调控制系统的一次调频，CCS内的转速信号没有实现全程三重冗余。</td></tr>
<tr><td rowspan="7">控制逻辑</td><td>1. DEH侧的一次调频指令应设置主蒸汽压力修正回路。</td><td rowspan="2">DL/T 261—2012《火力发电厂热工自动化系统可靠性评估技术导则》6.2.4.3</td><td>逻辑检查、检查资料</td><td>基建期、自动逻辑优化期</td></tr>
<tr><td>2. 应根据机组的容量和在电网中的作用等具体要求设置，一次调频死区设置应为±2r/min，限幅应不大于6%额定负荷。</td><td>逻辑检查、检查资料</td><td>基建期、自动逻辑优化期</td></tr>
<tr><td>3. 一次调频回路一般都在DEH实现，但应在CCS进行补偿，由于协调控制系统都有功率闭环校正回路，其输出一般都作用于汽轮机控制回路。如果不对DEH的一次调频作用在CCS进行补偿，CCS的功率闭环校正回路将把这一过程视为内扰，由于比例积分的调节作用，又会将负荷控制回路的输出拉回。</td><td>《火电厂热工自动化系统试验》第十章第三节</td><td>逻辑检查、检查资料</td><td>基建期、自动逻辑优化期</td></tr>
<tr><td colspan="4">举例：某厂1、2号机组一次调频各有两套，分别设计在DEH和CCS。在CCS系统中只有在协调方式下一次调频回路才起作用，其他3个模式下（汽轮机跟随、锅炉跟随、手动方式），CCS一次调频功能无法投入。</td></tr>
<tr><td>4. 一次调频控制回路不宜只在CCS实现，由于控制系统信号传递延时将影响一次调频的响应速度；且当DEH不在CCS控制方式时，一次调频控制回路将被切除。</td><td>《火电厂热工自动化系统试验》第十章第三节</td><td>逻辑检查、检查资料</td><td>基建期、自动逻辑优化期</td></tr>
<tr><td>5. 一次调频控制不应在CCS和DEH重复作用，当频差信号Δf波动缓慢，一次调频控制的需求较长时间存在时，控制系统输出的将是两倍的一次调频量；当频差信号Δf波动较快时，CCS与DEH中的双重一次调频作用由于控制系统处理速度的差异、信号传递的延时而出现不协调，甚至出现反调。</td><td>《火电厂热工自动化系统试验》第十章第三节</td><td>逻辑检查、检查资料</td><td>基建期、自动逻辑优化期</td></tr>
<tr><td colspan="4">举例1：某厂（1000MW）开始做一次调频试验，在DEH逻辑中强制转速差－8（即实际转速3008r/min），根据调频曲线，负荷指令下降到893WM，指令动作正常，负荷指令保持893WM，但实际功率下降到754WM，燃料降到299t/h，还一直在下降没有回头上升的趋势，最后解除汽轮机主控自动，解除CCS控制方式，机组恢复正常。逻辑应该做在不带频差补偿的AGC信号上，而不应该做在汽轮机主控PID输入逻辑上。</td></tr>
</table>

续表

项目	内容	标准	编制依据	方法	周期
一次调频控制系统	控制逻辑	**举例 2：** 某厂 DEH 系统一次调频任何时候都可以投入。DEH 侧调频指令直接作用于汽轮机调门。在 CCS 侧设定的折线函数对系统的综合阀位和负荷指令进行调节，该厂 DEH 的一次调频一直投入，当 AGC 投入时，在协调方式下投入 CCS 一次调频，此时 DEH 和 CCS 一次调频同时进行调节，通过曲线分析，非 AGC 状态、DEH 一次调频时汽轮机转速基本在死区范围内，在此工况下投入协调、投入 CCS 一次调频、投入 AGC 近 1min 后发现一次调频修正后的负荷指令抖动，引起调门频繁动作。			
		6. 一次调频功能是机组的必备功能之一，不应设计为可由运行人员随意切除的方式，确保一次调频功能始终在投入状态。		逻辑检查、检查资料	基建期、自动逻辑优化期
		7. 发电机组调速系统中的汽轮机调门特性参数应与一次调频功能和 AGC 相匹配。在阀门大修后或发现两者不匹配时，应进行汽轮机调门特性参数测试及优化整定，确保机组参与电网调峰调频的安全性。	《防止电力生产事故的二十五项重点要求》5.1.15.3	逻辑检查、检查资料	基建期、自动逻辑优化期
		8. 机组参与一次调频控制时，在负荷给定值不变的情况下，机组所带实际负荷应随电网的频率改变而改变，一般情况下转速不等率取 3%～6%。	DL/T 656—2006《火力发电厂汽轮机控制系统验收测试规程》5.2.9	逻辑检查、检查资料	基建期、自动逻辑优化期
AGC 及协调控制	AGC 功能配置	1. AGC 方式下机组协调控制系统宜采用滑压运行方式。	DL/T 261—2012《火力发电厂热工自动化系统可靠性评估技术导则》6.2.4.3	逻辑检查、检查资料	基建期、自动逻辑优化期
		2. 根据机组申报批准的 AGC 调节范围，设置 AGC 指令的高、低限幅。		逻辑检查、检查资料	基建期、自动逻辑优化期
		3. 机组退出协调方式运行时，应自动连锁退出 AGC 方式。		逻辑检查、检查资料	基建期、自动逻辑优化期
	协调控制系统组成	协调控制系统包括机组负荷指令设定、汽轮机主控、锅炉主控、压力设定、频率校正、热值校正（BTU）、辅机故障减负荷（RB）等控制回路。	DL/T 774—2015《火力发电厂热工自动化系统检修运行维护规程》9.6	逻辑检查、检查资料	基建期、自动逻辑优化期

续表

项目	内容	标准	编制依据	方法	周期
AGC及协调控制	协调控制系统基本要求	1. 负荷信号三冗余配置，偏差报警及信号故障后逻辑转换可靠，同参数信号间偏差小于系统允许综合误差。	DL/T 261—2012《火力发电厂热工自动化系统可靠性评估技术导则》6.7.2.1	逻辑检查、检查资料	基建期、自动逻辑优化期
		2. 机组负荷指令手动升和降、负荷高/低限值调整、负荷变化率的设定功能操作正常。		逻辑检查、检查资料	基建期、自动逻辑优化期
		3. 锅炉跟随、汽轮机跟随、协调控制、手动4种方式的切换试验及报警正常。		逻辑检查、检查资料	基建期、自动逻辑优化期
		4. 定压/滑压运行方式切换、负荷增减闭锁功能试验正常。		逻辑检查、检查资料	基建期、自动逻辑优化期
		5. 自动状态切手动后及时报警、全程动作时间测试与设置正确。		逻辑检查、检查资料	基建期、自动逻辑优化期
		举例： 某厂锅炉退出自动时，机前压力设定值未能保持原有设定值或未能跟踪实际的机前压力，而是跟踪了机组的最小允许压力设定值10.00MPa（60.00%），导致机组机前压力设定值发生了阶跃变化。			
	控制方式的转换	1. 应设计提供运行人员选择所需运行方式的手段。当改变运行方式时，控制系统不应产生任何扰动。此外，在机组遇到受限制工况时，控制系统应能平稳地将运行方式自动转换至合适的运行方式。如当锅炉响应负荷需求受到限制时，系统应切换至汽轮机跟随方式。当汽轮机响应负荷需求受到限制时，系统应切换至锅炉跟随方式。当系统不能实现运行人员所选择的运行方式时，应向运行人员报警。	DL/T 1083—2008《火力发电厂分散控制系统技术条件》5.2.2.1	逻辑检查、检查资料	基建期、自动逻辑优化期
		2. 任何有关的子系统若不能投自动控制时，应将协调控制转换到最大程度的自动方式，并与可投自动的子系统相适应。		逻辑检查、检查资料	基建期、自动逻辑优化期
	协调控制系统的撤除	发生以下情况可考虑撤除自动： a）影响协调控制系统决策的主要测量参数如机组功率、主汽压力、调速级压力、总风量、总燃料量等信号偏差大或失去冗余。 b）主要被调参数严重越限，如：主汽温度偏差超过±150℃；再热汽温偏差超过±150℃；汽包水位偏差超过±100mm；主汽压力偏差超过±1MPa。 c）协调控制系统发生故障。 d）计算机控制系统局部故障，机组运行工况恶化。	DL/T 774—2015《火力发电厂热工自动化系统检修运行维护规程》9.6.7	逻辑检查、检查资料	基建期、自动逻辑优化期

续表

<table>
<tr><th>项目</th><th>内容</th><th>标准</th><th>编制依据</th><th>方法</th><th>周期</th></tr>
<tr><td rowspan="6">AGC及协调控制</td><td rowspan="2">协调控制系统与DEH的接口</td><td>DEH系统与协调控制系统接口检查：通过发信方强制信号方法，检查DEH与协调系统的硬接线交换信号与通信交换信号，应正确无误。</td><td>DL/T 774—2015《火力发电厂热工自动化系统检修运行维护规程》13.1.2.6</td><td>逻辑检查、检查资料</td><td>基建期、自动逻辑优化期</td></tr>
<tr><td colspan="4">举例：某厂5号机组协调控制在DCS中实现锅炉主控、RB及负荷指令（包括限幅、变负荷速率）生成，汽轮机主控设计在DEH、DCS两路硬接线模拟量负荷指令（CCS）至DEH“二取均”处理，未实现“三取中”，信号不可靠。</td></tr>
<tr><td rowspan="2">AGC与一次调频</td><td>网频较高/低时应考虑AGC指令的闭锁增/闭锁减（BI/BD）。</td><td></td><td>逻辑检查、检查资料</td><td>基建期、自动逻辑优化期</td></tr>
<tr><td colspan="4">举例：某厂在做THA热耗试验过程中，一次调频频繁动作，汽轮机各高调门大幅摆动，导致抗燃油压快速下降，触发EH油压低汽轮机ETS保护动作，造成机组跳闸。</td></tr>
<tr><td rowspan="2">调节品质</td><td>各调节系统均可靠稳定投运，查看记录曲线，调节系统品质应满足附录A要求。</td><td>DL/T 657—2015《火力发电厂模拟量控制系统验收测试规程》A.5</td><td>现场检查、检查资料</td><td>机组大修、自动控制回路改造、对象特性改变</td></tr>
<tr><td colspan="4">举例：某厂2号机组负荷为350MW（满负荷），机组在AGC运行方式。锅炉风量控制系统波动，总风量超限（大于1250t/h），锅炉风量控制跳到“手动”，造成机组控制方式由“协调”跳“手动”，经调整后逐级投炉风量自动、机组协调控制，投入AGC。此时省调AGC方式减负荷，减负荷指令发出后机组燃料量突增，运行调整不及，锅炉汽包压力高（达19.6MPa）而给水压头不足造成汽包水位低机组跳闸。</td></tr>
<tr><td rowspan="5">直流炉给水控制</td><td rowspan="3">信号</td><td>1. 给水流量信号均应三重冗余配置，应遵循从取样点到输入模件全程相对独立的原则。</td><td rowspan="3">DL/T 1083—2008《火力发电厂分散控制系统技术条件》5.2.2.4.8.2</td><td>现场检查、检查资料</td><td>基建期、设备改造期</td></tr>
<tr><td>2. 经温度补偿的流量测量，应进行比较和选择，给水流量应考虑是否加入过热器喷水总流量。</td><td>现场检查、检查资料</td><td>基建期、设备改造期</td></tr>
<tr><td>3. 应采用3对独立取样孔的给水流量节流装置，节流装置的安装方向应正确。</td><td>现场检查、检查资料</td><td>基建期、设备改造期</td></tr>
<tr><td rowspan="2">执行机构</td><td>1. 断电、断气、断信号时保持位置不变或使被操作对象按对系统安全的预定方式动作。</td><td rowspan="2"></td><td>现场检查、检查资料</td><td>基建期、设备改造期</td></tr>
<tr><td>2. 执行机构灵敏度和死区满足调节系统投自动要求。</td><td>现场检查、检查资料</td><td>基建期、设备改造期</td></tr>
</table>

续表

<table>
<tr><th>项目</th><th>内容</th><th>标准</th><th>编制依据</th><th>方法</th><th>周期</th></tr>
<tr><td rowspan="7">直流炉给水控制</td><td>执行机构</td><td colspan="4">举例：某厂两台机组的模拟量控制系统中量程较大的或频繁波动的被调量信号，如汽包水位控制系统、炉膛负压控制系统、高低压加热器水位控制系统、送风控制系统、给水流量控制系统等均未对控制系统设置一定的死区（设定值与实际值的偏差死区），往往导致在机组长期运行过程相关执行机构频繁启停、变动，降低设备使用寿命。</td></tr>
<tr><td rowspan="6">控制逻辑</td><td>1. 启动工况时，通过对给水流量和再循环流量的调节共同控制分离器储水箱水位和锅炉启动再循环流量，使其满足锅炉启动要求。当锅炉转为纯直流运行方式后，可通过给水流量控制来调节锅炉负荷，同时可通过对煤水比的调节来控制主蒸汽温度。</td><td rowspan="4">DL/T 1083—2008《火力发电厂分散控制系统技术条件》5.2.2.4.8.2</td><td>逻辑检查、检查资料</td><td>基建期、自动逻辑优化期</td></tr>
<tr><td>2. 在整个运行范围，包括启动给水阀门控制、给水泵转速控制及电动给水泵和汽动给水泵的运行切换、锅炉由本生状态至直流运行状态的切换等过程中，控制系统均应保持稳定，并实现各种方式的无扰切换。</td><td>逻辑检查、检查资料</td><td>基建期、自动逻辑优化期</td></tr>
<tr><td>3. 在启动时，给水控制可调节电动给水泵管道上的启动调节阀。在低负荷时，给水控制可自动或手动切换到调节启动给水泵转速的调节方式。在达到规定负荷时，运行人员可平滑地将电动给水泵控制切至汽动给水泵转速控制，以满足负荷变化的要求。</td><td>逻辑检查、检查资料</td><td>基建期、自动逻辑优化期</td></tr>
<tr><td>4. 所有切换过程应既可以自动切换，又可以手动切换。在控制方式的切换过程中，MCS 控制系统应和 MEH 系统协调工作，并保证切换的无扰。</td><td>逻辑检查、检查资料</td><td>基建期、自动逻辑优化期</td></tr>
<tr><td>5. 与主机 DCS 的指令跟踪切换功能设置正确，小机故障时，控制系统应自动安全切至本地控制。</td><td rowspan="2">DL/T 261—2012《火力发电厂热工自动化系统可靠性评估技术导则》6.4.4.1</td><td>逻辑检查、检查资料</td><td>基建期、自动逻辑优化期</td></tr>
<tr><td>6. 指令偏差及过速率时切至本地控制的限值设置合理，指令变化速率设置满足机组 MCS 指令调节要求。</td><td>逻辑检查、检查资料</td><td>基建期、自动逻辑优化期</td></tr>
</table>

续表

项目	内容	标准	编制依据	方法	周期
直流炉给水控制	控制逻辑	**举例：**某供热机组，电负荷300MW、热负荷49t/h运行中，引风机汽轮机进汽电动阀前压力、温度、背压均偏离额定值（偏差较大）运行，导致引风机汽轮机转速指令增加时，引风机汽轮机调阀已接近全开，实际转速无法提升。引风机汽轮机转速指令与反馈偏差大于200r/min，炉膛压力自动切除，CCS控制方式解列；运行人员未做任何调整直接投入炉膛压力自动，投入CCS控制方式，投入AGC运行，之后炉膛压力自动又先后切除2次，CCS控制方式解列，运行人员又2次强投CCS、AGC。过程中由于锅炉参数尚未稳定，AGC指令频繁变动，导致锅炉燃料量、给水流量波动较大；再因未设置汽动给水泵转速指令输出限幅，加之给水流量测量装置设计量程与给水泵最大出力不匹配，导致给水流量指令达到1247t/h，超过测量上限（给水流量测量刻度量程1200t/h）。给水主控给水流量指令和实际流量偏差，在PID积分作用下不断增加给水泵转速指令，使得给水泵转速持续增加，危急保安器动作，汽动给水泵跳闸，锅炉MFT，汽轮机跳闸。			
		7. 转速调节与高、低压汽源切换功能正常。	DL/T 261—2012《火力发电厂热工自动化系统可靠性评估技术导则》6.4.4.1	逻辑检查、检查资料	基建期、自动逻辑优化期
		8. 前置泵出口流量显示坏值剔除和最小流量连锁保护等功能，满足机组事故状态下运行要求。		逻辑检查、检查资料	基建期、自动逻辑优化期
		9. 电泵处于备用状态时，勺管指令宜跟踪汽泵指令。		逻辑检查、检查资料	基建期、自动逻辑优化期
燃料控制系统	信号	1. 给煤量测量信号在磨煤机启/停过程中应动态补偿。	DL/T 261—2012《火力发电厂热工自动化系统可靠性评估技术导则》6.2.4.1	现场检查、检查资料	基建期、设备改造期
		2. 通过两个二次风道上的一次元件，分别测得锅炉的二次风量，该测量结果应是经温度补偿的双重化测量，各测量值的总和即为总二次风量。总二次风量与总一次风量形成一个总的锅炉送风量信号，该信号可用来限制总负荷指令和总燃料量。	DL/T 1083—2008《火力发电厂分散控制系统技术条件》5.2.2.4.2	现场检查、检查资料	基建期、设备改造期
		3. 并列运行的给煤机指令应分别布置在不同的AO卡件上。		现场检查、检查资料	基建期、设备改造期
		4. 给煤机转速测量装置应固定牢固。		现场检查、检查资料	基建期、设备改造期
		5. 给煤机在机务专业皮带检修完毕后应进行校验。		现场检查、检查资料	基建期、设备改造期

续表

项目	内容	标准	编制依据	方法	周期
燃料控制系统	制粉系统	1. 对直吹式中速磨煤机控制应提供下列功能： a）可通过改变给煤机转速，并接受所供一次风量的限制，来调整燃烧率。 b）每台磨煤机应有可调整的最小燃料量设定手段，每台磨煤机达到最大或最小负荷时，应有报警信号。 c）应从给煤机取出一个代表送入给煤机的煤量的信号。对从取出该信号到采用该信号建立起风量-总燃料量关联函数和燃料/空气限制函数，与该信号之间的时间延滞，应进行补偿。 d）煤燃料的测量应以所有投运磨煤机送出的燃料总和为基准，宜设计校正燃料发热值的手段。 e）每台磨煤机均应用一次风温度对一次风量测量进行温度补偿。 f）一次风量指令应由给煤机转速进行限制，以保证风量指令绝不低于正在燃烧的燃料。 g）通过调节冷、热一次风挡板，维持每台磨煤机的一次风量以达到指令要求并控制磨煤机出口温度，同时应与磨煤机运行连锁。	DL/T 1083—2008《火力发电厂分散控制系统技术条件》5.2.2.4.1	现场检查、检查资料	基建期、设备改造期
		2. 对中储式钢球磨煤机控制，应提供下列功能： a）应通过控制磨煤机进出口差压来达到控制磨煤机出力的目的。即通过调整磨煤机相关风门、设备，维持磨煤机出力，并通过冷、热风门维持磨煤机出口温度在规定值。 b）系统燃烧率调整宜按目标负荷值及给粉机投运的数量值来调整给粉机的转速。 c）给粉机转速信号应经适当修正，送出一个煤量代表信号。该信号可与风量、燃烧率等关联信号一起建立起锅炉的风/煤比函数和燃料—空气限制函数。 d）当磨煤机出口温度超限时，磨煤机控制回路应输出一超弛信号，强制全开冷风门，直至温度正常。	DL/T 1083—2008《火力发电厂分散控制系统技术条件》5.2.2.4.1	现场检查、检查资料	基建期、设备改造期
		举例：某厂F给煤机断煤后，DCS自动增加其他运行中给煤机的给煤量，给煤量超过了磨煤机允许的最大值，磨煤机内一次风压升高，密封风与一次风差压低保护动作而磨煤机相继跳闸，汽动给水泵出力不足，给水流量降低引起锅炉MFT保护动作。			

续表

项目	内容	标准	编制依据	方法	周期
燃料控制系统	制粉系统	3. 给煤/粉量调节特性试验（必要时进行），对于中储式制粉系统应满足以下要求： a）给粉机最高转速下的给粉量应能满足锅炉最大负荷的要求，并略有裕量。 b）在给粉机控制信号可变范围的1/2处，各台给粉机的转速偏差应小于50r/min。 c）锅炉最大负荷下的给粉机转速与锅炉最低负荷下的给粉机转速之比值应不小于30。	DL/T 774—2015《火力发电厂热工自动化系统检修运行维护规程》9.4.4.1.3	现场检查、检查资料	基建期、设备改造期
	控制逻辑	1. 单元机组应配置燃料量与总风量控制的交叉限制回路，直流机组还应配置燃料量与给水量的交叉限制回路。	DL/T 261—2012《火力发电厂热工自动化系统可靠性评估技术导则》6.2.4.3	逻辑检查、检查资料	基建期、自动逻辑优化期
		2. 机组各级自动控制系统应自下而上依次投入，下级模拟量控制系统切至手动应自动连锁上级系统切至手动，如负压自动切除应连锁总风量与一次风压自动切除，一次风压自动切除应连锁制粉系统自动切除，总风量或全部制粉系统自动切除应连锁燃料主控自动切除等单元机组应配置适应煤种变化的BTU热值校正回路。		逻辑检查、检查资料	基建期、自动逻辑优化期
		3. 当两个或两个以上的控制驱动装置控制一个变量时，可由一个驱动装置维持自动运行。运行人员可将其余的驱动装置投入自动，而不需手动平衡。当追加的驱动装置投入自动后，控制系统应自动适应追加的驱动装置的作用，即不论驱动装置在手动或自动方式的数量如何组合变化，控制作用应满足工艺系统调节品质的要求。	DL/T 1083—2008《火力发电厂分散控制系统技术条件》5.2.1	逻辑检查、检查资料	基建期、自动逻辑优化期
		举例：某厂1号机组在协调CCS方式干态运行，给水、燃料均自动方式。在AGC升负荷过程中，由于上仓燃煤较湿，水分较大，发生A磨煤机堵磨，运行人员采用高风量吹磨煤机，由于机组始终运行在燃料自动方式，升负荷过程一直在燃料增加，当磨煤机疏通来煤后导致入煤量大增。此时中间点温度和主汽温度开始上升，运行人员解除协调和给水自动，采用手动增加减温水流量的方式控制主汽温度。7min后，水冷壁壁温高及一级过热器入口汽温高MFT动作。			
		4. 应对多控制驱动装置的运行提供偏置调整，偏置应能在保证系统安全的范围内调整，新建立的关系不应产生过程扰动。	DL/T 1083—2008《火力发电厂分散控制系统技术条件》5.2.1	逻辑检查、检查资料	基建期、自动逻辑优化期

续表

<table>
<tr><th>项目</th><th>内容</th><th>标准</th><th>编制依据</th><th>方法</th><th>周期</th></tr>
<tr><td>燃料控制系统</td><td>控制逻辑</td><td>5. 在自动状态，设置一个控制驱动装置为自动，不需进行手动平衡或对其偏置进行调整。并且，不论此时偏置设置的位置或过程偏差的幅度如何，不应引进任何控制驱动装置的阶跃波动。</td><td>DL/T 1083—2008《火力发电厂分散控制系统技术条件》5.2.1</td><td>逻辑检查、检查资料</td><td>基建期、自动逻辑优化期</td></tr>
<tr><td rowspan="8">高压加热器水位控制系统</td><td rowspan="7">信号</td><td>1. 高压加热器水位模拟量信号应双重冗余配置。</td><td>DL/T 261—2012《火力发电厂热工自动化系统可靠性评估技术导则》6.2.3.2</td><td>现场检查、检查资料</td><td>基建期、设备改造期</td></tr>
<tr><td colspan="4">举例：某厂为适应电网“两个细则”的要求，机组负荷变化速率由原来的7.5MW/min提高到11MW/min。3号高压加热器水位3路变送器就地取样未完全独立开，造成当负荷波到较大，采样受到汽流冲击时，出现两路虚假水位现象，高压加热器水位高保护动作掉。高压加热器水位高保护动作联关高压加热器水侧三通门（给水走旁路），同时关闭高压加热器入口门、高压加热器出口门、高压加热器出口逆止门，而高压加热器三通门却未关，引起锅炉断水，分离器水位低保护动作，是此次事故的直接原因。后检查高压加热器三通门关指令输出继电器质量差，接点接触不良，未及时发现更换。</td></tr>
<tr><td>2. 高压加热器水位保护信号应三重（或同等功能）冗余配置，并遵循从取样点到输入模件全程相对独立的原则。</td><td>《防止电力生产事故的二十五项重点要求》9.4.3</td><td>现场检查、检查资料</td><td>基建期、设备改造期</td></tr>
<tr><td>3. 高压加热器水位平衡容器及其管路不得保温，并应采取防护措施。</td><td>DL/T 5190.4—2012《电力建设施工技术规范第4部分》3.5.6</td><td>现场检查、检查资料</td><td>基建期、设备改造期</td></tr>
<tr><td>4. 信号屏蔽层具有全线路电气连续性。检查接线盒或中间端子柜的屏蔽电缆接线，当有分开或合并时，其两端的屏蔽线通过端子可靠连接。</td><td>DL/T 261—2012《火力发电厂热工自动化系统可靠性评估技术导则》6.5.2.5</td><td>现场检查、检查资料</td><td>基建期、设备改造期</td></tr>
<tr><td>5. 高压加热器液位开关、液位模拟量测量装置的定值校核：关闭高压加热器正常疏水阀和危急疏水阀，通过就地液位计显示水位以校核确定液位开关和模拟量。</td><td></td><td>现场检查、检查资料</td><td>基建期、设备改造期</td></tr>
<tr><td>6. 高温、高压容器的水位取样管路直径应不小于ϕ25mm；取样一次阀应为2个工艺截止阀门串联安装，阀体横装且阀杆水平。</td><td>DL/T 261—2012《火力发电厂热工自动化系统可靠性评估技术导则》6.6.1.3</td><td>现场检查、检查资料</td><td>基建期、设备改造期</td></tr>
<tr><td>执行机构</td><td>1. 疏水调节阀应有足够的调节范围。</td><td>DL/T 261—2012《火力发电厂热工自动化系统可靠性评估技术导则》6.7.2.12</td><td>现场检查、检查资料</td><td>基建期、设备改造期</td></tr>
</table>

续表

<table>
<tr><th>项目</th><th>内容</th><th>标准</th><th>编制依据</th><th>方法</th><th>周期</th></tr>
<tr><td rowspan="8">高压加热器水位控制系统</td><td rowspan="4">执行机构</td><td colspan="4">举例：某厂2号高压加热器正常疏水门至72%后卡涩不能开大，2号高压加热器事故疏水阀卡涩也不能开出，2号高压加热器水位上升汽侧解列，水位高Ⅲ值，机组负荷上升，主汽压力逐步上涨至高压旁路器动作值17.8MPa，高压旁路器动作后低压旁路器联动正常。运行人员及时手动关闭高压旁路器、低压旁路器，运行人员将煤量由293t/h减至232t/h，由于煤量减少，机组减负荷幅度跟不上主汽压力快速下降速度，主汽压力由17.58MPa下降至12.31MPa，汽包水位由58.83mm快速上涨至309mm，汽包水位高锅炉MFT动作，汽轮机跳闸。</td></tr>
<tr><td>2. 紧急疏水阀应具备快开功能，且快开时间满足要求。</td><td rowspan="2"></td><td>现场检查、检查资料</td><td>基建期、设备改造期</td></tr>
<tr><td>3. 断电、断气、断信号时保持位置不变或使被操作对象按对系统安全的预定方式动作。</td><td>现场检查、检查资料</td><td>基建期、设备改造期</td></tr>
<tr><td colspan="4">举例：某厂气动执行机构气源管脱开，气动执行机构突关，高压加热器水位保护动作，高压加热器系统退出。</td></tr>
<tr><td>控制逻辑</td><td>手动/自动方式之间应实现无扰动切换。</td><td>DL/T 657—2015《火力发电厂模拟量控制系统验收测试规程》5.2</td><td>逻辑检查、检查资料</td><td>基建期、自动逻辑优化期</td></tr>
<tr><td rowspan="3">调节品质</td><td>1. 稳态品质指标：±20mm（立式加热器），±10mm（卧式加热器）。</td><td rowspan="2">DL/T 261—2012《火力发电厂热工自动化系统可靠性评估技术导则》6.7.2.12</td><td>现场检查、检查资料</td><td>机组大修、自动控制回路改造、对象特性改变</td></tr>
<tr><td>2. 动态品质指标：定值扰动时（立式50mm，卧式30mm），过渡过程衰减率$\Psi=0.75\sim1$。</td><td>现场检查、检查资料</td><td>机组大修、自动控制回路改造、对象特性改变</td></tr>
<tr><td colspan="4">举例：某厂低压加热器疏水调节门与危急疏水门的整定值搞反了，造成低压加热器水位高保护动作，低压加热器解列，进入除氧器的凝结水温下降，导致除氧器内压力迅速降低，给水泵入口汽化不上水，锅炉汽包水位下降，汽泵也因转速升高超速而跳闸，最后导致汽包水位低保护动作MFT跳主机。</td></tr>
</table>

续表

项目	内容	标准	编制依据	方法	周期
高压加热器水位控制系统	保护逻辑	1. 水位保护连锁投入正常运行。		逻辑检查、资料检查	基建期、机组检修、机组停运超15天
		2. 高压加热器入口三通阀不在全关位时闭锁关闭主出口阀，防止锅炉断水。		逻辑检查、资料检查	基建期、机组检修、机组停运超15天
		3. 高压加热器水位高Ⅰ值时，打开本级加热器的事故疏水阀，同时报警；高Ⅱ值时，应关闭上一级加热器上的疏水阀，关闭相应的抽汽止回阀和抽气隔离阀，打开抽汽管上的疏水阀，打开高压加热器旁路阀，关闭高压加热器进出口给水阀，解列高压加热器的运行。	DL/T 5428—2009《火力发电厂热工保护系统设计技术规定》8.1.4	逻辑检查、资料检查	基建期、机组检修、机组停运超15天
		4. 当汽轮机跳闸、汽轮机超速、发电机解列或跳闸、加热器（或除氧器）超高水位时，应自动关闭相应抽汽逆止阀和抽汽隔离阀。	DL/T 5428—2009《火力发电厂热工保护系统设计技术规定》8.1.3	逻辑检查、资料检查	基建期、机组检修、机组停运超15天
		5. 高压加热器水侧进水门或出水门关闭（三通阀切旁路运行），应触发高压加热器解列动作。		逻辑检查、资料检查	基建期、机组检修、机组停运超15天
		6. 以单点液位开关实现高压加热器保护的应加入证实信号。		逻辑检查、资料检查	基建期、机组检修、机组停运超15天
	连锁逻辑	1. 高压加热器水位“高高”，应关闭故障级的抽汽逆止阀及至其他系统的逆止阀。	DL/T 774—2015《火力发电厂热工自动化系统检修运行维护规程》11.2.2.1b	逻辑检查、检查资料	基建期、机组检修、机组停运超15天
		2. 为防止加热器满水，水从抽汽系统进入汽轮机，每台加热器应具有两套独立的自动保护装置，设计可选用组成汽侧隔离系统。也可组成水侧隔离系统。设计也可同时采用组成汽、水侧隔离系统，以形成更可靠的防进水保护系统。	DL/T 834—2003《火力发电厂汽轮机防进水和冷蒸汽导则》4.9.1	逻辑检查、检查资料	基建期、机组检修、机组停运超15天

续表

项目	内容	标准	编制依据	方法	周期
高压加热器水位控制系统	连锁逻辑	3. 高压加热器进水门、出水门与旁路门宜相互闭锁关，确保水路始终有一侧为导通状态，防止断水。		逻辑检查、检查资料	基建期、机组检修、机组停运超15天
		4. 高压加热器解列连锁关进水门和出水门保护逻辑（三通阀切旁路运行），如果因水位保护动作触发的高压加热器解列，则进水门和出水门应快速关闭（预防加热器内漏引起水位上升），两个阀门的关允许判断条件不应设计为旁路门开到位，应采用旁路门关信号消失信号，可适当延时。		逻辑检查、检查资料	基建期、机组检修、机组停运超15天
汽轮机转速控制系统	信号	1. 转速控制信号三冗余，测量稳定，各信号显示、DEH与DCS显示偏差应小于2r/min。	DL/T 261—2012《火力发电厂热工自动化系统可靠性评估技术导则》6.7.2.13	现场检查、检查资料	基建期、设备改造期
		2. 用于控制和保护的重要脉冲量和模拟量如转速、功率等应三重冗余，LVDT、压力、并网信号和重要开关量宜双重冗余。控制和保护所用的重要模拟量和开关量，均应分别设置I/O通道。	DL/T 996—2006《火力发电厂汽轮机电液控制系统技术条件》6.4.8	现场检查、检查资料	基建期、设备改造期
		举例：某厂3路转速信号采用同一根电缆，造成转速信号抗干扰能力差，机组冲转期间，DEH 3个转速探头转速发生突变，因3个转速相互之间偏差超过100r/min，判断为DEH转速故障，触发ETS跳机。			
		3. 安装前置放大器的金属盒应选择在较小振动并便于检修的位置，盒体底座垫10mm左右橡皮后固定牢固。	DL/T 261—2012《火力发电厂热工自动化系统可靠性评估技术导则》6.4.1.2	现场检查、检查资料	基建期、设备改造期
		4. 前置放大器安装于金属箱中（根据型号确定浮空安装要求），箱体应可靠接地。接口和接线检查紧固；输出信号电缆宜采用0.5～1.0mm的普通三芯屏蔽电缆，且其屏蔽层在汽轮机现场侧绝缘浮空；若采用四芯屏蔽电缆，备用芯应在机柜端接地。电缆屏蔽层在机架的接线端子旁靠近框架处破开，屏蔽线直接接在机架的COM（公共地）或Shield（屏蔽接地）端上。		现场检查、检查资料	基建期、设备改造期
		5. 传感器应安装紧固，传感器尾线与延伸电缆的连接接头套有热缩管固定可靠，延伸电缆避免小弧度弯曲（根据厂商要求）且沿途固定，远离强电磁干扰源和高温区，固定与走向不存在损伤电缆的隐患，并有可靠的全程金属防护措施。	DL/T 261—2012《火力发电厂热工自动化系统可靠性评估技术导则》6.4.1	现场检查、检查资料	基建期、设备改造期

续表

项目	内容	标准	编制依据	方法	周期
汽轮机转速控制系统	信号	6. 电缆固定宜用漆包线（紫铜线）进行固定，出缸线宜采用一线一出口。		现场检查、检查资料	基建期、设备改造期
		7. 前置放大器安装于金属箱中（根据型号确定浮空安装要求），箱体应可靠接地。	DL/T 261—2012《火力发电厂热工自动化系统可靠性评估技术导则》6.2.3.4	现场检查、检查资料	基建期、设备改造期
		8. 转速保护信号应遵循从取样点到输入模件全程独立的原则。	《防止电力生产事故的二十五项重点要求》9.4.3	现场检查、检查资料	基建期、设备改造期
		9. 转速传感器宜选择不带中间接头且全程为金属铠装的电缆。		现场检查、检查资料	基建期、设备改造期
		10. 信号屏蔽层具有全线路电气连续性。检查接线盒或中间端子柜的屏蔽电缆接线，当有分开或合并时，其两端的屏蔽线通过端子可靠连接。	DL/T 261—2012《火力发电厂热工自动化系统可靠性评估技术导则》6.5.2.5	现场检查、检查资料	基建期、设备改造期
		11. 控制器处理周期设置宜遵循： a）模拟量控制系统不大于125ms，开关量控制系统不大于50ms。 b）可能出现孤岛运行的机组，其转速控制回路处理周期不大于50ms。 c）独立配置的超速跳闸保护（OPT）系统、超速保护系统（OPC），为满足相应速度要求，其处理周期应不大于20ms。	DL/T 261—2012《火力发电厂热工自动化系统可靠性评估技术导则》6.2.1.2	现场检查、检查资料	基建期、设备改造期
		12. 当DEH为独立的专用电子控制系统时，应设置DEH和DCS之间的数据通信接口，以满足相互不同通信规约的数据传递。	DL/T 996—2006《火力发电厂汽轮机电液控制系统技术条件》6.4.2	现场检查、检查资料	基建期、设备改造期
		13. 当DEH和DCS为相同控制系统时，除特殊需要外，相互间数据交换不宜设硬接线。	DL/T 996—2006《火力发电厂汽轮机电液控制系统技术条件》6.4.3	现场检查、检查资料	基建期、设备改造期
		14. 当DEH和DCS之间，通过各自的I/O模件以硬件线方式连接，实现控制信息的交换时，其两端对地或浮空等的要求应匹配，否则应采取电隔离措施。	DL/T 996—2006《火力发电厂汽轮机电液控制系统技术条件》6.4.4	现场检查、检查资料	基建期、设备改造期

续表

项目	内容	标准	编制依据	方法	周期
汽轮机转速控制系统	信号	15. CCS至DEH信号连接： a）不同系统的控制指令，除网络通信传输外，还应采用冗余输出通道，由硬接线冗余连接至控制对象。 b）采用增减脉冲式开关量I/O通道时，信号扫描周期应与脉冲宽度匹配，满足调门变化速率的要求。	DL/T 261—2012《火力发电厂热工自动化系统可靠性评估技术导则》6.2.3.6	现场检查、检查资料	基建期、设备改造期
	执行机构	1. 应选用易于检修维护和抗油质污染能力强的电液转换装置。	DL/T 996—2006《火力发电厂汽轮机电液控制系统技术条件》7.2.3	逻辑检查、检查资料	基建期、设备改造期
		2. 在控制系统失电的情况下，电液转换装置应能自动关闭或具有保位功能。	DL/T 996—2006《火力发电厂汽轮机电液控制系统技术条件》7.2.4	逻辑检查、检查资料	基建期、设备改造期
		3. 透平油和抗燃油的油质应合格。油质不合格的情况下，严禁机组启动。	《防止电力生产事故的二十五项重点要求》8.1.4	逻辑检查、检查资料	基建期、设备改造期
		4. 机组停运后应对油动机滤网、伺服阀进行清洗，防止卡涩。	伺服阀或其他液压控制阀漏油量大，频繁动作进油或卸油导致油压不稳，应有防止伺服阀卡涩、漏油，导致调阀波动的措施。	逻辑检查、检查资料	基建期、设备改造期
		举例： 某厂伺服阀故障，高压调门自动关闭到零，主汽压由11.8MPa突升至13.45MPa，汽包水位由0mm突降至−250mm，锅炉MFT，采取停炉不停机操作，发现汽轮机高压调门打不开，手动打闸停机。			
		5. 机组停运后应测量伺服阀、LVDT线圈电阻值，并应符合要求。		逻辑检查、检查资料	基建期、设备改造期
		举例： 某厂进行A侧中压调门全行程试验时，由于B侧中压调门关信号与开信号电缆基建时接线错误，运行中B侧压调门关闭信号长期存在，当A侧中联门进行全行程活动性试验时，A侧中压调门关闭，触发再热器保护动作，锅炉MFT，引起机组跳闸。			
		6. 检修、巡检时应重点检查LVDT与阀杆的连接是否松动，保证LVDT线圈与铁芯的同心度。		逻辑检查、检查资料	基建期、设备改造期
		7. LVDT附近应保温良好，防止LVDT受热损坏；但LVDT的动作区间不应有障碍物，如保温等。		逻辑检查、检查资料	基建期、设备改造期

续表

项目	内容	标准	编制依据	方法	周期
汽轮机转速控制系统	执行机构	8. LVDT、伺服阀的接线端子、插头应有防止振动引起接线松动的措施。		逻辑检查、检查资料	基建期、设备改造期
		举例： 某厂CV1主LVDT其中一颗线震断并脱落，主反馈保持在55%位置不变，由于当时CV1指令为58%，指令反馈偏差较小，系统无法进行故障判断，未能切换至备用LVDT上工作，导致CV1按照开指令要求全开，机组减负荷操作，阀门在指令低于阀位后，CV1全关，造成主汽压力摆动，汽包水位快速到跳闸值，锅炉灭火，机组跳闸。			
		9. 检修LVDT、伺服阀时应有防止电缆接地导致伺服卡损坏的措施。		逻辑检查、检查资料	基建期、设备改造期
		10. 双LVDT应有明显的区分标识。		逻辑检查、检查资料	基建期、设备改造期
		举例： 某厂配置单引风机（汽动）、双LVDT，机组运行中单个LVDT故障，检修人员误将正常的LVDT拆除，导致引风机保护动作，机组跳闸。			
		11. 阀位校准时保证LVDT工作在线性区域内，在LVDT铁芯上应标明阀门全开、全关的位置。		逻辑检查、检查资料	基建期、设备改造期
		12. 操作器与伺服放大器的输出电流值、偏差指示值、上/下限幅、跟踪信号、灵敏度应符合要求。	DL/T 261—2012《火力发电厂热工自动化系统可靠性评估技术导则》6.6.2.2	逻辑检查、检查资料	基建期、设备改造期
		13. 运行在高温区域的行程开关应由耐高温材料制成。	DL/T 261—2012《火力发电厂热工自动化系统可靠性评估技术导则》6.6.2.4	逻辑检查、检查资料	基建期、设备改造期
		14. 进行电调系统阀门位置反馈调整时，既要考虑阀门关闭的严密性，又要考虑调节器出现积分饱和的可能性。	DL/T 261—2012《火力发电厂热工自动化系统可靠性评估技术导则》6.16	逻辑检查、检查资料	基建期、设备改造期
		15. 伺服阀的电缆不宜由中间端子箱转接。		逻辑检查、检查资料	基建期、设备改造期
		16. 转速探头线缆在引入接线盒前宜敷设黄腊管或保护套管，避免线缆外皮磨损导致信号受到干扰。		逻辑检查、检查资料	基建期、设备改造期
		17. 伺服阀、LVDT、行程开关的信号电缆应采用耐高温电缆。		逻辑检查、检查资料	基建期、设备改造期

续表

项目	内容	标准	编制依据	方法	周期
汽轮机转速控制系统	控制逻辑	转速控制信号“三取中”，抗干扰性能试验满足要求，故障信号恢复后应自动解除闭锁。		逻辑检查、检查资料	基建期、自动逻辑优化期
	质量指标	1. 控制系统在转速控制方式下，对机组启动升速的各阶段设置目标转速进行控制，使机组启动升速到额定转速，机组实际稳定转速与设定转速的偏差应小于额定转速的0.1%。	DL/T 774—2015《火力发电厂热工自动化系统检修运行维护规程》13.3.1.2	现场检查、检查资料	机组大修、自动控制回路改造、对象特性改变
		2. 机组超速试验中，当汽轮机由额定转速升速到机组超速保护的转速定值时，机组实际稳定转速与设定转速的偏差应小于额定转速的0.1%。		现场检查、检查资料	机组大修、自动控制回路改造、对象特性改变
		3. 设定额定转速为目的转速，按机组的临界转速检查控制系统自动高速冲过临界转速的功能，其过临界转速时的升速率，应满足制造厂的技术要求。		现场检查、检查资料	机组大修、自动控制回路改造、对象特性改变
		4. 升速过程中阀门切换时，转速波动应不大于规定允许值。		现场检查、检查资料	机组大修、自动控制回路改造、对象特性改变
		5. 当机组升速至额定转速时，汽轮机控制系统与自动同期的接口功能，应能根据自动同期装置的指令完成汽轮发电机的转速匹配，以保护发电机能自动并网，并给出机组应带的初负荷。		现场检查、检查资料	机组大修、自动控制回路改造、对象特性改变
		6. 当汽轮机转速达到规定值（例如103%额定转速）时，OPC功能动作，使高、中压调节汽门自动关闭，待转速恢复正常时重新开启这些调节汽门，并维持在额定转速下正常运行；当汽轮机转速出现加速度时，发出超驰指令，自动关闭高、中压调节汽门，当加速度为零时由正常转速控制回路维持正常转速。OPC动作的转速偏差应小于2r/min，阀门动作次数不宜大于5次。		现场检查、检查资料	机组大修、自动控制回路改造、对象特性改变

续表

项目	内容	标准	编制依据	方法	周期
汽轮机转速控制系统	质量指标	7. 转速的调节范围应为50～3600r/min，最大升速率下的转速超调量应小于额定转速的0.2%，至额定转速时，应根据自动同期装置的指令完成发电机的转速匹配，保证发电机自动并网，并给出机组应带的初负荷2%～5%额定负荷运行。	DL/T 261—2012《火力发电厂热工自动化系统可靠性评估技术导则》6.7.2.13	现场检查、检查资料	机组大修、自动控制回路改造、对象特性改变
		8. 具有主汽门启动方式的控制系统，在进行阀门切换时，转速波动范围应不大于额定转速的±0.5%；甩负荷时，转速超调量应小于额定转速的7%。		现场检查、检查资料	机组大修、自动控制回路改造、对象特性改变
		举例：某厂调速系统故障，负荷由272MW快速下降至0MW，主蒸汽压力升至26.27MPa，给水压力为26.5MPa，给水流量突降接近0t/h，锅炉压力释放阀动作，立即手动停机。			
汽轮机负荷控制系统	信号	1. 负荷信号测量稳定，显示偏差应小于允许误差。来自DCS的负荷指令信号应通过DEH的3路输入通道后，“三取中”作为控制信号。	DL/T 261—2012《火力发电厂热工自动化系统可靠性评估技术导则》6.7.2.14	现场检查、检查资料	基建期、设备改造期
		2. CCS至DEH信号连接： a）不同系统的控制指令，除网络通信传输外，还应采用冗余输出通道，由硬接线冗余连接至控制对象。 b）采用增减脉冲式开关量I/O通道时，信号扫描周期应与脉冲宽度匹配，满足调门变化速率的要求。	DL/T 261—2012《火力发电厂热工自动化系统可靠性评估技术导则》6.2.3.6	现场检查、检查资料	基建期、设备改造期
		3. 当DEH和DCS为相同电子控制系统时，除特殊需要外，相互间数据交换不宜设硬接线。	DL/T 996—2006《火力发电厂汽轮机电液控制系统技术条件》6.4.3	现场检查、检查资料	基建期、设备改造期
		4. 当DEH和DCS之间，通过各自的I/O模件以硬件线方式连接，实现控制信息的交换时，其两端对地或浮空等的要求应匹配，否则应采取电隔离措施。	DL/T 996—2006《火力发电厂汽轮机电液控制系统技术条件》6.4.4	现场检查、检查资料	基建期、设备改造期
		5. 用于控制和保护的重要脉冲量和模拟量如转速、功率等应三重冗余，LVDT、压力、并网信号和重要开关量宜双重冗余。控制和保护所用的重要模拟量和开关量，均应分别设置I/O通道。	DL/T 996—2006《火力发电厂汽轮机电液控制系统技术条件》6.4.8	现场检查、检查资料	基建期、设备改造期

续表

项目	内容	标准	编制依据	方法	周期
汽轮机负荷控制系统	信号	6. DEH中功率测量信号应直接取自功率测量装置。		现场检查、检查资料	基建期、设备改造期
		举例： 某厂热工DEH逻辑组态存在无法强制功率信号、无电流闭锁的逻辑缺陷。在拉开0103 TV二次空气开关时，DEH功率信号到零，发关闭汽轮机中压调门指令，由于辅汽压力低，给水不足，“锅炉给水流量低”锅炉MFT主保护动作，锅炉熄火。			
	执行机构	见“汽轮机转速控制系统”中“执行机构”的要求。		现场检查、检查资料	基建期、设备改造期
	控制逻辑	1. 不同运行方式切换控制回路应无扰动，负荷控制功能正常。	DL/T 261—2012《火力发电厂热工自动化系统可靠性评估技术导则》6.7.2.14	逻辑检查、检查资料	基建期、自动逻辑优化期
		2. 在最大、最小负荷或负荷变化率限制值内，应能快速响应负荷或负荷变化率指令。		逻辑检查、检查资料	基建期、自动逻辑优化期
		3. 机组带负荷运行中，控制系统置于阀门试验方式，逐个进行阀门活动试验，过程中引起的负荷扰动小于规定值。在阀位限制方式下运行时，应能满足机组的正常运行要求。		逻辑检查、检查资料	基建期、自动逻辑优化期
		4. 控制系统能与旁路系统配合，满足机组运行要求。		逻辑检查、检查资料	基建期、自动逻辑优化期
	质量指标	1. 负荷扰动试验应在非协调状态与协调状态下分别进行。	DL/T 774—2015《火力发电厂热工自动化系统检修运行维护规程》13.3.2.2	现场检查、检查资料	机组大修、自动控制回路改造、对象特性改变
		2. 以15%MCR阶跃量增加或减少机组目标负荷指令，观察负荷响应情况并记录机组负荷及各参数变化数据。		现场检查、检查资料	机组大修、自动控制回路改造、对象特性改变
		3. 试验负荷点至少3点，每点负荷下的阶跃扰动试验次数不少于两次。		现场检查、检查资料	机组大修、自动控制回路改造、对象特性改变

续表

<table>
<tr><th>项目</th><th>内容</th><th>标准</th><th>编制依据</th><th>方法</th><th>周期</th></tr>
<tr><td rowspan="7">汽轮机负荷控制系统</td><td rowspan="7">质量指标</td><td>4. 负荷指令可以由运行人员给定，也可以由协调控制系统的负荷指令确定。</td><td rowspan="4">DL/T 774—2015《火力发电厂热工自动化系统检修运行维护规程》13.3.2.2</td><td>现场检查、检查资料</td><td>机组大修、自动控制回路改造、对象特性改变</td></tr>
<tr><td>5. 在（0%～115%）MCR负荷控制范围，其控制精度应在±0.5%MCR范围内。</td><td>现场检查、检查资料</td><td>机组大修、自动控制回路改造、对象特性改变</td></tr>
<tr><td>6. 负荷变动动态偏差不大于3%MCR，负荷变动静态偏差不大于0.5%MCR。</td><td>现场检查、检查资料</td><td>机组大修、自动控制回路改造、对象特性改变</td></tr>
<tr><td>7. 在各种方式下，控制系统应能按负荷指令确定的负荷变化率改变机组负荷，其控制精度均应在小于±0.5%MCR范围内。</td><td>现场检查、检查资料</td><td>机组大修、自动控制回路改造、对象特性改变</td></tr>
<tr><td colspan="4">举例1：某厂经小修后启动，机组带负荷后由单阀控制方式切到顺序阀控制方式，当顺序阀方式工作一段时间后，发现机组在200MW负荷附近时1号和2号调门摆动幅度较大，达到7%左右，原因为调门的流量特性曲线不够合理。
举例2：某厂2号机组在做THA热耗试验过程中，一次调频频繁动作，汽轮机各高压调门大幅摆动，导致抗燃油压快速下降，触发EH油压低汽轮机ETS保护动作，机组跳闸。</td></tr>
<tr><td>8. 机组设置超过可调的机组最大和最小负荷以及负荷变化率。</td><td rowspan="2">DL/T 774—2015《火力发电厂热工自动化系统检修运行维护规程》13.3.2.2</td><td>现场检查、检查资料</td><td>机组大修、自动控制回路改造、对象特性改变</td></tr>
<tr><td>9. 观察控制系统，应能保证机组在最大和最小负荷及负荷率限制值内执行负荷、负荷变化率的变化。</td><td>现场检查、检查资料</td><td>机组大修、自动控制回路改造、对象特性改变</td></tr>
</table>

第三章

热工设备隐患排查主保护部分

项目	内容	标准	编制依据	方法	周期
凝汽器真空低保护回路	信号	1. 取样位置应在凝汽器第一排冷却管上300～900mm处。	DL/T 932—2005《凝汽器与真空系统运行维护导则》5.2.2	现场检查	基建期、设备改造
		2. 取样孔应水平居中、分布均匀，且远离真空破坏管路。		现场检查	基建期、设备改造
		3. 测量真空的指示仪表或变送器应设置在高于取源部件的地方。	DL 5190.4—2012《电力建设施工技术规范　第4部分：热工仪表及控制装置》4.2.4	现场检查	基建期、设备改造
		4. 凝汽器真空测量不得装设排污阀。	DL 5190.4—2012《电力建设施工技术规范　第4部分：热工仪表及控制装置》4.2.8	现场检查	基建期、设备改造
		5. 测量凝汽器真空的管路应向凝汽器方向倾斜，防止出现水塞现象。	DL 5190.4—2012《电力建设施工技术规范　第4部分：热工仪表及控制装置》7.1.9	现场检查	基建期、设备改造
		6. 仪表安装要高于取源部件；测量管路小于100m，管路斜度≥1%。	DL/T 5210.4—2009《电力建设施工质量验收及评价规程》4.8.2-1	现场检查	基建期、设备改造
		7. 宜采用纸垫片或聚四氟乙烯垫片。		现场检查	机组检修
		8. 避免安装位置的振动对开关的影响。		现场检查	基建期、设备改造
		9. 真空压力低开关应三重（或四重）冗余，并遵循从取样点到输入模件全程相对独立的原则。	《防止电力生产事故的二十五项重点要求》9.4.3	现场检查	基建期、设备改造
		举例1： 某厂凝汽器真空保护采用串并联“四取二”逻辑方式，其中一支取样管两个真空低保护开关与仅用于监视变送器共用同一取样管，保护配置也存在错误，同一根取样管接的两个开关同时动作保护动作。在处理监视变送器故障时，由于二次门不严造成凝汽器保护动作，机组停机。 **举例2：** 某600MW机组真空低跳机保护采用“三取二”保护逻辑，保护用3个压力开关共用一个取样管，运行中因取样管堵塞，导致保护误动。 **举例3：** 某厂4号机组真空低保护采用在线试验块的串并联“四选二”保护逻辑，在线试验块只有一个取样管且旁路用真空压力开关与主保护用的真空压力开关安装于同一测量管路上。机组运行中检修人员在安装压力开关时，旁路用真空压力开关固定螺母松动，空气被抽入处于真空状态的测量管路中，使得测量管路真空急剧下降，真空低保护动作，汽轮机跳闸。			

续表

项目	内容	标准	编制依据	方法	周期
凝汽器真空低	信号	10. 就地信号应硬接线直接输入至ETS。	DL/T 261—2012《火力发电厂热工自动化系统可靠性评估技术导则》6.2.3.4	现场检查	基建期、设备改造
	试验块管理（有配置机组）	1. 为确保A、B通道试验时不会同时动作，双通道间闭锁功能应可靠。	《火电厂热控系统可靠性配置与事故预控》18.11	现场检查	基建期、设备改造
		2. 定期检查管路压力，防止试验块泄漏。		现场检查	基建期、设备改造
		3. 不应采用只有一路取样管路的在线试验块。		现场检查	基建期、设备改造
	控制逻辑	通过“三选二”或具有同等判断功能的逻辑实现。	《火电厂热控系统可靠性配置与事故预控》9.4.3	现场检查	基建期、设备改造
	静态传动试验	1. 逐一从现场真空开关处抽真空，确认每个真空开关动作、定值准确，单点未触发保护动作。		查阅试验记录	检修机组启动前或机组停运15天以上
		2. “三取二”配置：按3种组合，从现场两个真空开关处短接，真空低保护应正确动作，检查声光报警、跳闸首出应与实际一致。		查阅试验记录	检修机组启动前或机组停运15天以上
		3. 串并联配置：按6种组合，从现场两个真空开关处短接，其中同侧两个开关动作真空低保护不应动作，异侧两个开关动作真空低保护应正确动作，检查声光报警、跳闸首出应与实际一致。		查阅试验记录	检修机组启动前或机组停运15天以上
		举例：某厂2号机组“四取二”（串并联）配置的4个真空低保护压力开关，1、2号开关相或“与上”3、4号开关相或构成保护动作条件，由于开关接线错误，实际变成1、3号开关相或“与上”2、4号开关相或构成保护动作条件，而1、2号开关取样管为同一路，由于取样管堵塞导致1、2号开关同时动作，保护误动作机组跳闸。			

续表

项目	内容	标准	编制依据	方法	周期
汽轮机超速保护回路	信号	1. 汽轮发电机组轴系应安装两套转速监测装置，并分别装设在不同的转子上。	《防止电力生产事故的二十五项重点要求》8.1.9	现场检查	基建期、设备改造
		举例：某厂1、2号机组所有测速探头均安装于汽轮机前箱，不符合要求，一旦主油泵联轴器断裂，两套转速都无法反映真实汽轮机转速。			
		2. 每套转速监测装置测点应三重冗余，并遵循从取样点到输入模件全程相对独立的原则。	《防止电力生产事故的二十五项重点要求》9.4.3	现场检查	基建期、设备改造
		3. TSI系统的传感器探头、延长电缆和前置器，应成套校验安装。	DL/T 261—2012《火力发电厂热工自动化系统可靠性评估技术导则》6.4.1.2	现场检查	机组检修
		4. 传感器应安装紧固，传感器尾线与延伸电缆的连接接头套有热缩管固定可靠，延伸电缆避免小弧度弯曲（根据厂商要求）且沿途固定，远离强电磁干扰源和高温区，固定与走向不存在损伤电缆的隐患，并有可靠的全程金属防护措施。	DL/T 261—2012《火力发电厂热工自动化系统可靠性评估技术导则》6.4.1	现场检查	机组检修
		举例：某厂1号机组冲转期间，定速3000r/min，DEH 3个转速探头转速发生突变，因3个转速相互之间偏差超过100r/min，判断为DEH转速故障，ETS保护动作。分析得知，3路转速共用同一根电缆，因电磁干扰造成转速跳变。			
		5. 传感器延伸电缆固定宜用漆包线（紫铜线）进行固定，出缸线宜采用一线一出口。出缸处应考虑防渗漏措施。		现场检查	机组检修
		举例：某厂3号机组偏心探头延伸电缆用扎带绑扎在油管路上，由于管路振动扎带松脱，延伸电缆被甩至主油泵测速齿，造成转速测量异常，偏心探头延伸电缆磨断。			
		6. 安装前置放大器的金属盒应选择在较小振动并便于检修的位置，盒体底座垫10mm左右橡皮后固定牢固。	DL/T 261—2012《火力发电厂热工自动化系统可靠性评估技术导则》6.4.1.2	现场检查	基建期、设备改造
		7. 前置放大器安装于金属箱中（根据型号确定浮空安装要求），箱体应可靠接地。接口和接线检查紧固；输出信号电缆宜采用0.5～1.0mm的普通三芯屏蔽电缆，且其屏蔽层在汽轮机现场侧绝缘浮空；若采用四芯屏蔽电缆，备用芯应在机柜端接地。电缆屏蔽层在机架的接线端子旁靠近框架处破开，屏蔽线直接接在机架的COM（公共地）或Shield（屏蔽接地）端上。		现场检查	基建期、设备改造

续表

项目	内容	标准	编制依据	方法	周期
汽轮机超速保护回路	信号	8. 与其他系统连接时，TSI系统和被连接系统应作为一个整体考虑并保证屏蔽层一点接地。	DL/T 261—2012《火力发电厂热工自动化系统可靠性评估技术导则》6.4.1.2	现场检查	基建期、设备改造
		9. 信号屏蔽层具有全线路电气连续性。检查接线盒或中间端子柜的屏蔽电缆接线，当有分开或合并时，其两端的屏蔽线通过端子可靠连接。	DL/T 261—2012《火力发电厂热工自动化系统可靠性评估技术导则》6.5.2.5	现场检查	基建期、设备改造
		10. TSI传感器宜选择不带中间接头且全程为金属铠装的电缆。	DL/T 261—2012《火力发电厂热工自动化系统可靠性评估技术导则》6.4.1.1	现场检查	基建期、设备改造
		11. 转速保护信号应遵循从取样点到输入模件全程相对独立的原则。	《防止电力生产事故的二十五项重点要求》9.4.3	现场检查	基建期、设备改造
		12. TSI（ETS或BUG）超速的3路转速信号至TSI（独立配置的超速保护系统或DEH控制器内的转速判断模件）经定值判断后输出3路硬接线至ETS的不同模件，不得采用通信方式传输。		现场检查	基建期、设备改造
		13. DEH超速（或包含在DEH遮断）的3路输出信号应硬接线至ETS的不同模件，不得采用通信方式传输。		现场检查	基建期、设备改造
		14. 机组停修期间，应静态校核转速判断模板的定值（3300r/min）。		查阅试验记录	机组检修
		15. 超速探头线缆在引入接线盒前应敷设黄腊管或保护套管，避免线缆外皮磨损导致信号受到干扰。		现场检查	机组检修
		16. 保护系统和油系统禁用普通橡皮电缆，进入轴承箱内的导线应采用耐油、耐热绝缘软线。	《火电厂热控系统可靠性配置与事故预控》14.2	现场检查	机组检修
	控制器性能	控制器处理周期设置宜遵循： a）模拟量控制系统不大于125ms，开关量控制系统不大于50ms。 b）可能出现孤岛运行的机组，其转速控制回路处理周期不大于50ms。 c）独立配置的超速跳闸保护（OPT）系统、超速保护系统（OPC），为满足相应速度要求其处理周期应不大于20ms。	DL/T 261—2012《火力发电厂热工自动化系统可靠性评估技术导则》6.2.1.2	现场检查	基建期、设备改造

续表

<table>
<tr><th>项目</th><th>内容</th><th>标准</th><th>编制依据</th><th>方法</th><th>周期</th></tr>
<tr><td rowspan="4">汽轮机超速保护回路</td><td rowspan="2">控制逻辑</td><td>1. 超速保护宜由两套不同物理原理构成、独立于汽轮机 DEH 的系统构成。</td><td>DL/T 996—2006《火力发电厂汽轮机电液控制系统技术条件》8.11</td><td>现场检查</td><td>基建期、设备改造</td></tr>
<tr><td>2. TSI（ETS 或 BUG）超速和 DEH 超速分别进行“三取二”逻辑判断。</td><td></td><td>现场检查</td><td>基建期、设备改造</td></tr>
<tr><td rowspan="2">静态传动试验</td><td>1. 逐一从现场转速探头处加模拟信号，确认每个转速显示、定值准确，单点未触发保护动作。</td><td></td><td>查阅试验记录</td><td>检修机组启动前或机组停运15天以上</td></tr>
<tr><td>2. 按 3 种组合，从现场两个转速探头处加模拟信号，确认超速保护正确动作，检查声光报警、跳闸首出应与实际一致。</td><td></td><td>查阅试验记录</td><td>检修机组启动前或机组停运15天以上</td></tr>
<tr><td rowspan="5">汽轮机轴系振动保护回路</td><td rowspan="5">信号</td><td>1. 轴承座绝对振动测量用的磁电式速度传感器和压电式速度传感器，安装在精加工的轴承座的平面上应为刚性连接。当发电机、励磁机轴承座要求与地绝缘时，传感器外壳应对地浮空。</td><td>DL 5190.4—2012《电力建设施工技术规范　第 4 部分：热工仪表及控制装置》3.7</td><td>现场检查</td><td>基建期、设备改造</td></tr>
<tr><td>2. TSI 系统的传感器探头、延长电缆和前置器，应成套校验安装。</td><td>DL/T 261—2012《火力发电厂热工自动化系统可靠性评估技术导则》6.4.1.2</td><td>现场检查</td><td>机组检修</td></tr>
<tr><td colspan="4">举例：某厂 2X 轴振探头（本特利）型号为 330103 3300XL 00-06-10-01-00（电缆 1m），延伸电缆为 330130-040（4m），前置器为 330180-50-00（5m），机组检修中更换了延伸电缆 330130-070（7m），机组运行后 2X 轴振异常增大。</td></tr>
<tr><td>3. 传感器应安装紧固，传感器尾线与延伸电缆的连接接头套有热缩管固定可靠，延伸电缆避免小弧度弯曲（根据厂商要求）且沿途固定，远离强电磁干扰源和高温区，固定与走向不存在损伤电缆的隐患，并有可靠的全程金属防护措施。</td><td>DL/T 261—2012《火力发电厂热工自动化系统可靠性评估技术导则》6.4.1</td><td>现场检查</td><td>机组检修</td></tr>
<tr><td colspan="4">举例：某厂 3 瓦 X、Y 方向轴振，3 瓦瓦振跳变，随后 4 瓦 X、Y 方向轴振，3 瓦瓦振也发生跳变，汽轮机振动大保护动作，汽轮机跳闸。检查后发现，3、4 号轴振及瓦振电缆均通过同一线缆槽盒穿过汽轮机缸体下部，3 瓦轴承油档外溢油烟冷凝积油，冷凝的油滴渗到电缆槽盒上部的保温棉内，长期积累，在高温环境下引燃，导致电缆槽盒内电缆燃，14 根电缆共计 8 根烧坏。</td></tr>
</table>

续表

项目	内容	标准	编制依据	方法	周期
汽轮机轴系振动保护回路	信号	4. 传感器延伸电缆固定宜用漆包线（紫铜线）进行固定，出缸线宜考虑采用一线一出口。出缸处应考虑防渗漏措施。		现场检查	机组检修
		5. 安装前置放大器的金属盒应选择在较小振动并便于检修的位置，盒体底座垫 10mm 左右橡皮后固定牢固。	DL/T 261—2012《火力发电厂热工自动化系统可靠性评估技术导则》6.4.1.2	现场检查	机组检修
		6. 前置放大器安装于金属箱中（根据型号确定浮空安装要求），箱体应可靠接地。接口和接线检查紧固；输出信号电缆宜采用 0.5～1.0mm 的普通三芯屏蔽电缆，且其屏蔽层在汽轮机现场侧绝缘浮空；若采用四芯屏蔽电缆，备用芯应在机柜端接地。电缆屏蔽层在机架的接线端子旁靠近框架处破开，屏蔽线直接接在机架的 COM（公共地）或 Shield（屏蔽接地）端上。		现场检查	机组检修
		7. 与其他系统连接时，TSI 系统和被连接系统应作为一个整体考虑并保证屏蔽层一点接地。		现场检查	机组检修
		8. 信号屏蔽层具有全线路电气连续性。检查接线盒或中间端子柜的屏蔽电缆接线，当有分开或合并时，其两端的屏蔽线通过端子可靠连接。	DL/T 261—2012《火力发电厂热工自动化系统可靠性评估技术导则》6.5.2.5	现场检查	机组检修
		9. TSI 传感器宜选择不带中间接头且全程为金属铠装的电缆。	DL/T 261—2012《火力发电厂热工自动化系统可靠性评估技术导则》6.4.1.1	现场检查	机组检修
		举例： 某厂 220MW 机组，在机组正常运行中 4、6 瓦 X 向及 7 瓦 X、Y 向轴振参数同时从 38μm、78μm、45μm、46μm 跳变至 59μm、98μm、58μm、74μm，随后在短时间内，以上几套测量参数无规律的多次发生跳变，其中 7 瓦 Y 向轴振参数最高达 230μm（轴振最大测量值为 250μm）。分析得知，7 瓦 X 向跳变幅度最大，从 TSI 装置柜内接线端子处解除 7 瓦 X 向探头测量回路接线，发现整个 TSI 系统所有测量回路的参数都有小幅度回落，将 7 瓦 X 向探头拆除，把 7 瓦 Y 向的探头接到 7 瓦 X 向的信号转换器上，TSI 系统各项参数显示正常，进一步查找发现探头延伸电缆 1m 处有个接头，接头和电缆铠装碰到一起导通后造成系统多点接地，导致对同一装置的其他测量系统也造成了干扰，干扰信号强时，参数跳变幅度会变大。			
		10. 转子轴系表面因修复等原因增加修复涂层时，振动因数需增加修正。		现场检查	基建期、设备改造

续表

<table>
<tr><th>项目</th><th>内容</th><th>标准</th><th>编制依据</th><th>方法</th><th>周期</th></tr>
<tr><td rowspan="5">汽轮机轴系振动保护回路</td><td rowspan="3">信号</td><td>11. 振动保护逻辑宜遵循从取样点到输入模件全程相对独立的原则。</td><td></td><td>现场检查</td><td>基建期、设备改造</td></tr>
<tr><td>12. 振动探头线缆在引入接线盒前应敷设黄腊管或保护套管，避免线缆外皮磨损导致信号受到干扰。</td><td></td><td>现场检查</td><td>机组检修</td></tr>
<tr><td>13. 保护系统和油系统禁用普通橡皮电缆，进入轴承箱内的导线应采用耐油、耐热绝缘软线。</td><td>《火电厂热控系统可靠性配置与事故预控》14.2</td><td>现场检查</td><td>机组检修</td></tr>
<tr><td rowspan="2">控制逻辑</td><td>采用轴承相对振动信号作为振动保护的信号源，有防止单点信号误动的措施。当任一轴承振动达报警或动作值时，应有明显的声光报警信号。</td><td>DL/T 261—2012《火力发电厂热工自动化系统可靠性评估技术导则》6.4.1.1</td><td>现场检查</td><td>基建期、设备改造</td></tr>
<tr><td colspan="4">举例：某厂2号机组因7瓦水平、垂直互换通道的工作需要，需退出7瓦垂直振动高高跳机保护，但工作人员所用的图纸为设备改造前的图纸，也没有注意到改造前后接线已发生变化，所解端子未将7瓦垂直振动保护退出，造成拆除测点前置器时振动保护动作跳机。</td></tr>
<tr><td></td><td rowspan="2">静态传动试验</td><td>1. 逐一从现场振动前置器后加模拟信号，确认振动显示、定值准确，单点未触发保护动作。</td><td></td><td>查阅试验记录</td><td>检修机组启动前或机组停运15天以上</td></tr>
<tr><td></td><td>2. 按振动保护逻辑逐一加模拟信号，确认振动保护正确动作，检查声光报警、跳闸首出应与实际一致。</td><td></td><td>查阅试验记录</td><td>检修机组启动前或机组停运15天以上</td></tr>
<tr><td rowspan="4">轴向位移保护回路</td><td rowspan="4">信号</td><td>1. 汽轮机处于完全冷却状态（缸温与周围环境温度之差不超过3℃）下进行安装（螺栓热处理时禁止安装）、调整零位。</td><td rowspan="2"></td><td>现场检查</td><td>机组检修</td></tr>
<tr><td>2. 冷态安装调零后，应和经调零后的高压缸胀差绝对值一致。</td><td>现场检查</td><td>机组检修</td></tr>
<tr><td>3. 测量用的电磁感应式和电涡流式传感器或变送器的安装，应按产品技术文件的要求，推动转子使其推力盘紧靠工作或非工作推力瓦面，然后进行间隙调整。传感器中心轴线与测量表面应垂直。</td><td>DL 5190.4—2012《电力建设施工技术规范　第4部分：热工仪表及控制装置》3.7.4</td><td>现场检查</td><td>机组检修</td></tr>
<tr><td>4. TSI系统的传感器探头、延长电缆和前置器，应成套校验安装。</td><td>DL/T 261—2012《火力发电厂热工自动化系统可靠性评估技术导则》6.4.1.2</td><td>现场检查</td><td>机组检修</td></tr>
</table>

续表

项目	内容	标准	编制依据	方法	周期
轴向位移保护回路	信号	5. 传感器应安装紧固，传感器尾线与延伸电缆的连接接头套有热缩管固定可靠，延伸电缆避免小弧度弯曲（根据厂商要求）且沿途固定，远离强电磁干扰源和高温区，固定与走向不存在损伤电缆的隐患，并有可靠的全程金属防护措施。	DL/T 261—2012《火力发电厂热工自动化系统可靠性评估技术导则》6.4.1	现场检查	机组检修
		举例： 某厂5号机组瓦振、轴向位移、转速探头电缆直接敷设在轴承上端盖表面上，且无任何防护措施，实测电缆温度82.8℃，虽厂家提供资料电缆最高耐温125℃，但电缆长时间高温易造成脆硬或绝缘老化，存在保护误动风险。			
		6. 传感器延伸电缆固定宜用漆包线（紫铜线）进行固定，出缸线宜考虑采用一线一出口。出缸处应考虑防渗漏措施。		现场检查	机组检修
		7. 安装前置放大器的金属盒应选择在较小振动并便于检修的位置，盒体底座垫10mm左右橡皮后固定牢固。		现场检查	基建期、设备改造
		8. 前置放大器安装于金属箱中（根据型号确定浮空安装要求），箱体应可靠接地。接口和接线检查紧固；输出信号电缆宜采用0.5～1.0mm的普通三芯屏蔽电缆，且其屏蔽层在汽轮机现场侧绝缘浮空；若采用四芯屏蔽电缆，备用芯应在机柜端接地。电缆屏蔽层在机架的接线端子旁靠近框架处破开，屏蔽线直接接在机架的COM（公共地）或Shield（屏蔽接地）端上。	DL/T 261—2012《火力发电厂热工自动化系统可靠性评估技术导则》6.4.1.2	现场检查	基建期、设备改造
		9. 与其他系统连接时，TSI系统和被连接系统应作为一个整体考虑并保证屏蔽层一点接地。		现场检查	基建期、设备改造
		10. 信号屏蔽层具有全线路电气连续性。检查接线盒或中间端子柜的屏蔽电缆接线，当有分开或合并时，其两端的屏蔽线通过端子可靠连接。	DL/T 261—2012《火力发电厂热工自动化系统可靠性评估技术导则》6.5.2.5	现场检查	基建期、设备改造
		11. TSI传感器宜选择不带中间接头且全程为金属铠装的电缆。	DL/T 261—2012《火力发电厂热工自动化系统可靠性评估技术导则》6.4.1.1	现场检查	基建期、设备改造
		12. 轴位移保护逻辑应遵循从取样点到输入模件全程相对独立的原则。	《防止电力生产事故的二十五项重点要求》9.4.3	现场检查	基建期、设备改造

续表

项目	内容	标准	编制依据	方法	周期
轴向位移保护回路	信号	13. TSI系统的传感器探头、延长电缆和前置器，应成套校验安装。	DL/T 261—2012《火力发电厂热工自动化系统可靠性评估技术导则》6.4.1.2	现场检查	基建期、设备改造
		14. 轴位移探头线缆在引入接线盒前应敷设黄腊管或保护套管，避免线缆外皮磨损导致信号受到干扰。		现场检查	机组检修
		15. 保护系统和油系统禁用普通橡皮电缆，进入轴承箱内的导线应采用耐油、耐热绝缘软线。	《火电厂热控系统可靠性配置与事故预控》14.2	现场检查	机组检修
	控制逻辑	轴向位移保护信号应采用“三取二”逻辑或具备同等判断功能的逻辑输出。	DL/T 261—2012《火力发电厂热工自动化系统可靠性评估技术导则》6.4.1.1	查看逻辑	机组检修
	静态传动试验	1. 逐一从现场轴向位移前置器后加模拟信号，确认轴向位移显示、定值准确，单点未触发保护动作。		查阅试验记录	检修机组启动前或机组停运15天以上
		2. 按轴向位移保护逻辑逐一加模拟信号，确认轴向位移保护正确动作，检查声光报警、跳闸首出应与实际一致。		查阅试验记录	检修机组启动前或机组停运15天以上
高压缸胀差超限保护回路	信号	1. 汽轮机处于完全冷却状态（缸温与周围环境温度之差不超过3℃）下进行安装（螺栓热处理时禁止安装）、调整零位。		现场检查	机组检修
		2. 冷态安装调零后，应和经调零后的轴位移绝对值一致。		现场检查	机组检修
		3. 测量用的电磁感应式和电涡流式传感器或变送器的安装，应按产品技术文件的要求，推动转子使其推力盘紧靠工作或非工作推力瓦面，然后进行间隙调整。传感器中心轴线与测量表面应垂直。	DL 5190.4—2012《电力建设施工技术规范　第4部分：热工仪表及控制装置》3.7.4	现场检查	机组检修
		4. TSI系统的传感器探头、延长电缆和前置器，应成套校验安装。	DL/T 261—2012《火力发电厂热工自动化系统可靠性评估技术导则》6.4.1.2	现场检查	机组检修
		5. 传感器应安装紧固，传感器尾线与延伸电缆的连接接头套有热缩管固定可靠，延伸电缆避免小弧度弯曲（根据厂商要求）且沿途固定，远离强电磁干扰源和高温区，固定与走向不存在损伤电缆的隐患，并有可靠的全程金属防护措施。	DL/T 261—2012《火力发电厂热工自动化系统可靠性评估技术导则》6.4.1	现场检查	机组检修

续表

项目	内容	标准	编制依据	方法	周期
高压缸胀差超限保护回路	信号	6. 传感器延伸电缆固定宜用漆包线（紫铜线）进行固定，出缸线宜考虑采用一线一出口。出缸处应考虑防渗漏措施。		现场检查	机组检修
		7. 安装前置放大器的金属盒应选择在较小振动并便于检修的位置，盒体底座垫10mm左右橡皮后固定牢固。	DL/T 261—2012《火力发电厂热工自动化系统可靠性评估技术导则》6.4.1.2	现场检查	基建期、设备改造
		8. 前置放大器安装于金属箱中（根据型号确定浮空安装要求），箱体应可靠接地。接口和接线检查紧固；输出信号电缆宜采用0.5～1.0mm的普通三芯屏蔽电缆，且其屏蔽层在汽轮机现场侧绝缘浮空；若采用四芯屏蔽电缆，备用芯应在机柜端接地。电缆屏蔽层在机架的接线端子旁靠近框架处破开，屏蔽线直接接在机架的COM（公共地）或Shield（屏蔽接地）端上。		现场检查	基建期、设备改造
		9. 与其他系统连接时，TSI系统和被连接系统应作为一个整体考虑并保证屏蔽层一点接地。		现场检查	基建期、设备改造
		10. 信号屏蔽层具有全线路电气连续性。检查接线盒或中间端子柜的屏蔽电缆接线，当有分开或合并时，其两端的屏蔽线通过端子可靠连接。	DL/T 261—2012《火力发电厂热工自动化系统可靠性评估技术导则》6.5.2.5	现场检查	基建期、设备改造
		11. TSI传感器宜选择不带中间接头且全程为金属铠装的电缆。	DL/T 261—2012《火力发电厂热工自动化系统可靠性评估技术导则》6.4.1.1	现场检查	机组检修
		12. 胀差保护逻辑应遵循从取样点到输入模件全程相对独立的原则。	《防止电力生产事故的二十五项重点要求》9.4.3	现场检查	基建期、设备改造
		13. TSI系统的传感器探头、延长电缆和前置器，应成套校验安装。	DL/T 261—2012《火力发电厂热工自动化系统可靠性评估技术导则》6.4.1.2	现场检查	基建期、设备改造
		14. 保护系统和油系统禁用普通橡皮电缆，进入轴承箱内的导线应采用耐油、耐热绝缘软线。	《火电厂热控系统可靠性配置与事故预控》14.2	现场检查	机组检修

续表

项目	内容	标准	编制依据	方法	周期
高压缸胀差超限保护回路	控制逻辑	1. 设计单点信号时宜设置10～20s延时；设计两点信号时宜采用“二取二”逻辑，量程可设置不高于跳机值的110%。	DL/T 261—2012《火力发电厂热工自动化系统可靠性评估技术导则》6.4.1.1	查看逻辑	机组检修
		2. 单点保护时，信号坏点解除保护；两点保护时，信号坏点宜剔除坏点。		查看逻辑	机组检修
	静态传动试验	1. 逐一从现场信号源处加模拟信号，确认胀差显示、定值准确，单点未触发保护动作。		查阅试验记录	检修机组启动前或机组停运15天以上
		2. 按胀差保护逻辑逐一加模拟信号，确认胀差保护正确动作，检查声光报警、跳闸首出应与实际一致。		查阅试验记录	检修机组启动前或机组停运15天以上
发电机断水保护回路	信号	1. 流量节流装置应设置于近发电机处冷却水入口母管。		现场检查	基建期、设备改造
		2. 发电机入口冷却水压力应设置于近发电机冷却水入口母管处且流速稳定的管段上，不应设置在有涡流的地方。		现场检查	基建期、设备改造
		3. 温度应设置于近发电机处冷却水回水管，不应装设在设备和管道的死角处；不宜装设在易受振动或冲击的地方。		现场检查	基建期、设备改造
		4. 应三重冗余配置，并遵循信号到输入模件全程相对独立的原则。	DL/T 261—2012《火力发电厂热工自动化系统可靠性评估技术导则》6.2.3.2	现场检查	基建期、设备改造
		5. 应采用3对独立取样孔的流量节流装置，节流装置的安装方向应正确。		现场检查	基建期、设备改造
		6. 压力测点的应考虑液柱引起的附加误差。	DL 5190.4—2012《电力建设施工技术规范　第4部分：热工仪表及控制装置》3.3.1	现场检查	基建期、设备改造
		7. 采用流量（或压力）作为保护条件时，应在机组启动前对信号动作值进行在线校核定值。		现场检查	基建期、设备改造

续表

<table>
<tr><th>项目</th><th>内容</th><th>标准</th><th>编制依据</th><th>方法</th><th>周期</th></tr>
<tr><td rowspan="13">发电机断水保护回路</td><td rowspan="2">信号</td><td>8. 发电机定子绕组冷却水流量低是发电机断水保护跳闸的条件，应采用3个独立的变送器或开关的测量方式，流量不宜采用通过测量发电机定子绕组冷却水进出口差压的方式测量。</td><td>DL/T 591—2010《火力发电厂汽轮发电机的检测与控制技术条件》3.5</td><td>现场检查</td><td>基建期、设备改造</td></tr>
<tr><td>9. 定冷水流量开关校验时应排空膜盒内的积水，投运时膜盒应充满水。</td><td></td><td>现场检查</td><td>基建期、设备改造</td></tr>
<tr><td rowspan="5">水泵连锁</td><td>1. 水泵严禁设置启动允许条件。</td><td></td><td>查看逻辑</td><td>基建期、设备改造</td></tr>
<tr><td colspan="4">举例：某厂1、2号机组定冷水泵启动允许条件为单点水箱液位不低信号。当液位信号故障，定冷水泵将无法紧急启动，存在因定冷水泵无法启动导致机组断水的重大隐患。</td></tr>
<tr><td>2. 水泵严禁设置保护停止逻辑。</td><td></td><td>查看逻辑</td><td>基建期、设备改造</td></tr>
<tr><td>3. 水泵必须设置压力低、流量低、备用泵跳闸连锁启动条件。</td><td></td><td>查看逻辑</td><td>基建期、设备改造</td></tr>
<tr><td>4. 油泵的动力、控制电源可取自同一段，互为冗余的油泵电源必须取自不同段。</td><td></td><td>现场检查</td><td>基建期、设备改造</td></tr>
<tr><td>控制逻辑</td><td>采用压力和流量作为跳闸条件时，应考虑延时时间。采用回水温度高作为跳闸条件时，不应设置延时时间。</td><td></td><td>查看逻辑</td><td>基建期、设备改造</td></tr>
<tr><td rowspan="3">信号传送</td><td>1. 断水保护应直接送至保护屏实现跳闸。</td><td></td><td>现场检查</td><td>基建期、设备改造</td></tr>
<tr><td>2. 断水保护在DCS逻辑判断后宜分卡送出3路DO，实现硬接线“三取二”后送至保护屏，延时宜在保护回路实现。</td><td></td><td>现场检查</td><td>基建期、设备改造</td></tr>
<tr><td colspan="4">举例：某厂4号机组发电机断水保护误动作，机组跳闸。分析得知，该厂发电机断水保护信号输出通过硬接线至电气保护装置采用“二取一”方式，其中一根电缆存在破损，消防系统维护人员在电缆夹层内进行感温电缆检查工作时，对发电机断水保护信号电缆触碰后引发该电缆短路，发电机断水保护动作，机组跳闸。</td></tr>
</table>

续表

<table>
<tr><th>项目</th><th>内容</th><th>标准</th><th>编制依据</th><th>方法</th><th>周期</th></tr>
<tr><td rowspan="3">发电机断水保护回路</td><td rowspan="3">静态传动试验</td><td>1. 逐一从现场信号源处加模拟信号，确认发电机断水显示、定值准确，单点未触发保护动作。</td><td></td><td>查阅试验记录</td><td>检修机组启动前或机组停运15天以上</td></tr>
<tr><td>2. 按3种组合，从现场两个信号源处加模拟信号，确认发电机断水保护正确动作，检查声光报警、跳闸首出应与实际一致。同时应进行反向验证，在保护动作延时时间内恢复发电机内冷水流量，不应发出跳闸信号。</td><td></td><td>查阅试验记录</td><td>检修机组启动前或机组停运15天以上</td></tr>
<tr><td colspan="4">举例：某厂3号机组1号定子冷却水泵跳闸，冷却水流量低信号发出，3s后备用的2号泵连锁启动，冷却水流量恢复，流量低信号消失，但30s后发电机断水保护动作跳闸。分析得知，该厂在机组检修期间修改了发电机断水保护逻辑后，未完整验证保护逻辑，仅采取停运定子冷却水泵，延时30s后保护动作，即确认断水保护正常，没有进行30s内恢复内冷水泵运行保护不应动作的逻辑试验。机组运行过程中，由于断水保护逻辑错误，输出采用自保持逻辑，运行泵跳闸联启备用泵后定子冷却水正常，但仍造成发电机断水保护误发。</td></tr>
<tr><td rowspan="7">DEH故障保护回路</td><td rowspan="2">信号独立性</td><td>信号应来自不同模件、不同端子板的至少两对信号线，进行“三取二”或“二取二”逻辑判断。</td><td></td><td>查看逻辑</td><td>基建期、设备改造</td></tr>
<tr><td colspan="4">举例：某厂DEH故障信号单点保护误动，造成停机。</td></tr>
<tr><td rowspan="3">控制逻辑</td><td>1. DEH机柜失电（直流或交流），跳闸汽轮机。失电信号构成宜设置为：两路电源监视继电器各监视一路DEH供电电源，各采用3副动断触点，两两串联后送3路信号。</td><td></td><td>查看逻辑</td><td>基建期、设备改造</td></tr>
<tr><td colspan="4">举例：某厂1号机组DEH失电保护配置为任一路24V DC电源故障时触发“DEH故障跳机”信号，因一路电源故障机组跳闸。</td></tr>
<tr><td>2. 并网前，DEH 3路转速信号中任意两路故障，跳闸汽轮机。</td><td></td><td>查看逻辑</td><td>基建期、设备改造</td></tr>
<tr><td rowspan="2">静态传动试验</td><td>1. 断开任意一路DEH机柜电源（直流或交流），不应发出DEH故障信号。断开两路DEH机柜电源（直流或交流），DEH故障保护止确动作，检查声光报警、跳闸首出应与实际一致。</td><td></td><td>查阅试验记录</td><td>检修机组启动前或机组停运15天以上</td></tr>
<tr><td>2. 断开任意一路转速信号，不应发出DEH故障信号。按3种组合，断开两路转速信号，DEH故障保护正确动作，检查声光报警、跳闸首出应与实际一致。</td><td></td><td>查阅试验记录</td><td>检修机组启动前或机组停运15天以上</td></tr>
</table>

续表

项目	内容	标准	编制依据	方法	周期
润滑油压低保护回路	信号	1. 汽轮机润滑油压测点必须选择在油管路末端压力较低处，禁止选择在注油器出口处，以防止末端压力低，而取样点处压力仍未达到保护动作值而造成保护拒动的事故发生。	《火电厂热控系统可靠性配置与事故预控》15.3	现场检查	基建期、设备改造
		2. 油测量管路不应装设排污阀。	DL 5190.4—2012《电力建设施工技术规范　第4部分：热工仪表及控制装置》4.2.8	现场检查	基建期、设备改造
		3. 轴承润滑油压力开关应与轴承中心标高一致，否则整定时应考虑液柱高度的修正值。为便于调试应装设排油阀及调校用压力表，排油管道应引至主油箱或回油管上。	DL 5190.4—2012《电力建设施工技术规范　第4部分：热工仪表及控制装置》4.3.4	现场检查	基建期、设备改造
		4. 当油管路与工艺热管道交叉时，禁止将油管路的焊口及阀门接口安排在交叉处正上方，以免油管路腐蚀泄漏。	DL/T 5182—2004《火力发电厂热工自动化就地设备安装、管路、电缆设计技术规定》5.1.4	现场检查	基建期、设备改造
		5. 应三重冗余配置，并遵循从取样点到输入模件全程相对独立的原则。	DL/T 261—2012《火力发电厂热工自动化系统可靠性评估技术导则》6.2.3.2	现场检查	基建期、设备改造
		6. “三选二”逻辑判断（或同等判断功能）配置。		现场检查	基建期、设备改造
		7. 应设置主油箱油位低跳机保护，必须采用测量可靠、稳定性好的液位测量方法，并采取“三取二”的方式，保护动作值应考虑机组跳闸后的惰走时间。机组运行中发生油系统泄漏时，应申请停机处理，避免处理不当造成大量跑油，导致烧瓦。	《防止电力生产事故的二十五项重点要求》8.4.9	现场检查	基建期、设备改造
		8. 保护系统和油系统禁用普通橡皮电缆，进入轴承箱内的导线应采用耐油、耐热绝缘软线。	《火电厂热控系统可靠性配置与事故预控》14.2	现场检查	基建期、设备改造
		9. 应采用聚四氟乙烯垫片。		现场检查	机组检修
	油泵连锁	汽轮机润滑油压力低信号应直接送入事故润滑油泵电气启动回路，确保在没有分散控制系统控制的情况下能够自动启动，保证汽轮机的安全。	《防止电力生产事故的二十五项重点要求》9.4.2	现场检查	基建期、设备改造

续表

项目	内容	标准	编制依据	方法	周期
润滑油压低保护回路	试验块管理（有配置机组）	1. 应确保双通道间闭锁功能可靠（确保 A、B 通道试验时不会同时动作）。	《火电厂热控系统可靠性配置与事故预控》18.11	现场检查	基建期、设备改造
		2. 定期检查管路压力，防止试验块漏流。		现场检查	日常巡检
		3. 不应采用只有一路取样管的在线试验块。		现场检查	基建期、设备改造
		4. 试验块节流孔应和试验块相符。		现场检查	基建期、设备改造
	静态传动试验	1. 逐一从润滑油压低开关处加压，确认润滑油压低显示、定值准确，单点未触发保护动作。		查阅试验记录	检修机组启动前或机组停运15天以上
		2. “三取二”配置：按3种组合，从现场两个润滑油压低开关处短接，确认润滑油压低保护正确动作，检查声光报警、跳闸首出应与实际一致。		查阅试验记录	检修机组启动前或机组停运15天以上
		3. 串并联配置：按6种组合，从现场两个润滑油压低开关处短接，其中同侧两个开关动作润滑油压低保护不应动作，异侧两个开关动作润滑油压低保护应正确动作，检查声光报警、跳闸首出应与实际一致。		查阅试验记录	检修机组启动前或机组停运15天以上
交流润滑油泵连锁回路	信号	1. 润滑油压低报警、联启油泵、跳闸保护、停止盘车定值及测点安装位置应按照制造商要求整定和安装，整定值应满足直流油泵联启的同时必须跳闸停机。对各压力开关应采用现场试验系统进行校验，润滑油压低时应能正确、可靠的联动交流、直流润滑油泵。	《防止电力生产事故的二十五项重点要求》8.4.6	现场检查	基建期、设备改造
		2. 机组检修后对油泵启停定值、安全阀组定值进行校对并试验。	《防止电力生产事故的二十五项重点要求》23.2.3.3	现场检查	基建期、设备改造

续表

项目	内容	标准	编制依据	方法	周期
交流润滑油泵连锁回路	保护逻辑	1. 汽轮机主油泵出口油压低或汽轮机润滑油油压低任一保护定值动作，或盘车、顶轴油泵在运行，应不允许停交流油泵。		现场检查	基建期、设备改造
		2. 应设置主油箱油位低跳机保护，必须采用测量可靠、稳定性好的液位测量方法，并采取“三取二”的方式，保护动作值应考虑机组跳闸后的惰走时间。	《防止电力生产事故的二十五项重点要求》8.4.9	现场检查	基建期、设备改造
		3. 至少应配置单后备操作按钮。	《火电厂热控系统可靠性配置与事故预控》11.5c)	现场检查	基建期、设备改造
	连锁逻辑	1. 汽轮机主油泵出口油压低或汽轮机润滑油油压低任一保护定值动作，必须连锁启动。		查看逻辑	基建期、设备改造
		2. 汽轮机跳闸，必须连锁启动。		查看逻辑	基建期、设备改造
		3. 汽轮机转速低于规定值，必须连锁启动。		查看逻辑	基建期、设备改造
		4. 油泵不宜设置连锁开关投退按钮，确保油泵连锁功能始终有效。		现场检查	基建期、设备改造
		5. 汽轮机跳闸信号，应采用硬接线。		现场检查	基建期、设备改造
		6. 汽轮机转速低连锁启动交流泵信号，宜采用硬接线。		现场检查	基建期、设备改造
		7. 油泵严禁设置保护停止逻辑。		现场检查	基建期、设备改造
直流润滑油泵连锁回路	信号	机组检修后对油泵启停定值、安全阀组定值进行校对并试验。	《防止电力生产事故的二十五项重点要求》23.2.3.3	现场检查	机组检修
	保护逻辑	1. 直流润滑油泵的直流电源系统应有足够的容量，其各级保险应合理配置，防止故障时熔断器熔断使直流润滑油泵失去电源。	《防止电力生产事故的二十五项重点要求》8.4.7	现场检查	机组检修

续表

项目	内容	标准	编制依据	方法	周期
直流润滑油泵连锁回路	保护逻辑	2. 至少应配置单后备操作按钮。	《火电厂热控系统可靠性配置与事故预控》11.5c)	现场检查	基建期、设备改造
	连锁逻辑	1. 润滑油压低到连锁启动交流油泵压力，但交流油泵未运行，必须连锁启动直流油泵。		查看逻辑	基建期、设备改造
		2. 汽轮机转速低（硬接线）连锁启动交流油泵，但交流油泵未运行，必须连锁启动直流油泵。		查看逻辑	基建期、设备改造
		3. 润滑油压低至规定值连锁启动直流油泵。		查看逻辑	基建期、设备改造
		4. 油泵不宜设置连锁开关投退按钮，确保油泵连锁功能始终有效。		查看逻辑	基建期、设备改造
		5. 润滑油压力低信号应直接接入事故润滑油泵的电气启动回路，确保事故润滑油泵在没有DCS控制的情况下能够自动启动，保证汽轮机的安全。		查看逻辑	基建期、设备改造
		6. 汽轮机跳闸（硬接线）连锁启动油泵。		现场检查	基建期、设备改造
		7. 油泵严禁设置保护停止逻辑。		现场检查	基建期、设备改造
		举例：某厂300MW机组断油烧瓦事故，该电厂的直流润滑油泵，在系统设计时未设任何保护停逻辑，但制造商出厂时配置了电机热偶保护，在紧急状态下直流润滑油泵在运行中热偶保护动作，直流油泵跳闸，造成了机组轴承烧损事故发生。			
顶轴油泵连锁回路	信号	顶轴油泵入口压力低保护测点，不宜采用单点保护。		查看逻辑	基建期、设备改造
	连锁逻辑	1. 在机组启、停过程中，应按制造商规定的转速停止、启动顶轴油泵。	《防止电力生产事故的二十五项重点要求》8.4.14	查看逻辑	基建期、设备改造
		2. 顶轴油泵应设置汽轮机转速低连锁启动预选泵。		查看逻辑	基建期、设备改造
		3. 顶轴油泵应设置顶轴油压低连锁启动备用油泵。		查看逻辑	基建期、设备改造

续表

项目	内容	标准	编制依据	方法	周期
主油泵出口油压低保护回路	信号	1. 主油泵出口油压测点必须选择在主油泵出口处。		现场检查	基建期、设备改造
		2. 油测量管路不应装设排污阀。	DL 5190.4—2012《电力建设施工技术规范　第4部分：热工仪表及控制装置》4.2.8	现场检查	基建期、设备改造
		3. 压力开关应与轴承中心标高一致，否则整定时应考虑液柱高度的修正值。为便于调试应装设排油阀及调校用压力表，排油管道应引至主油箱或回油管上。	DL 5190.4—2012《电力建设施工技术规范　第4部分：热工仪表及控制装置》4.3.4	现场检查	机组检修
		4. 当油管路与工艺热管道交叉时，禁止将油管路的焊口及阀门接口安排在交叉处正上方，以免油管路腐蚀泄露。	DL/T 5182—2004《火力发电厂热工自动化就地设备安装、管路、电缆设计技术规定》5.1.4	现场检查	基建期、设备改造
		5. 应三重冗余配置，并遵循从取样点到输入模件全程相对独立的原则。	DL/T 261—2012《火力发电厂热工自动化系统可靠性评估技术导则》6.2.3.2	现场检查	基建期、设备改造
		6. 保护输出采用“三选二”逻辑判断（或同等判断功能）配置。		查看逻辑	基建期、设备改造
		7. 保护系统和油系统禁用普通橡皮电缆，进入轴承箱内的导线应采用耐油、耐热绝缘软线。	《火电厂热控系统可靠性配置与事故预控》14.2	现场检查	机组检修
		8. 应采用聚四氟乙烯垫片。		现场检查	机组检修
	试验块管理（有配置机组）	1. 应确保双通道间闭锁功能可靠（确保A、B通道试验时不会同时动作）。	《火电厂热控系统可靠性配置与事故预控》18.11	查阅试验记录	检修机组启动前或机组停运15天以上
		2. 定期检查管路压力，防止试验块漏流。		现场检查	日常巡检
		3. 不应采用只有一路取样管的在线试验块。		现场检查	基建期、设备改造

续表

项目	内容	标准	编制依据	方法	周期
主油泵出口油压低保护回路	控制逻辑	主油泵出口油压低在转速高于设定值时自动投入保护，转速低于设定值时自动切除。		查看逻辑	基建期、设备改造
	静态传动试验	1. 逐一从主油泵出口压力开关处加压，确认主油泵出口压力低显示、定值准确，单点未触发保护动作。		查阅试验记录	检修机组启动前或机组停运15天以上
		2. “三取二”配置：按3种组合，从现场两个主油泵出口压力低开关处短接，确认主油泵出口压力低保护正确动作，检查声光报警、跳闸首出应与实际一致。		查阅试验记录	检修机组启动前或机组停运15天以上
		3. 串并联配置：按6种组合，从现场两个主油泵出口压力低开关处短接，其中同侧两个开关动作主油泵出口压力低保护不应动作，异侧两个开关动作主油泵出口压力低保护应正确动作，检查声光报警、跳闸首出应与实际一致。		查阅试验记录	检修机组启动前或机组停运15天以上
EH油压低保护回路	信号	1. 取样一次阀，宜为两个工艺阀门串联连接，安装于取样点附近且便于运行检修操作的场所。		现场检查	基建期、设备改造
		2. 油测量管路不应装设排污阀。	DL 5190.4—2012《电力建设施工技术规范　第4部分：热工仪表及控制装置》4.2.8	现场检查	基建期、设备改造
		3. 当油管路与工艺热管道交叉时，禁止将油管路的焊口及阀门接口安排在交叉处正上方，以免油管路腐蚀泄漏。	DL/T 5182—2004《火力发电厂热工自动化就地设备安装、管路、电缆设计技术规定》5.1.4	现场检查	基建期、设备改造
		4. 应三重（四重）冗余配置，并遵循从取样点到输入模件全程相对独立的原则。	DL/T 261—2012《火力发电厂热工自动化系统可靠性评估技术导则》6.2.3.2	现场检查	基建期、设备改造
		举例1：某厂EH油压低低3个测点取自一个引压管，EH油压相邻两测点之间引压管间距为60mm，280mm长的EH油压取压管内有10个接头，发现接头处已存在漏油现象，存在取样管堵塞造成EH油压低保护误动、拒动的隐患。 **举例2**：某厂3号机组EH油压低试验块阀组的取样管上安装有滤网，存在滤网堵塞造成EH油压低保护误动、拒动的隐患。			

续表

<table>
<tr><th>项目</th><th>内容</th><th>标准</th><th>编制依据</th><th>方法</th><th>周期</th></tr>
<tr><td rowspan="13">EH油压低保护回路</td><td rowspan="4">信号</td><td>5. 保护输出采用“三选二”逻辑判断（或同等判断功能）配置。</td><td></td><td>查看逻辑</td><td>基建期、设备改造</td></tr>
<tr><td>6. 采用液动薄膜阀的机组，应将薄膜阀上腔的润滑油压力接入DCS画面显示并进行越限报警。</td><td></td><td>现场检查</td><td>基建期、设备改造</td></tr>
<tr><td colspan="4">举例：某厂因隔膜阀上腔润滑油压取样接头漏油未及时发现导致火灾事故。</td></tr>
<tr><td>7. 保护系统和油系统禁用普通橡皮电缆，进入轴承箱内的导线应采用耐油、耐热绝缘软线。</td><td>《火电厂热控系统可靠性配置与事故预控》14.2</td><td>现场检查</td><td>机组检修</td></tr>
<tr><td rowspan="4">试验块管理（有配置机组）</td><td>1. 应确保双通道间闭锁功能可靠（确保A、B通道试验时不会同时动作）。</td><td>《火电厂热控系统可靠性配置与事故预控》18.11</td><td>查阅试验记录</td><td>检修机组启动前或机组停运15天以上</td></tr>
<tr><td>2. 定期检查管路压力，防止试验块漏流。</td><td></td><td>现场检查</td><td>日常巡检</td></tr>
<tr><td>3. 不应采用只有一路取样管的在线试验块。</td><td></td><td>现场检查</td><td>基建期、设备改造</td></tr>
<tr><td colspan="4">举例：某厂1号机组172MW负荷运行，汽轮机点检员就地巡检发现EH油系统在线试验模块处漏油，热工人员退出EH油压低保护时退出不彻底，导致通知运行人员隔绝故障点（现场关闭1号机组EH油系统在线试验模块进油门）时试验模块失压，EH油压低保护动作，机组跳闸。</td></tr>
<tr><td rowspan="4">油泵连锁</td><td>1. 油位低、油温低测点安装位置应考虑与容器内壁的距离，应避开回油管管路对测量的影响。</td><td></td><td>查看逻辑</td><td>基建期、设备改造</td></tr>
<tr><td>2. 不宜设置油位低、油温低作为油泵启动允许条件；当设置油位低、油温低作为油泵启动允许条件时，应实现“二取二”或“三取二”。</td><td></td><td>查看逻辑</td><td>基建期、设备改造</td></tr>
<tr><td>3. 不宜设置EH油箱油位低低连锁跳闸油泵保护。</td><td></td><td>查看逻辑</td><td>基建期、设备改造</td></tr>
<tr><td colspan="4">举例：某厂EH油泵设置了油位低和油温低不允许启动条件，且单点逻辑判断，运行中运行泵故障需要联起备用泵时，存在因启动允许条件不满足，备用泵无法启动，从而导致EH油压低保护动作的隐患。</td></tr>
</table>

续表

项目	内容	标准	编制依据	方法	周期
EH油压低保护回路	油泵连锁	4. 油泵严禁设置保护停止逻辑。		查看逻辑	基建期、设备改造
		5. 油泵的动力、控制电源可取自同一段，互为冗余的油泵电源必须取自不同段。		查看图纸	基建期、设备改造
	静态传动试验	1. 逐一从EH油压开关处加压，确认EH油压低显示、定值准确，单点未触发保护动作。		查阅试验记录	检修机组启动前或机组停运15天以上
		2. “三取二”配置：按3种组合，从现场两个EH油压低开关处短接，确认EH油压低保护正确动作，检查声光报警、跳闸首出应与实际一致。		查阅试验记录	检修机组启动前或机组停运15天以上
		3. 串并联配置：按6种组合，从现场两个EH油压低开关处短接，其中同侧两个开关动作EH油压低保护不应动作，异侧两个开关动作EH油压低保护应正确动作，检查声光报警、跳闸首出应与实际一致。		查阅试验记录	检修机组启动前或机组停运15天以上
汽轮机高压缸压比低（600MW机组）保护回路	信号	1. 调节级压力共用一个取样点时，应通过扩展管，配置各自独立的取样阀门。	DL/T 261—2012《火力发电厂热工自动化系统可靠性评估技术导则》6.6.1.2	现场检查	基建期、设备改造
		2. 调节级压力、高排压力取样一次阀，应为两个工艺阀门串联连接，安装于取样点附近且便于运行检修操作的场所。	《火电厂热控系统可靠性配置与事故预控》15.1	现场检查	基建期、设备改造
		3. 测量高温、高压蒸汽压力时，一次阀门应安装于工艺管道取压口的下方。一次阀门安装位置应靠近测点。	DL/T 261—2012《火力发电厂热工自动化系统可靠性评估技术导则》6.6.1.2	现场检查	基建期、设备改造
		4. 高排压力应三重冗余配置，并遵循从取样点到输入模件全程相对独立的原则。	DL/T 261—2012《火力发电厂热工自动化系统可靠性评估技术导则》6.2.3.2	现场检查	基建期、设备改造
	控制逻辑	发电机出口开关合闸（并网）且调节级压力与高压缸排汽压力之比<1.7时保护动作。		查看逻辑	基建期、设备改造
	举例：某厂高排压比保护，调节级压力“三取中”后除以高排压力（单点），比值小于1.7触发保护，该保护在负荷大于210MW时切除，逻辑中“三取中”模块没有设置坏质量判断等功能，当出现坏点时，该点值仍参与运算判断，有保护误动和拒动的风险。				

续表

项目	内容	标准	编制依据	方法	周期
高排压力高保护回路	信号	应三重冗余配置，并遵循从取样点到输入模件全程相对独立的原则。	DL/T 261—2012《火力发电厂热工自动化系统可靠性评估技术导则》6.2.3.2	现场检查	基建期、设备改造
	控制逻辑	压力测点在其他控制器进行逻辑判别后，应通过硬接线送出独立的3路开关量信号到保护机柜，进行“三取二”运算触发，不得采用通信方式传输。		查看逻辑	基建期、设备改造
	静态传动试验	1. 逐一从高排压力变送器处加压，确认高排压力显示、定值准确，单点未触发保护动作。		查阅试验记录	检修机组启动前或机组停运15天以上
		2. 按3种组合，从现场两个高排压力变送器处加模拟信号，确认高排压力高保护正确动作，检查声光报警、跳闸首出应与实际一致。		查阅试验记录	检修机组启动前或机组停运15天以上
汽轮机高排温度高保护回路	信号	1. 对于高中压管道，若插座全部在保温层内，则宜从插座端面起向外选用松软的保温材料进行保温，插座高度宜不低于保温层厚度。	DL 5190.4—2012《电力建设施工技术规范　第4部分：热工仪表及控制装置》3.2.7	现场检查	机组检修
		2. 应三重冗余配置，并遵循从取样点到输入模件全程相对独立的原则。	DL/T 261—2012《火力发电厂热工自动化系统可靠性评估技术导则》6.2.3.2	现场检查	基建期、设备改造
		3. 应对温度元件护套内可能存在的氧化物和污物进行清除。	DL/T 261—2012《火力发电厂热工自动化系统可靠性评估技术导则》6.6.1.1	现场检查	机组检修
		4. 热电偶元件安装时应保证热电偶元件热端与热电偶保护套管接触良好。		现场检查	机组检修
		5. 为减少因接线松动、元件故障引起的信号突变而导致系统故障的发生，参与控制、保护连锁的缓变模拟量信号，应正确设置变化速率保护功能。	《火电厂热控系统可靠性配置与事故预控》7.2	现场检查	机组检修

续表

项目	内容	标准	编制依据	方法	周期
汽轮机高排温度高保护回路	信号	6. 控制机柜内热电偶冷端补偿元件，至少应在输入模件的每层端子板上配置，不允许仅在一机柜内设置一个公用补偿器。其补偿功能应通过实际试验，确定满足通道精度要求。	《火电厂热控系统可靠性配置与事故预控》7.2	现场检查	基建期、设备改造
		7. 测温元件应安装在不受剧烈振动及共振影响的区域和冲击处，不得装在管道和设备的死角处。		现场检查	基建期、设备改造
		8. 温度信号补偿导线全程屏蔽可靠并一点接地，指示准确。	DL/T 261—2012《火力发电厂热工自动化系统可靠性评估技术导则》6.7.2.3	现场检查	机组检修
		9. 补偿导线敷设时不允许有中间接头。	DL/T 261—2012《火力发电厂热工自动化系统可靠性评估技术导则》6.6.3.1	现场检查	基建期、设备改造
		10. 测温元件线缆在引入接线盒前应敷设黄腊管或保护套管，避免线缆外皮磨损导致信号受到干扰。		现场检查	机组检修
	控制逻辑	1. 高排温度定值要考虑高旁保护关温度值。		现场检查	基建期、设备改造
		2. 温度测点在其他控制器进行逻辑判别后，应通过硬接线送出独立的3路开关量信号到保护机柜，进行“三取二”运算触发，不得采用通信方式传输。		现场检查	基建期、设备改造
	静态传动试验	1. 逐一从现场高排温度一次元件处加模拟信号，确认高排温度显示准确，单点未触发保护动作。		查阅试验记录	检修机组启动前或机组停运15天以上
		2. 按3种组合，从现场两个高排温度一次元件处加模拟信号，确认高排温度高保护正确动作，检查声光报警、跳闸首出应与实际一致。		查阅试验记录	检修机组启动前或机组停运15天以上
低压缸排汽防超温保护回路	信号	1. 应三重冗余配置，并遵循从温度元件到输入模件全程相对独立的原则。	DL/T 261—2012《火力发电厂热工自动化系统可靠性评估技术导则》6.2.3.2	现场检查	基建期、设备改造
		2. 为减少因接线松动、元件故障引起的信号突变而导致系统故障的发生，参与控制、保护连锁的缓变模拟量信号，应正确设置变化速率保护功能。	《火电厂热控系统可靠性配置与事故预控》7.2	现场检查	基建期、设备改造

续表

<table>
<tr><th>项目</th><th>内容</th><th>标准</th><th>编制依据</th><th>方法</th><th>周期</th></tr>
<tr><td rowspan="8">低压缸排汽防超温保护回路</td><td rowspan="2">信号</td><td>3. 应对温度元件护套内可能存在的氧化物和污物进行清除。</td><td>DL/T 261—2012《火力发电厂热工自动化系统可靠性评估技术导则》6.6.1.1</td><td>现场检查</td><td>机组检修</td></tr>
<tr><td>4. 测温元件线缆在引入接线盒前应敷设黄腊管或保护套管，避免线缆外皮磨损导致信号受到干扰。</td><td></td><td>现场检查</td><td>机组检修</td></tr>
<tr><td rowspan="2">控制逻辑</td><td>1. 温度测点在其他控制器进行逻辑判别后，应通过硬接线送出独立的3路开关量信号到保护机柜，进行“三取二”运算触发，不得采用通信方式传输。</td><td></td><td>现场检查</td><td>基建期、设备改造</td></tr>
<tr><td>2. 低压缸两端均设置测点，分别实现保护。</td><td></td><td>现场检查</td><td>基建期、设备改造</td></tr>
<tr><td rowspan="2">静态传动试验</td><td>1. 逐一从现场低排温度一次元件处加模拟信号，确认低排温度显示准确，单点未触发保护动作。</td><td></td><td>查阅试验记录</td><td>检修机组启动前或机组停运15天以上</td></tr>
<tr><td>2. 按3种组合，从现场两个低排温度一次元件处加模拟信号，确认低排温度高保护正确动作，检查声光报警、跳闸首出应与实际一致。</td><td></td><td>查阅试验记录</td><td>检修机组启动前或机组停运15天以上</td></tr>
<tr><td rowspan="4">汽轮机轴承金属温度高保护回路</td><td rowspan="4">信号</td><td>1. 为减少因接线松动、元件故障引起的信号突变而导致系统故障的发生，参与控制、保护连锁的缓变模拟量信号，应正确设置变化速率保护功能。</td><td>《火电厂热控系统可靠性配置与事故预控》7.2</td><td>现场检查</td><td>机组检修</td></tr>
<tr><td colspan="4">举例：某厂7号机组冷油器出口油温测量一次元件的电缆线芯表面氧化、接触不良，温度测点出现异常变化，大机润滑油冷却水温调节自动失控，导致主机润滑油温、主机各瓦轴承金属温度持续上升，最终轴承金属温度高保护动作，机组跳闸。</td></tr>
<tr><td>2. 汽轮机内缸的测温元件应安装牢固，紧固件应锁紧，且测温元件应便于拆卸，引出处不得渗漏。</td><td>DL 5190.4—2012《电力建设施工技术规范　第4部分：热工仪表及控制装置》3.2.17</td><td>现场检查</td><td>机组检修</td></tr>
<tr><td colspan="4">举例：某厂1号机组8号上导轴承瓦温因轴承箱内温度引线固定不牢固，机组运行中油流冲击测温电缆线来回摆动，导致温度元件从根部断开，温度最大摆动至238.0℃，“轴振金属温度高保护动作”，汽轮机跳闸。</td></tr>
</table>

续表

项目	内容	标准	编制依据	方法	周期
汽轮机轴承金属温度高保护回路	信号	3. 电缆固定宜用漆包线（紫铜线）进行固定，出缸线宜采用一线一出口。		现场检查	机组检修
		4. 测量轴瓦温度的备用测温元件，应将其引线引至接线盒。	DL 5190.4—2012《电力建设施工技术规范　第4部分：热工仪表及控制装置》3.2.23	现场检查	机组检修
		5. 测温元件线缆在引入接线盒前应敷设黄腊管或保护套管，避免线缆外皮磨损导致信号受到干扰。		现场检查	机组检修
	控制逻辑	温度信号由DCS做逻辑判断后输出3路硬接线至ETS的不同模板，不得采用通信方式传输。		现场检查	基建期、设备改造
	静态传动试验	1. 逐一从现场汽轮机轴承金属温度一次元件处加模拟信号，确认汽轮机轴承金属温度显示准确，单点未触发保护动作。		查阅试验记录	检修机组启动前或机组停运15天以上
		2. 按设计的保护逻辑逐一加模拟信号，确认汽轮机轴承金属温度高保护正确动作，检查声光报警、跳闸首出应与实际一致。		查阅试验记录	检修机组启动前或机组停运15天以上
汽轮机推力瓦温度高保护回路	信号	1. 遵循从温度元件到输入模件全程相对独立的原则。	DL/T 261—2012《火力发电厂热工自动化系统可靠性评估技术导则》6.2.3.2	现场检查	基建期、设备改造
		2. 汽轮机内缸的测温元件应安装牢固，紧固件应锁紧，且测温元件应便于拆卸，引出处不得渗漏。	DL 5190.4—2012《电力建设施工技术规范　第4部分：热工仪表及控制装置》3.2.17	现场检查	机组检修
		3. 测量轴瓦温度的备用测温元件，应将其引线引至接线盒。	DL 5190.4—2012《电力建设施工技术规范　第4部分：热工仪表及控制装置》3.2.23	现场检查	机组检修
		4. 电缆固定宜用漆包线（紫铜线）进行固定，出缸线宜采用一线一出口。		现场检查	机组检修
		5. 保护用测点应直接进入DCS。		现场检查	基建期、设备改造

续表

项目	内容	标准	编制依据	方法	周期
汽轮机推力瓦温度高保护回路	控制逻辑	温度信号由DCS做逻辑判断后输出3路硬接线至ETS的不同模板，不得采用通信方式传输。		现场检查	基建期、设备改造
	静态传动试验	1. 逐一从现场汽轮机推力瓦温一次元件处加模拟信号，确认汽轮机推力瓦温显示准确，单点未触发保护动作。		查阅试验记录	检修机组启动前或机组停运15天以上
		2. 按3种组合，从现场两个汽轮机推力瓦温一次元件处加模拟信号，确认汽轮机推力瓦温高保护正确动作，检查声光报警、跳闸首出应与实际一致。		查阅试验记录	检修机组启动前或机组停运15天以上
手动停机保护回路	双后备操作按钮	冗余主保护跳闸出口继电器的跳闸闭合绕组，应接受主控台上一对主保护跳闸按钮的各自两副触点并联后的串联信号。	DL/T 261—2012《火力发电厂热工自动化系统可靠性评估技术导则》6.2.3.5	现场检查	基建期、设备改造
	信号独立性	控制盘台送ETS 3路信号，进行“三取二”处理。		现场检查	基建期、设备改造
	控制逻辑	1. 跳机手动按钮动作可靠且有防护措施，连接ETS输入模件的同时，直接跨接至保护输出继电器驱动回路。	DL/T 261—2012《火力发电厂热工自动化系统可靠性评估技术导则》6.4.2.1	现场检查	基建期、设备改造
		2. 手动停机触点应在危急遮断继电器输出回路中和ETS逻辑发出的跳闸信号并联（或直接串接AST跳闸电磁阀的供电回路）。		现场检查	基建期、设备改造
	静态传动试验	1. 单按任何一路手动停机按钮，保护不应动作。		查阅试验记录	检修机组启动前或机组停运15天以上
		2. 按下两路手动停机按钮，保护正确动作，检查声光报警、跳闸首出应与实际一致。		查阅试验记录	检修机组启动前或机组停运15天以上
		3. 屏蔽软逻辑输出，按下两路手动停机按钮，保护正确动作，检查声光报警、跳闸首出应与实际一致。		查阅试验记录	检修机组启动前或机组停运15天以上

续表

项目	内容	标准	编制依据	方法	周期
ETS系统	继电器检查	大小修中应对重要保护的跳闸继电器进行检查和校验，触点的接触电阻、动作和释放时间及电压范围符合制造厂规定，触点的动作次数和使用期限在允许范围内。	DL/T 774—2015《火力发电厂热工自动化系统检修运行维护规程》6.2.1.8.3 e)	现场检查	基建期、设备改造
	信号	ASP、AST油压模拟量和开关量信号，应接入DCS画面显示并进行越限报警。	DL/T 261—2012《火力发电厂热工自动化系统可靠性评估技术导则》6.4.2.1	现场检查	基建期、设备改造
	硬接线回路	1. 配置双通道四跳闸线圈汽轮机紧急跳闸系统的机组： a）采用两路不同母线直流110V（或220V）供电时，每个通道的AST跳闸电磁阀宜各由一路电源供电。当两路直流110V（或220V）通过二极管隔离，给4个电磁阀供电时，二极管的性能、使用期限在允许范围内。 b）采用两路交流220V供电时，应分别取自UPS1和UPS2（或保安段）电源，两路进线应分别取自不同的供电母线上。每个通道的AST跳闸电磁阀应各由一路进线电源供电。不应由两路电源切换后驱动4个跳闸电磁阀。 c）任一通道动作不应引起系统的误动或拒动。		现场检查	基建期、设备改造
		2. 手动跳机按钮动作可靠且有防护措施，其信号连接ETS输入模件的同时，直接跨接至保护输出继电器驱动回路。		现场检查	基建期、设备改造
		3. 功率较大的电磁阀应制定防止电磁阀长期带电烧损的措施。		现场检查	日常排查
		4. AST电磁阀的电缆不宜由中间端子箱转接。AST阀块应有必要的防水、防踩踏措施。		现场检查	机组检修
		5. AST电磁阀线圈型号应和阀芯、电源匹配。		现场检查	基建期、设备改造
		举例：某厂AST电磁阀为220V交流线圈，计划在机组检修期间全部更换，采购电磁阀为110～120V交流线圈，因采购验收及安装时未注意电压等级，更换后运行中烧损，导致AST电磁阀动作，机组跳闸。			

续表

项目	内容	标准	编制依据	方法	周期
ETS系统	硬接线回路	6. 具有故障安全要求的电磁阀应采用失电时使工艺系统处于安全状态的单线圈电磁阀，控制指令应采用持续长信号；无故障安全要求的电磁阀应尽量采用双线圈电磁阀，控制指令宜采用短脉冲信号。	DL/T 261—2012《火力发电厂热工自动化系统可靠性评估技术导则》6.6.2.4	现场检查	基建期、设备改造
		举例：某厂燃机综合泵房PLC系统网络柜失电引起冗余A路PLC切换至B路PLC，B路PLC下口远程站最后一组子模件ET200M/LINK通信卡故障，导致冷热水循环泵跳闸，“天然气温度低”保护动作，机组跳闸。分析得知，冷热水循环泵控制指令采用长信号控制，通信卡故障后长信号消失导致冷热水循环泵跳闸。			
		7. 安装检修：电磁阀在安装前检查，铁芯应无卡涩现象；测量线圈与阀体间的绝缘电阻合格、线圈直流电阻正常并记录归档；固定端正、牢固，进/出口方向正确；成排安装间距均匀，接线连接正确、牢靠。	DL/T 261—2012《火力发电厂热工自动化系统可靠性评估技术导则》6.6.2.4	现场检查	基建期、设备改造
	软件配置	1. ETS系统的所有保护动作信号应设置首出原因的记录、显示及复位功能。	DL/T 261—2012《火力发电厂热工自动化系统可靠性评估技术导则》6.2.4.1	现场检查	基建期、设备改造
		2. 保护回路中不应设置供运行人员可投、切保护的任何操作接口。	DL/T 261—2012《火力发电厂热工自动化系统可靠性评估技术导则》6.2.4.2	现场检查	基建期、设备改造
		举例：某厂进行轴振探头检修时退出了轴振保护，ETS系统保护投退通过旋钮实现，运行人员巡检时未核对保护退出原因，擅自投入轴振保护，导致轴振大保护动作，机组跳闸。			
	物理回路	1. 受DCS控制且在停机停炉后不应马上停运的设备，如空气预热器电动机、重要辅机的油泵、火焰检测器冷却风机等，必须采用脉冲信号控制，以防止DCS失电而导致停机停炉时引起这些设备误停运，造成重要辅机或主设备的损坏。	《火电厂热控系统可靠性配置与事故预控》6.2	现场检查	基建期、设备改造
		2. 抽汽止回阀应配有空气引导阀。抽汽止回阀、本体疏水阀等宜从热控仪表电源柜中取电，采用单线圈电磁阀失电动作，确保DCS系统失电引起汽轮机跳闸后，抽汽止回阀和本体疏水气动阀的压缩空气被切断，抽汽止回阀能够关闭，本体疏水气动阀能够打开，机组能够安全停机。	《火电厂热控系统可靠性配置与事故预控》5.18	现场检查	基建期、设备改造

续表

项目	内容	标准	编制依据	方法	周期
ETS系统	硬回路静态传动	ETS硬跳闸回路必须单独进行传动试验。		查阅试验记录	检修机组启动前或机组停运15天以上
送风机均停保护回路	控制逻辑	1. 送风机停止信号宜由运行、停止和电流信号（硬接线）经“三取二”判别，送风机均停触发MFT。		现场检查	基建期、设备改造
		举例： 某厂送风机、引风机、一次风机均停信号判断由运行、停止和电流信号（硬接线）经“三取二”判别，但这3个辅机的停止信号和运行信号均分布在FSSS机柜B09板卡上，存在保护误动和拒动的隐患。			
		2. 送风机状态未采用“三取二”判别的，应采用送风机均未运行触发MFT。		现场检查	基建期、设备改造
	静态传动试验	1. 一台送风机停止，MFT应不动作。		查阅试验记录	检修机组启动前或机组停运15天以上
		2. 两台送风机停止，MFT应动作。		查阅试验记录	检修机组启动前或机组停运15天以上
		3. 检查MFT跳闸首出，声光报警应与实际一致。		查阅试验记录	检修机组启动前或机组停运15天以上
引风机均停保护回路	控制逻辑	1. 引风机停止信号宜由运行、停止和电流信号（硬接线）经“三取二”判别，引风机均停触发MFT。		现场检查	基建期、设备改造
		2. 引风机状态未采用“三取二”判别的，应采用引风机均未运行触发MFT。		现场检查	基建期、设备改造
	静态传动试验	1. 一台引风机停止，MFT应不动作。		查阅试验记录	检修机组启动前或机组停运15天以上

续表

<table>
<tr><th>项目</th><th>内容</th><th>标准</th><th>编制依据</th><th>方法</th><th>周期</th></tr>
<tr><td rowspan="2">引风机均停保护回路</td><td>控制逻辑</td><td>2. 两台引风机停止，MFT 应动作。</td><td></td><td>查阅试验记录</td><td>检修机组启动前或机组停运 15 天以上</td></tr>
<tr><td>静态传动试验</td><td>3. 检查 MFT 跳闸首出，声光报警应与实际一致。</td><td></td><td>查阅试验记录</td><td>检修机组启动前或机组停运 15 天以上</td></tr>
<tr><td rowspan="5">空气预热器均停保护回路</td><td rowspan="2">控制逻辑</td><td>单台空气预热器停止信号由空气预热器主、辅电机均未运行延时触发，空气预热器均停信号触发 MFT。</td><td></td><td>现场检查</td><td>基建期、设备改造</td></tr>
<tr><td colspan="4">举例 1：某厂 9 号机组运行时发出“两台空气预热器均停”信号，锅炉 MFT。分析得知，空气预热器停止信号取自空气预热器间隙调整系统接近开关，由于接近开关失电造成信号误发。
举例 2：某厂空气预热器全停保护中，空气预热器跳闸信号采用的是主、辅空气预热器均停信号未加延时，运行中主电机故障跳闸，直接触发主、辅空气预热器均停，连锁跳闸同侧送引风机。</td></tr>
<tr><td rowspan="3">静态传动试验</td><td>1. 一台空气预热器停止，MFT 应不动作。</td><td></td><td>查阅试验记录</td><td>检修机组启动前或机组停运 15 天以上</td></tr>
<tr><td>2. 两台空气预热器停止，MFT 应动作。</td><td></td><td>查阅试验记录</td><td>检修机组启动前或机组停运 15 天以上</td></tr>
<tr><td>3. 检查 MFT 跳闸首出，声光报警应与实际一致。</td><td></td><td>查阅试验记录</td><td>检修机组启动前或机组停运 15 天以上</td></tr>
<tr><td rowspan="2">一次风机均停保护回路（无燃油时）</td><td rowspan="2">控制逻辑</td><td>1. 一次风机停止信号宜由运行、停止和电流信号（硬接线）经“三取二”判别；未采用“三取二”判别的，应采用未运行信号。</td><td></td><td>现场检查</td><td>基建期、设备改造</td></tr>
<tr><td>2. 保护信号由以下 3 个条件组成与逻辑：
a）任一给煤机运行。
b）无油层在服务。
c）两台一次风机均未运行。</td><td></td><td>现场检查</td><td>基建期、设备改造</td></tr>
</table>

续表

<table>
<tr><th>项目</th><th>内容</th><th>标准</th><th>编制依据</th><th>方法</th><th>周期</th></tr>
<tr><td rowspan="5">一次风机均停保护回路（无燃油时）</td><td rowspan="5">静态传动试验</td><td colspan="4">举例：某厂一次风机MFT保护中，任一煤层运行且一次风机均停触发保护。任一煤层运行判断条件为磨煤机运行且煤火检有火，未考虑油层在服务的条件。在低负荷运行时会投油稳燃，此时若一次风机均停和煤火检无火会触发MFT。</td></tr>
<tr><td>1. 一台一次风机停止，MFT应不动作。</td><td></td><td>查阅试验记录</td><td>检修机组启动前或机组停运15天以上</td></tr>
<tr><td>2. 有油层运行条件下，两台一次风机停止，MFT应不动作。</td><td></td><td>查阅试验记录</td><td>检修机组启动前或机组停运15天以上</td></tr>
<tr><td>3. 无油层运行条件下，两台一次风机停止，MFT应动作。</td><td></td><td>查阅试验记录</td><td>检修机组启动前或机组停运15天以上</td></tr>
<tr><td>4. 检查MFT跳闸首出，声光报警应与实际一致。</td><td></td><td>查阅试验记录</td><td>检修机组启动前或机组停运15天以上</td></tr>
<tr><td>全部燃料失去保护回路</td><td>控制逻辑</td><td>保护信号由以下3个条件组成与逻辑：
a）任一油枪曾经运行或任一给煤机曾经运行。
b）所有给煤机均停或所有磨煤机均停（中速磨直吹制粉系统）或给粉机两段电源均失去（中储式制粉系统）。
c）所有油角阀全关或油跳闸阀关。</td><td></td><td>现场检查</td><td>基建期、设备改造</td></tr>
<tr><td rowspan="2">汽包水位高（低）保护回路</td><td rowspan="2">信号</td><td>1. 汽包水位信号均应三重冗余配置，应遵循从取样点到输入模件全程相对独立的原则。</td><td>《防止电力生产事故的二十五项重点要求》9.4.3</td><td>现场检查</td><td>基建期、设备改造</td></tr>
<tr><td colspan="4">举例1：某厂4号机组汽包水突降至保护定值−381mm以下，电接点汽包水位正常，汽包水位低跳闸，MFT动作。由于水位测量装置LT0904、LT0905输出的信号未经过两个独立的采集卡（I/O模件）引入DCS的冗余控制器，该采集卡故障，直接造成汽包水位“三选二”保护动作。
举例2：某厂6号机组199MW负荷运行中，因一台汽包压力变送器信号跳变，造成汽包水位修正公式运算出错，水位高保护误动，机组跳闸。</td></tr>
</table>

续表

项目	内容	标准	编制依据	方法	周期
汽包水位高（低）保护回路	信号	2. 每个水位取样装置都应具有独立的取样孔。取样孔不够时可使用多测孔技术，实现取样的独立性。	《火电厂热控系统可靠性配置与事故预控》10.2	现场检查	基建期、设备改造
		3. 差压式水位计，汽侧取样管应斜下汽包取样孔侧，水侧取样管应斜上汽包取样孔侧。		现场检查	基建期、设备改造
		4. 取样管应穿过汽包内壁隔层，管口应尽量避开汽包内水汽工况不稳定区（如安全阀排汽口、汽包进水口、下降管口、汽水分离器水槽处等），若不能避开时，应在汽包内取样管口加装稳流装置。	《防止电力生产事故的二十五项重点要求》6.4.2.1	现场检查	基建期、设备改造
		5. 汽包水位计水侧取样管孔位置应低于锅炉汽包水位停炉保护动作值，一般应有足够的裕量。	《防止电力生产事故的二十五项重点要求》6.4.2.2	现场检查	基建期、设备改造
		6. 水位计、水位平衡容器或变送器与汽包连接的取样管，一般应至少有1∶100的斜度，汽侧取样管应向上向汽包方向倾斜，水侧取样管应向下向汽包方向倾斜。	《防止电力生产事故的二十五项重点要求》6.4.2.3	现场检查	基建期、设备改造
		举例：某厂（1024t/h亚临界锅炉）运行时1号差压水位计和2、3号差压水位计偏差最高为64mm，1号差压水位计正压侧取样管水平段，由于安装时未满足1∶100的斜度导致正压侧平均段热膨胀不均匀。尤其是热态时由于热应力的变形导致平衡容器无法形成稳定的两相流，造成实际平衡容器内温度过低，从而造成了水位指示的偏差。通过在汽包上焊接T形支架固定1号差压水位计的平衡容器，确保正压侧水平段满足1∶100的斜度，并适当增加参比水柱水平冷却段，最终使1号差压水位计和2、3差压水位计偏差减少为13mm以内。			
		7. 差压式水位计严禁采用将汽水取样管引到一个连通容器（平衡容器），再在平衡容器中段引出差压水位计的汽水侧取样的方法。	《防止电力生产事故的二十五项重点要求》6.4.2.5	现场检查	基建期、设备改造
		举例：某厂采用上海锅炉厂生产的引进型锅炉，将差压水位计的汽水取样管引到平衡容器，再从平衡容器中段引出差压水位计的汽水侧取样管。由于其存在着较大的测量误差，若水位达到低水位跳闸值为−340mm时，其差压已超过其差压水位表量程860mm，所以低水位保护始终无法动作。			
		8. 机组停运时，通过打开平衡门，关闭二次阀门的方式检验变送器是否有零点漂移。进行水位变送器校验前，必须清理干净变送器膜盒内的积水。	《火电厂热控系统可靠性配置与事故预控》10.3	现场检查	机组检修

续表

项目	内容	标准	编制依据	方法	周期
汽包水位高（低）保护回路	信号	9. 为防止因管路结垢、未起压时排污而造成管路堵塞的情况发生，汽包水位变送器的排污应在停炉或起压期间、当汽包压力为1～2MPa时进行。	《火电厂热控系统可靠性配置与事故预控》10.3	现场检查	机组检修
		10. 运行中用红外测温仪测量正在运行的单室平衡容器的外壁温，如果上下壁温差不够大，可以认为取样管疏水不通畅。倾斜度不满足要求时，可在机组检修时增加取样管的倾斜度。		现场测量	日常排查
		11. 高温、高压平衡容器输出端正/负压管，应水平引出大于400mm后再向下并列敷设。	DL/T 261—2012《火力发电厂热工自动化系统可靠性评估技术导则》6.6.1.3	现场检查	基建期、设备改造
		12. 采用差压式汽包水位计的汽、水侧取样管和取样阀门均应良好保温，单室平衡容器及参比水柱有温度陡度的取样管路（汽水取样通路无联通管路）应不保温。		现场检查	机组检修
		举例：某厂差压水位计两个单室平衡容器参比水柱均做了保温处理，增大了测量误差，再则其倾斜角度过大，当高水位时会形成“水封”，增大水位测量误差。当水位上升时，汽包水位淹没汽侧取样口（取样口过低约100mm左右）。在水位不变的情况下，会造成汽包水位从100mm左右飞升至满量程300mm，存在着高水位保护误动的隐患。			
		13. 高温、高压容器的水位取样管路直径应不小于ϕ25mm；取样一次阀应为2个工艺截止阀门串联安装，阀体横装且阀杆水平。	DL/T 261—2012《火力发电厂热工自动化系统可靠性评估技术导则》6.6.1.3	现场检查	基建期、设备改造
		14. 排污阀宜为2个工艺截止阀门串联安装。		现场检查	基建期、设备改造
		15. 平衡容器的支架应考虑汽包的膨胀。		现场检查	基建期、设备改造
		16. 有电伴热装置的机组，根据季节温度及时投用和停用电伴热装置，并将伴热带检查作为入冬前的常规安全检查项目。		现场检查	日常排查

续表

项目	内容	标准	编制依据	方法	周期
汽包水位高（低）保护回路	信号	**举例1：** 某厂1号机组运行中BTG盘“给水主控切手动”报警，同时发现给水流量指示下降直到零，汽包水位发生较大波动，经值班员手动调整，汽包水位基本稳定。因当时室外气温−7℃，判断可能是给水流量变送器结冻，在恢复给水流量测量过程中，由于没有给水流量作参考，手动调节汽包水位比较困难，终因汽包水位波动大，汽包水位高保护动作。 **举例2：** 某厂1号机组220MW负荷运行中，因电伴热过热将汽包压力信号电缆烧损，造成汽包水位修正异常，汽包水位高保护误动，锅炉MFT，机组跳闸。			
		17. 信号屏蔽层具有全线路电气连续性。检查接线盒或中间端子柜的屏蔽电缆接线，当有分开或合并时，其两端的屏蔽线通过端子可靠连接。	DL/T 261—2012《火力发电厂热工自动化系统可靠性评估技术导则》6.5.2.5	现场检查	机组检修
		18. 宜采用金属垫片。		现场检查	机组检修
		举例： 某厂2号机组322MW负荷运行中，汽包水位测点2差压变送器3组阀正压侧接头因检修中用错垫片（纸垫片），运行中泄漏，且汽包水位保护逻辑不完善，汽包水位高保护误动，机组跳闸。			
	保护要求	1. 水位保护信号的产生，宜采用差压式水位计保护接点信号“三选二”判断逻辑，或差压式水位计模拟量信号“三选中”判断后的保护接点和二侧电接点水位计保护接点信号组成“三选二”判断逻辑。为减少因压力补偿信号引起的水位测量示值偏差，应采用“三选中”后的汽包压力信号对各汽包水位差压信号分别进行补偿。	《火电厂热控系统可靠性配置与事故预控》10.4	现场检查	基建期、设备改造
		举例： 某厂因高压加热器满水解列，入口三通旁路阀电动头键销脱落未能联动开启，锅炉断水。汽包水位低保护因汽包水位计参比水柱温度补偿值设置错误，指示值108mm（虚高）拒动。3台炉水循环泵中A泵因测量系统故障检修，因替代措施不当，致使循环水低差压保护拒动。虽然B、C炉水循环泵因差压低跳闸，但MFT未动作。在主汽温以45℃/min速率递增情况下，运行人员未按规程要求紧急停炉，最终造成水冷壁大面积爆管的恶性损坏事故。			
		2. 汽包水位测量信号若在模拟量控制系统（MCS）中，则应将水位保护信号“三选二”逻辑判断也组态在MCS系统中，FSSS系统中只组态汽包水位MFT动作逻辑。用于保护与控制的信号，除采用通信方式外，还应通过3路硬接线方式进行分卡传输。	《火电厂热控系统可靠性配置与事故预控》10.4	现场检查	基建期、设备改造
		3. 用于保护、控制的锅炉汽包水位信号，应在DCS中设置坏质量（速率、越限、偏差大）判断和报警，实现水位保护、控制信号判断逻辑的自动切换。		现场检查	基建期、设备改造

续表

<table>
<tr><th>项目</th><th>内容</th><th>标准</th><th>编制依据</th><th>方法</th><th>周期</th></tr>
<tr><td rowspan="6">汽包水位高（低）保护回路</td><td rowspan="4">保护要求</td><td colspan="4">举例：某厂2号机组负荷350MW，A、C、D 3台磨煤机运行，总煤量为149t/h，总风量1285t/h，主汽压为16.6MPa，汽包水位为−4.7mm，机组协调方式；因D磨煤机润滑油泵跳闸，造成D磨煤机跳闸，机组RB，煤量自动减至104t/h，汽包水位调节测点值高至138mm时，北侧汽包水位保护测点分别高至220、203mm，造成汽包水位保护动作，锅炉MFT。</td></tr>
<tr><td>4. 锅炉汽包水位保护的定值和延时值，随炉型和汽包内部结构不同而不同，其数值应由锅炉制造厂负责确定。为防止虚假水位引起保护的误动作，延时值在制造厂未提供或经运行证明偏差较大的情况下，可在计算试验的基础上，设置不超过10s的延时，并设置不加延时的保护动作二值。</td><td>《火电厂热控系统可靠性配置与事故预控》10.4</td><td>现场检查</td><td>基建期、设备改造</td></tr>
<tr><td>5. 锅炉汽包水位高、低保护应采用独立测量的“三取二”的逻辑判断方式。当有一点因某种原因须退出运行时，应自动转为“二取一”的逻辑判断方式，办理审批手续，限期（不宜超过8h）恢复；当有两点因某种原因须退出运行时，应自动转为“一取一”的逻辑判断方式，应制定相应的安全运行措施，严格执行审批手续，限期（8h以内）恢复，如逾期不能恢复，应立即停止锅炉运行。当自动转换逻辑采用品质判断等作为依据时，要进行详细试验确认，不可简单地采用超量程等手段作为品质判断。</td><td>《防止电力生产事故的二十五项重点要求》6.4.8.1</td><td>现场检查</td><td>基建期、设备改造</td></tr>
<tr><td colspan="4">举例1：某厂一台炉的两台测量汽包水位的差压变送器排污门泄漏，消缺处理后，因单室平衡容器参比水柱形成和正、负压管温度平衡需要一段时间，故将该两变送器至控制器的信号强制在一个确定值（8mm），没有办理当有两点退出运行水位保护自动转为“一取一”的逻辑判断方式，水位保护仍然采用“三取二”的判断方式。在此期间，运行人员误把自动调节信号切为该两故障信号的“平均”模式，因水位设定值为18mm，于是给水指令连续增加给水量，最终导致水位保护无法正确动作，汽包满水，手动MFT停炉。
举例2：某厂热工人员在检查消除汽包压力波动大缺陷过程中，误将2个汽包水位差压值强制成汽包压力当前值，导致汽包水位突变，汽包水位高保护动作。</td></tr>
<tr><td rowspan="2">静态传动试验</td><td>1. 锅炉汽包水位保护在锅炉启动前和停炉前应进行实际传动校检。用上水方法进行高水位保护试验、用排污门放水的方法进行低水位保护试验，严禁用信号短接方法进行模拟传动替代。</td><td>《防止电力生产事故的二十五项重点要求》6.4.8.3</td><td>查阅试验记录</td><td>检修机组启动前或机组停运15天以上</td></tr>
<tr><td>2. 在锅炉启动前完成汽包水位保护实际传动试验后，应确保差压式水位测量装置参比水柱的形成，点火前汽包水位保护必须投入运行。</td><td></td><td>查阅试验记录</td><td>检修机组启动前或机组停运15天以上</td></tr>
</table>

续表

项目	内容	标准	编制依据	方法	周期
锅炉总风量低保护回路	控制逻辑	锅炉总风量信号由 MCS 计算产生，经判断后通过硬接线送出独立的 3 路开关量信号到保护机柜，进行“三取二”运算延时触发。		现场检查	基建期、设备改造
		举例：某厂总风量低保护中，炉膛两侧二次风量“三取中”和磨煤机一次风量叠加之和小于 610t/h 保护动作。其中，“三取中”模块未设置偏差大、坏质量判断和坏点剔除功能，坏点后该点值仍参与运算，由于坏点的值是随机值，会影响总风量的运算结果，导致保护误动。			
火焰检测系统冷却风丧失保护回路	信号	1. 冷却风压力信号取自流速稳定的直管段上，不应设置在有涡流的部位。	DL 5190.4—2012《电力建设施工技术规范 第 4 部分：热工仪表及控制装置》3.3.1	现场检查	基建期、设备改造
		2. 取压孔宜位于火检冷却风母管，管道末端压力较低处。		现场检查	基建期、设备改造
		3. 仪表安装应高于取源部件。	DL 5190.4—2012《电力建设施工技术规范 第 4 部分：热工仪表及控制装置》4.2.6	现场检查	基建期、设备改造
		4. 冗余配置的信号应遵循从测点到输入模件全程相对独立的原则。	《防止电力生产事故的二十五项重点要求》9.4.3	现场检查	基建期、设备改造
		举例：某厂两台火检冷却风机控制同一控制器中，存在控制器故障失去两台火检风机的隐患。			
	设备可靠性	1. 必须设置可靠的火检冷却风系统，如专用的互为备用的火检冷却风机。经技术经济论证合理时，也允许采用其他可靠的空气气源作为火检的清洁风和冷却风。	DL/T 5428—2009《火力发电厂热工保护系统设计技术规定》6.2.4		
		2. 为节能降耗和提高火焰检测器冷却风系统的可靠性，正常运行时冷却风可通过一次风管道或密封风管道降压获得。	《火电厂热控系统可靠性配置与事故预控》8.4		
	控制逻辑	保护信号由以下两个条件组成或逻辑并加适当的延时： a）火检冷却风压力低（“三取二”）。 b）火检冷却风机全停且无其他冷却风源。		现场检查	基建期、设备改造
	静态传动试验	1. 屏蔽压力低保护。		查阅试验记录	检修机组启动前或机组停运 15 天以上

续表

项目	内容	标准	编制依据	方法	周期
火焰检测系统冷却风丧失保护回路	静态传动试验	2. 一台火检冷却风机停止，MFT 应不动作。		查阅试验记录	检修机组启动前或机组停运15天以上
		3. 两台火检冷却机停止，经延时后，MFT 应动作（无其他冷却风源）。		查阅试验记录	检修机组启动前或机组停运15天以上
		4. 检查 MFT 跳闸首出，声光报警应与实际一致。		查阅试验记录	检修机组启动前或机组停运15天以上
		5. 屏蔽风机全停保护。		查阅试验记录	检修机组启动前或机组停运15天以上
		6. 逐一在现场压力开关处加压力信号，达到定值时开关应正确动作，MFT 应不动作。		查阅试验记录	检修机组启动前或机组停运15天以上
		7. 按3种组合，同时短接两个压力开关，经延时后，MFT 应动作。		查阅试验记录	检修机组启动前或机组停运15天以上
		8. 检查 MFT 跳闸首出，声光报警应与实际一致。		查阅试验记录	检修机组启动前或机组停运15天以上
		举例：某厂2号炉火检冷却风改造后由冷一次风供给，火检冷却风机正常备用。机组运行中“火检风压力低”报警，锅炉 MFT，首出为“火检压力低”，就地检查火检冷却风母管压力显示为10.73kPa。检查发现，A 磨煤机热风速断门前热风道焊口有一漏点导致热风喷出，热源为一次风（温度为275℃左右，压力为8.5kPa左右），对其上部距离约1m的电缆桥架进行烘烤，导致电缆桥架内 A、B 火检冷却风压力低保护开关及报警信号等电缆绝缘损坏，引起保护误动。			

续表

项目	内容	标准	编制依据	方法	周期
失去全部火焰保护回路	火焰检测器安装	1. 火焰检测器的视角宜在1°～18°角度范围内可调，安装时应通过安装位置与安装角度的调整，使火焰检测器在全负荷范围内均能观测到火焰。使用光纤延长的火焰检测探头，宜优先选用正常运行时具有微调火焰检测探头角度手段的火焰检测器。	《火电厂热控系统可靠性配置与事故预控》8.6	现场检查	基建期、设备改造
		2. 安装火焰检测探头时，要防止由于前端软体部分弯曲而导致里面光纤得不到充分冷却，慢慢造成火焰检测器光纤透光性差，出现火焰检测器模拟量闪动大等异常现象。同时，要充分考虑燃烧器的摆动，防止摆角超过一定角度时影响火焰检测器观察火焰的灵敏性；检修机组时，检查并确保前端软体部分处于拉直状态。火焰检测信号传输电缆应独立、屏蔽、耐高温，其屏蔽层和备用芯接地可靠，耐高温性能满足环境要求。	《火电厂热控系统可靠性配置与事故预控》8.7	现场检查	基建期、设备改造
		3. 应在不同的锅炉燃烧工况下，对火焰检测器监视系统参数进行调整，使其在各种工况下均能可靠判断。	《火电厂热控系统可靠性配置与事故预控》8.8	现场检查	基建期、设备改造
		4. 当探头安装位置改变或探头固定管重新更换后，火检应重新进行调试。	DL/T 774—2015《火力发电厂热工自动化系统检修运行维护规程》5.9.2.1.3 c)	现场检查	设备检修或改造后
	火焰检测器电源	1. 火焰监视系统须有两路互为冗余的交流电源和冗余电源模块，任意一路电源故障时应有报警，并确保电源切换时火焰检测器不误发“无火焰”信号。	《火电厂热控系统可靠性配置与事故预控》8.1	现场检查	基建期、设备改造
		2. 火焰检测柜内各共用电源线应环路连接；火焰检测器电源与火焰检测柜内风扇电源，应独立配置或有相应的隔离措施；每一路火焰检测器的供电回路，应有单独的熔断器或相应的保护措施。	《火电厂热控系统可靠性配置与事故预控》8.2	现场检查	基建期、设备改造
	控制逻辑	1. 所有燃烧层无火，判定为全炉膛灭火。各燃烧层无火，依据锅炉制造厂说明书确定。		现场检查	基建期、设备改造
		举例：某厂全炉膛灭火保护中的点火证实信号为至少有一台磨煤机运行，在初期点火投油时不能发出灭火保护。			
		2. 当锅炉炉膛安全监控系统中具有“临界火焰”监视逻辑时，在没有取得经验前，其信号可只作为报警信号。	DL/T 5428—2009《火力发电厂热工保护系统设计技术规定》6.2.4	现场检查	基建期、设备改造
		3. 火焰检测系统应具有自检功能，当检测系统故障时，应可靠地发出故障报警信号。	DL/T 5428—2009《火力发电厂热工保护系统设计技术规定》6.2.4	现场检查	基建期、设备改造

续表

项目	内容	标准	编制依据	方法	周期
炉膛压力高（低）保护回路	信号	1. 炉膛压力取源部件的位置应符合锅炉厂的要求，宜设置在燃烧室火焰中心上部。	DL 5190.4—2012《电力建设施工技术规范 第4部分：热工仪表及控制装置》3.3.1	现场检查	基建期、设备改造
		2. 炉膛压力保护测点不允许集中取样，并应通过独立的取样管接至不同的压力开关。取样点与人孔、看火孔和吹灰器间应有足够的距离，且各取样点应在同一标高，取样管直径应不小于60mm，与炉墙间的夹角以小于45°为宜。为避免取样管内积灰堵塞，应采取防堵措施。	《火电厂热控系统可靠性配置与事故预控》15.2	现场检查	基建期、设备改造
		举例：某厂2号炉炉膛压力取样管通过独立取样管连接至不同的压力开关，但取样管直径只有20mm，取样管与炉墙间的夹角为70°～80°，不符合《火电厂热控系统可靠性配置与事故预控》15.2的要求，为避免取样管内积灰堵塞，应采用直径应不小于60mm取样管，取样管与炉墙间的夹角应小于45°。			
		3. 冗余配置的信号应遵循从测点到输入模件全程独立的原则。	《防止电力生产事故的二十五项重点要求》9.4.3	现场检查	基建期、设备改造
		举例：某厂炉膛压力高高MFT“三取二”判断的3个压力开关信号中两个信号分布在同一模件内，炉膛压力低低MFT保护和炉膛压力低低低跳引风机的保护存在同样的问题，存在保护误动和拒动的隐患。			
		4. 炉膛压力测量管路，可不配置阀门。	DL/T 5182—2004《火力发电厂热工自动化就地设备安装、管路、电缆设计技术规定》5.3.6	现场检查	基建期、设备改造
		举例：某厂炉膛压力测量管路配置了二次门（截止阀），机组检修后未完全开启阀门，该炉膛压力测点因取样管堵塞造成测量偏差大。			
		5. 仪表安装要高于取源部件。	DL 5190.4—2012《电力建设施工技术规范 第4部分：热工仪表及控制装置》4.2.6	现场检查	基建期、设备改造
	控制逻辑	1. 3个独立的保护开关硬接线输入FSSS进行“三取二”运算。		现场检查	基建期、设备改造
		2. 炉膛压力保护动作定值及延时时间，应依据制造厂提供的数据校核。		现场检查	基建期、设备改造

续表

项目	内容	标准	编制依据	方法	周期
炉膛压力高（低）保护回路	静态传动试验	1. 逐一在现场压力开关处加压力信号，达到定值时开关应正确动作，单个开关动作 MFT 应不动作。		查阅试验记录	检修机组启动前或机组停运15天以上
		2. 按3种组合，同时短接两个压力开关，MFT 应动作。		查阅试验记录	检修机组启动前或机组停运15天以上
		3. 检查 MFT 跳闸首出，声光报警应与实际一致。		查阅试验记录	检修机组启动前或机组停运15天以上
		举例：某厂运行中2A增压引风机检修结束后，进行并风机操作过程中，炉膛压力发生波动，当炉膛压力波动到−850Pa时，炉膛压力低低压力开关1和2相继动作，锅炉 MFT 保护动作，机组跳闸。分析得知，炉膛压力低低开关定值发生较大漂移。			
再热器保护回路	信号	其他控制器传入保护机柜的信号应为硬接线信号。		现场检查	基建期、设备改造
	控制逻辑	1. 当锅炉的燃料量大于30%或至少有一台磨煤机投入运行时：所有高压主汽门或所有高压调门关闭，且高压旁路阀小于一定开度，延时10s；左侧中压主汽门或中压调门关闭，右侧中压主汽门或中压调门关闭，且A、B侧低压旁路阀小于一定开度，延时10s。		现场检查	基建期、设备改造
		2. 当锅炉的燃料量大于20%或炉膛出口烟气温度大于某一定值时：所有高压主汽门或所有高压调门关闭，且高压旁路阀小于一定开度，延时20s；左侧中压主汽门或中压调门关闭，右侧中压主汽门或中压调门关闭，且A、B侧低压旁路阀开度小于一定开度，延时20s。		现场检查	基建期、设备改造
		举例：某厂4号机组检修后首次带负荷至140MW，由于汽轮机中压调门关闭信号在做连锁试验时强制后未恢复，机组负荷大于20%条件满足，再热器保护动作，触发锅炉 MFT。			

续表

项目	内容	标准	编制依据	方法	周期
脱硫浆液循环泵全停保护回路	信号来源	1. 浆液循环泵停止信号宜由运行、停止和电流信号（硬接线）经“三取二”判别，浆液循环泵均停触发 MFT。		现场检查	基建期、设备改造
		举例： 某厂低负荷运行，A 浆液循环泵运行，B 浆液循环泵备用，C 浆液循环泵检修，A 浆液循环泵跳闸因停止信号未消失导致浆液循环泵全停保护拒动。			
		2. 浆液循环泵状态未采用“三取二”判别的，应采用浆液循环泵均未运行触发 MFT。		现场检查	基建期、设备改造
		3. 保护逻辑宜在 FSSS 侧实现，各浆液循环泵状态信号宜直接硬接线输入至 FSSS；当保护逻辑在脱硫侧实现时，应输出独立的 3 路开关量信号到 FSSS。		现场检查	基建期、设备改造
	静态传动试验	1. 浆液循环泵开关置试验位，复位 MFT。		查阅试验记录	检修机组启动前或机组停运 15 天以上
		2. 一台或两台浆液循环泵停止，MFT 应不动作。		查阅试验记录	检修机组启动前或机组停运 15 天以上
		3. 全部浆液循环泵停止，MFT 应动作。		查阅试验记录	检修机组启动前或机组停运 15 天以上
		4. 检查 MFT 跳闸首出，声光报警应与实际一致。		查阅试验记录	检修机组启动前或机组停运 15 天以上
		举例： 某厂运行中两台浆液循环泵跳闸，造成脱硫浆液循环泵全停条件满足，锅炉 MFT。经检查，因两个吸收塔液位测量变送器测量值平均值作为浆液循环泵跳闸条件，运行中一个液位测量液位变送器故障，测量值突降为 0 时，造成运行中的浆液循环泵连锁跳闸。			

续表

项目	内容	标准	编制依据	方法	周期
脱硫出口净烟气温度高保护回路	信号	1. 净烟气温度信号宜三重冗余（或同等冗余功能）配置，并遵循从温度元件到输入模件全程相对独立的原则。		现场检查	基建期、设备改造
		2. 应加装防腐蚀保护管，并做好防水措施。		现场检查	基建期、设备改造
		3. 应对热电阻元件护套内可能存在的氧化物和污物进行清除。	DL/T 261—2012《火力发电厂热工自动化系统可靠性评估技术导则》6.6.1.1	现场检查	基建期、设备改造
	控制逻辑	1. 温度测点在其他控制器进行逻辑判别后，应通过硬接线送出独立的3路开关量信号到保护机柜，进行“三取二”运算触发，不得采用通信方式传输。		现场检查	基建期、设备改造
		2. 保护逻辑宜在FSSS侧实现，各温度信号宜直接硬接线输入至FSSS；当保护逻辑在脱硫侧实现时，应输出独立的3路开关量信号到FSSS。		现场检查	基建期、设备改造
		举例：某厂脱硫净烟气温度保护为“三取二”判断后与FGD入口事故喷淋气动门全开信号相与，增加了保护拒动风险。			
	静态传动试验	1. 逐一从现场信号源处加模拟信号，确认脱硫出口净烟气温度显示、定值准确，单点未触发保护动作。		查阅试验记录	检修机组启动前或机组停运15天以上
		2. 按3种组合，在现场信号源处加两路模拟信号，达到定值后，MFT应动作。		查阅试验记录	检修机组启动前或机组停运15天以上
		3. 检查MFT跳闸首出，声光报警应与实际一致。		查阅试验记录	检修机组启动前或机组停运15天以上
给水泵全停保护回路（直流炉）	控制逻辑	1. 电泵停止信号宜由运行、停止和电流信号（硬接线）经“三取二”判别；电泵状态未采用“三取二”判断时，应采用电泵未运行信号。		现场检查	基建期、设备改造
		举例：某厂2台机组给水泵全停保护中，电泵停止信号采用开关分闸信号，由于电泵长期未投运（停电状态），电泵停止信号将无法发出，导致给水泵全停时保护拒动。			

续表

项目	内容	标准	编制依据	方法	周期
给水泵全停保护回路（直流炉）	控制逻辑	2. 汽泵停止信号采用下列信号“二选一”： a）转速小于2800r/min、给水泵汽轮机METS跳闸、安全油压和速关阀信号进行“四取二”逻辑运算。 b）安全油压信号“三选二”逻辑运算。	《火电厂热控系统可靠性配置与事故预控》表A.1	现场检查	基建期、设备改造
		3. 给水泵全停跳炉，延时2s触发MFT。		现场检查	基建期、设备改造
	静态传动试验	1. 电泵开关置试验位，汽泵挂闸，复位MFT。		查阅试验记录	检修机组启动前或机组停运15天以上
		2. 一台或两台给水泵停止，MFT应不动作。		查阅试验记录	检修机组启动前或机组停运15天以上
		3. 全部给水泵停止，经延时后MFT应动作。		查阅试验记录	检修机组启动前或机组停运15天以上
		4. 检查MFT跳闸首出，声光报警应与实际一致。		查阅试验记录	检修机组启动前或机组停运15天以上
		举例：某厂1号机组运行中电泵跳闸，此时虽有一台汽泵运行，但汽泵运行状态至MFT信号AP柜内线未接，导致给水泵全停条件满足，触发锅炉MFT。			
	信号	1. 对于直流炉，应设计省煤器入口流量低保护，流量低保护应遵循“三取二”原则。主给水流量测量应取自3个独立的取样点、传压管路和差压变送器并进行“三选中”后的信号。	《防止电力生产事故的二十五项重点要求》6.4.11	现场检查	基建期、设备改造
		2. 应采用3对独立取样孔的流量节流装置，节流装置的安装方向应正确。		现场检查	基建期、设备改造

续表

<table>
<tr><th>项目</th><th>内容</th><th>标准</th><th>编制依据</th><th>方法</th><th>周期</th></tr>
<tr><td rowspan="10">给水流量低保护回路（直流炉）</td><td rowspan="5">信号</td><td>3. 给水流量应遵循从取样点到输入模件全程相对独立的原则。</td><td></td><td>现场检查</td><td>基建期、设备改造</td></tr>
<tr><td colspan="4">举例：某厂作为跳闸的主给水流量2台变送器取样接在同一平衡容器上，变送器三通阀正负压侧接头断开，2台主给水流量低于跳闸值，机组跳闸。</td></tr>
<tr><td>4. 取样一次阀，应为两个工艺阀门串联连接，安装于取样点附近且便于运行检修操作的场所。排污门也宜采用两个排污门串联连接。</td><td>《火电厂热控系统可靠性配置与事故预控》15.1</td><td>现场检查</td><td>基建期、设备改造</td></tr>
<tr><td>5. 差压仪表或变送器的安装位置应低于取源部件。</td><td>DL 5190.4—2012《电力建设施工技术规范　第4部分：热工仪表及控制装置》4.2.6</td><td>现场检查</td><td>基建期、设备改造</td></tr>
<tr><td>6. 有电伴热装置的机组，根据季节温度及时投用和停用电伴热装置，并将伴热带检查作为入冬前的常规安全检查项目。</td><td></td><td>现场检查</td><td>日常排查</td></tr>
<tr><td>控制逻辑</td><td>“三取二”并加适当延时。</td><td></td><td>现场检查</td><td>基建期、设备改造</td></tr>
<tr><td rowspan="3">静态传动试验</td><td>1. 逐一从现场信号源处加模拟信号，确认给水流量低显示、定值准确，单点未触发保护动作。</td><td></td><td>查阅试验记录</td><td>检修机组启动前或机组停运15天以上</td></tr>
<tr><td>2. 按3种组合，从现场两个信号源处加模拟信号，确认给水流量低保护正确动作。</td><td></td><td>查阅试验记录</td><td>检修机组启动前或机组停运15天以上</td></tr>
<tr><td>3. 检查MFT跳闸首出，声光报警应与实际一致。</td><td></td><td>查阅试验记录</td><td>检修机组启动前或机组停运15天以上</td></tr>
</table>

续表

项目	内容	标准	编制依据	方法	周期
炉水循环泵均停跳闸保护回路（强制循环锅炉）	控制逻辑	1. 炉水循环泵停止信号宜由运行、停止和电流信号（硬接线）经“三取二”判别，炉水循环泵均停触发 MFT。		现场检查	基建期、设备改造
		2. 炉水循环泵状态未采用“三取二”判别的，应采用炉水循环泵均未运行触发 MFT。		现场检查	基建期、设备改造
	静态传动试验	1. 炉水循环泵开关置试验位，复位 MFT。		查阅试验记录	检修机组启动前或机组停运15 天以上
		2. 一台或两台炉水循环泵停止，MFT 应不动作。		查阅试验记录	检修机组启动前或机组停运15 天以上
		3. 全部炉水循环泵停止，MFT 应动作。		查阅试验记录	检修机组启动前或机组停运15 天以上
		4. 检查 MFT 跳闸首出，声光报警应与实际一致。		查阅试验记录	检修机组启动前或机组停运15 天以上
分离器出口汽温高、水冷壁壁温高、一级过热器入口汽温高跳炉保护回路（直流锅炉）	信号	1. 用于保护的温度信号宜三重冗余（或同等冗余功能）配置，并遵循从温度元件到输入模件全程相对独立的原则。		现场检查	基建期、设备改造
		2. 测温元件应安装在不受剧烈振动及共振影响的区域和冲击处，不得装在管道和设备的死角处。		现场检查	基建期、设备改造
		3. 温度信号补偿导线全程屏蔽可靠并一点接地，指示准确。	DL/T 261—2012《火力发电厂热工自动化系统可靠性评估技术导则》6.7.2.3	现场检查	机组检修
		4. 补偿导线敷设时不允许有中间接头。	DL/T 261—2012《火力发电厂热工自动化系统可靠性评估技术导则》6.6.3.1	现场检查	机组检修
		5. 热电偶元件安装时应保证热电偶元件热端与热电偶保护套管接触良好。		现场检查	机组检修

续表

项目	内容	标准	编制依据	方法	周期
分离器出口汽温高、水冷壁壁温高、一级过热器入口汽温高跳炉保护回路（直流锅炉）	信号	6. 控制机柜内热电偶冷端补偿元件，至少应在输入模件的每层端子板上配置，不允许仅在一机柜内设置一个公用补偿器。其补偿功能应通过实际试验，确定满足通道精度要求。	《火电厂热控系统可靠性配置与事故预控》7.2	现场检查	机组检修
		7. 应对温度元件护套内可能存在的氧化物和污物进行清除。	DL/T 261—2012《火力发电厂热工自动化系统可靠性评估技术导则》6.6.1.1	现场检查	机组检修
	控制逻辑	1. 温度测点在其他控制器进行逻辑判别后，应通过硬接线送出独立的开关量信号到保护机柜，不得采用通信方式传输。		现场检查	基建期、设备改造
		2. 分离器出口汽温高、水冷壁壁温高、一级过热器入口汽温高3项保护，至少设置一项。当温度达到保护定值并延时数秒后跳炉。		现场检查	基建期、设备改造
	静态传动试验	1. 逐一从现场信号源处加模拟信号，确认保护用温度测点显示准确，单点未触发保护动作。		查阅试验记录	检修机组启动前或机组停运15天以上
		2. 按保护逻辑设定，在现场信号源处加多路模拟信号，达到定值后，MFT应动作。		查阅试验记录	检修机组启动前或机组停运15天以上
		3. 检查MFT跳闸首出，声光报警应与实际一致。		查阅试验记录	检修机组启动前或机组停运15天以上
锅炉出口主蒸汽压力高高保护回路（直流炉）	信号	1. 主蒸汽压力保护信号应三重冗余配置，应遵循从取样点到输入模件全程相对独立的原则。		现场检查	基建期、设备改造
		2. 主蒸汽压力测点应设置在流速稳定的直管段上，不应设置在有涡流的部位。	DL 5190.4—2012《电力建设施工技术规范 第4部分：热工仪表及控制装置》3.3	现场检查	基建期、设备改造
		3. 取样一次阀，应为两个工艺阀门串联连接，安装于取样点附近且便于运行检修操作的场所。排污门也宜采用两个排污门串联连接。	《火电厂热控系统可靠性配置与事故预控》15.1	现场检查	基建期、设备改造
		4. 有电伴热装置的机组，根据季节温度及时投用和停用电伴热装置，并将伴热带检查作为入冬前的常规安全检查项目。		现场检查	日常排查

续表

项目	内容	标准	编制依据	方法	周期
锅炉出口主蒸汽压力高高保护回路(直流炉)	控制逻辑	“三取二”逻辑判断。		现场检查	基建期、设备改造
	静态传动试验	1. 逐一在现场压力开关处加压力信号，达到定值时开关应正确动作，单个开关动作 MFT 应不动作。		查阅试验记录	检修机组启动前或机组停运15天以上
		2. 按 3 种组合，同时短接两个压力开关，MFT 应动作。		查阅试验记录	检修机组启动前或机组停运15天以上
		3. 检查 MFT 跳闸首出，声光报警应与实际一致。		查阅试验记录	检修机组启动前或机组停运15天以上
尾部烟道后墙入口温度高保护回路	信号	1. 用于保护的温度信号宜三重冗余（或同等冗余功能）配置，并遵循从温度元件到输入模件全程相对独立的原则。		现场检查	基建期、设备改造
		2. 测温元件应安装在不受剧烈振动及共振影响的区域和冲击处，不得装在管道和设备的死角处。		现场检查	基建期、设备改造
		3. 温度信号补偿导线全程屏蔽可靠并一点接地，指示准确。	DL/T 261—2012《火力发电厂热工自动化系统可靠性评估技术导则》6.7.2.3	现场检查	机组检修
		4. 补偿导线敷设时不允许有中间接头。	DL/T 261—2012《火力发电厂热工自动化系统可靠性评估技术导则》6.6.3.1	现场检查	机组检修
		5. 热电偶元件安装时应保证热电偶元件热端与热电偶保护套管接触良好。		现场检查	机组检修
		6. 控制机柜内热电偶冷端补偿元件，至少应在输入模件的每层端子板上配置，不允许仅在一机柜内设置一个公用补偿器。其补偿功能应通过实际试验，确定满足通道精度要求。	《火电厂热控系统可靠性配置与事故预控》7.2	现场检查	机组检修
		7. 应对温度元件护套内可能存在的氧化物和污物进行清除。	DL/T 261—2012《火力发电厂热工自动化系统可靠性评估技术导则》6.6.1.1	现场检查	机组检修

续表

项目	内容	标准	编制依据	方法	周期
尾部烟道后墙入口温度高保护回路	控制逻辑	温度测点在其他控制器进行逻辑判别后，应通过硬接线送出独立的3路开关量信号到保护机柜，进行“三取二”运算触发，不得采用通信方式传输。		现场检查	基建期、设备改造
	静态传动试验	1. 逐一从现场信号源处加模拟信号，确认尾部烟道后墙入口温度显示、定值准确，单点未触发保护动作。		查阅试验记录	检修机组启动前或机组停运15天以上
		2. 按3种组合，在现场信号源处加两路模拟信号，达到定值后，MFT应动作。		查阅试验记录	检修机组启动前或机组停运15天以上
		3. 检查MFT跳闸首出，声光报警应与实际一致。		查阅试验记录	检修机组启动前或机组停运15天以上
延时点火保护回路	控制逻辑	MFT复位后，5～10min内炉膛仍未有任一油枪投运。	DL/T 1091—2008《火力发电厂锅炉炉膛安全监控系统技术规程》5.5.1	现场检查	基建期、设备改造
		举例：某厂3号机组在运行过程中由于机组负荷低、炉膛火焰强度低导致每台磨煤机的4台燃烧器均失去两个火检，因延时点火保护触发条件设计错误，机组正常运行中该保护一直有效，导致当4台燃烧器均失去两个火检时间叠加30min后，延时点火保护被触发，锅炉MFT、机组跳闸。			
多次点火失败保护回路	控制逻辑	MFT复位后，3～5次点火都不成功。	DL/T 1091—2008《火力发电厂锅炉炉膛安全监控系统技术规程》5.5.1	现场检查	基建期、设备改造
手动停炉保护回路	双后备操作按钮	冗余主保护跳闸出口继电器的跳闸闭合绕组，应接受主控台上一对主保护跳闸按钮的各自两副触点并联后的串联信号。	DL/T 261—2012《火力发电厂热工自动化系统可靠性评估技术导则》6.2.3.5	现场检查	基建期、设备改造
	控制回路	此信号由运行人员手按控制盘台按钮产生，需两个按钮同时按下才有效。另外，必须直接送一路信号至独立于DCS的MFT继电器盘，通过硬接线回路直接动作相关设备。		现场检查	基建期、设备改造

续表

项目	内容	标准	编制依据	方法	周期
手动停炉保护回路	静态传动试验	1. 单按任何一路手动停炉按钮，保护不应动作。		查阅试验记录	检修机组启动前或机组停运15天以上
		2. 按下两路手动停炉按钮，保护正确动作，检查声光报警、跳闸首出应与实际一致。		查阅试验记录	检修机组启动前或机组停运15天以上
		3. 屏蔽软逻辑输出，按下两路手动停炉按钮，保护正确动作，检查声光报警、跳闸首出应与实际一致。		查阅试验记录	检修机组启动前或机组停运15天以上
MFT系统	继电器检查	大小修中应对重要保护的跳闸继电器进行检查和校验，触点的接触电阻、动作和释放时间及电压范围符合制造厂规定，触点的动作次数和使用期限在允许范围内。	DL/T 774—2015《火力发电厂热工自动化系统检修运行维护规程》6.2.1.8.3 e)	试验	机组检修
		举例： 某厂2号机组在进行汽轮机的自动跳闸试验（ATT）时，锅炉再热器保护动作，汽轮机跳闸。分析得知，该机组在DEH侧判断主汽门关闭状态后送开关量至DCS侧，因DCS侧“2号高压调门关闭”信号对应通道继电器内部磁铁脱落，造成动合触点一直处于闭合状态，试验前2号高压调门关闭信号一直存在。当进行ATT试验时，1号高压调门逐渐关至0%，DCS判定1、2号高压调门均关闭导致锅炉再热器保护动作，汽轮机跳闸。			
	硬接线回路	1. 两套MFT硬跳闸回路电源应引自不同母线段。		现场检查	基建期、设备改造
		2. MFT硬接线回路采用直流电源时，应确保电源正负极接线正确。		现场检查	基建期、设备改造
		3. MFT硬跳闸回路应设置两套，保护机柜共输出6路触发MFT硬回路指令，每套硬回路应由分卡布置的3路触发指令构成“三取二”逻辑硬接线接入。		现场检查	基建期、设备改造
		4. MFT宜采用失电动作逻辑，其MFT继电器板应送出3路常闭接点信号至ETS装置，在ETS内进行“三取二”逻辑判断后跳闸汽轮机。	DL/T 261—2012《火力发电厂热工自动化系统可靠性评估技术导则》6.2.3.4	现场检查	基建期、设备改造
		5. MFT主保护跳闸出口继电器的输出接点，应分别送至对应的自动执行操作回路（当接点数量不够时允许采用中间继电器扩展）。	DL/T 261—2012《火力发电厂热工自动化系统可靠性评估技术导则》6.2.3.5	现场检查	基建期、设备改造

续表

项目	内容	标准	编制依据	方法	周期
MFT系统	硬接线回路	6. 应单独传动MFT硬接线跳闸回路。		查阅试验记录	检修机组启动前或机组停运15天以上
	软件配置	1. MFT系统的所有保护动作信号应设置首出原因的记录、显示及复位功能。	DL/T 261—2012《火力发电厂热工自动化系统可靠性评估技术导则》6.2.4.1	现场检查	基建期、设备改造
		2. 保护回路中不应设置供运行人员可投、切保护的任何操作接口。	DL/T 261—2012《火力发电厂热工自动化系统可靠性评估技术导则》6.2.4.2	现场检查	基建期、设备改造
	物理回路	受DCS控制且在停机停炉后不应马上停运的设备，如空气预热器电动机、重要辅机的油泵、火焰检测器冷却风机等，必须采用脉冲信号控制，以防止DCS失电而导致停机停炉时引起这些设备误停运，造成重要辅机或主设备的损坏。	《火电厂热控系统可靠性配置与事故预控》6.2	现场检查	基建期、设备改造
汽轮机跳闸锅炉保护回路	控制逻辑	1. 汽轮机跳闸用主汽门关闭（通过高、中压主汽门关闭与或逻辑判断）或保安油压低信号（“三取二”表征）或ETS跳闸指令，且主蒸汽流量（负荷）大于10%（直流炉）或30%（汽包炉）。		查看逻辑	基建期、设备改造
		2. 汽轮机跳闸时，除非机组具有快速甩负荷（FCB）功能，或解列前汽轮机负荷小于30%～40%（视旁路容量而定），且旁路系统可快速开启投入工作，否则应立即触发MFT停炉。	《火电厂热控系统可靠性配置与事故预控》5.8	查看逻辑	基建期、设备改造
	静态传动试验	1. 逐一在DEH主汽门关闭继电器输出处、保安油压开关处（按3种组合“三取二”）、ETS跳闸继电器输出处短接，保护不应动作。		查阅试验记录	检修机组启动前或机组停运15天以上
		2. 根据逻辑在主蒸汽流量或负荷测点处加模拟信号，逐一在DEH主汽门关闭继电器输出处、保安油压开关处（按3种组合“三取二”）、ETS跳闸继电器输出处短接，保护正确动作，检查声光报警、跳闸首出应与实际一致。		查阅试验记录	检修机组启动前或机组停运15天以上

续表

项目	内容	标准	编制依据	方法	周期
锅炉跳闸汽轮机保护回路	控制逻辑	1. FSSS宜采用失电动作逻辑，其MFT继电器板应送出3路常闭接点信号至ETS装置，在ETS内进行“三取二”逻辑判断后跳闸汽轮机。	DL/T 261—2012《火力发电厂热工自动化系统可靠性评估技术导则》6.2.3.4	查看逻辑	基建期、设备改造
		举例：某厂MFT继电器柜硬回路送出3路信号至ETS跳闸汽轮机，在ETS内分配在同一个DI卡内。			
		2. 汽包炉不直接跳机时，应设置“汽包水位高联跳汽轮机保护”，至少保证MFT后“主蒸汽温度变化率大（或低温）保护”、“再热蒸汽温度变化率大（或低温）保护”处于投入状态。		查看逻辑	基建期、设备改造
	静态传动试验	1. 汽包炉不直接跳机的情况下，逐一在汽包水位变送器处加模拟信号，保护不应动作。		查阅试验记录	检修机组启动前或机组停运15天以上
		2. 汽包炉不直接跳机的情况下，按3种组合，从两个汽包水位变送器处加模拟信号，确认锅炉跳闸汽轮机保护正确动作，检查声光报警、跳闸首出应与实际一致。		查阅试验记录	检修机组启动前或机组停运15天以上
汽轮机跳闸电气保护回路	控制逻辑	汽轮机跳闸（主汽门阀全关），一路主汽门全关信号通过硬接线送至电气保护屏，另一路主汽门全关信号通过硬接线送至DEH机柜，再通过硬接线送至另一电气保护屏，两路信号均通过电气程序逆功率或逆功率保护跳发电机。		查看逻辑	基建期、设备改造
	静态传动试验	1. 热工人员和电气人员共同确认保护线路的绝缘符合要求，确定逻辑准确性，共同编制试验卡。		查阅试验记录	检修机组启动前或机组停运15天以上
		2. 通过开启大机阀门后关闭，确保汽轮机跳闸电气保护信号正常，检查声光报警应与实际一致。		检查试验卡	检修机组启动前或机组停运15天以上

续表

项目	内容	标准	编制依据	方法	周期
发电机和变压器组跳闸汽轮机保护回路	控制逻辑	1. 应有3路直接至ETS并采用“三取二”判断逻辑，如只能送出两路信号至ETS，应采用“二取一”逻辑动作跳闸汽轮机。	DL/T 261—2012《火力发电厂热工自动化系统可靠性评估技术导则》6.2.3.4	查看逻辑	基建期、设备改造
		举例：某厂电跳机保护信号从电气A、B、C屏各送一路发电机跳闸信号到热工ETS机柜，在ETS机柜将3对接点的3个正极接到一个端子，3个负极到一个端子，变成一路送入ETS实现汽轮机跳闸。			
		2. 内部故障导致发电机解列时，应立即联跳汽轮机；电网外部故障导致发电机解列时，除非机组具有FCB功能，否则应立即联跳汽轮机。	《火电厂热控系统可靠性配置与事故预控》5.8	查看逻辑	基建期、设备改造
	静态传动试验	热工人员和电气人员共同确认保护线路的绝缘符合要求，确认逻辑准确性，共同编制试验卡。		检查试验卡	检修机组启动前或机组停运15天以上

第四章

热工设备隐患排查电源部分

项目	内容	标准	编制依据	方法	周期
通用要求	电源质量指标	1. 380V交流电源电能质量应满足下列要求： a）电压：380V±5%（361～399V）。 b）频率：50±0.5Hz。	DL/T 5455—2012《火力发电厂热工电源及气源系统设计技术规程》3.1.3	测量	机组检修
		2. 220V交流不间断电源电能质量应满足下列要求： a）动态电压瞬变范围：220V±10%（198～242V）。 b）频率：50±0.2Hz。		测量	机组检修
		3. 220V交流电源电能质量应满足下列要求： a）电压：220V±5%（209～231V）。 b）频率：50±0.5Hz。		测量	机组检修
		4. 直流电源电能质量应满足下列要求： a）220V直流电压：220V（－12.5%～＋10%）。 b）110V直流电压：110V（－12.5%～＋10%）。 c）24V直流电压：24±1V。 d）48V直流电压：48±2V。		测量	机组检修
	设备	1. 应具备全厂热控电源负荷分配图，图纸应标明电源起止位置、空气断路器容量、设备标识，确认设计合理、图实相符。		查阅资料	机组检修或电源异动后
		2. 机柜/接线盒应标明编号，内部电源端子排和重要保护连锁系统端子排应有明显标识。在机柜内应张贴端子接线简图以及电源断路器用途标识铭牌，并保持及时更新。	DL/T 261—2012《火力发电厂热工自动化系统可靠性评估技术导则》6.5.4.8	现场检查	日常巡检
		3. 控制电源与动力电源均应有明显的标识。		现场检查	日常巡检
		4. 不同属性（交、直流）的控制回路严禁使用同一根电缆。		现场检查	基建期及设备改造后
		举例：某厂3号机组163MW负荷运行中，“发变组故障、ASP2动作”，机组跳闸。分析得知，3号机组ASP1、ASP2压力开关反馈电缆与AST1、AST2、AST3、AST4电磁阀控制电缆共用一根电缆，长期处于高温环境下，导致电缆绝缘降低，受到AST电磁阀220V DC控制电源干扰，感应电压窜入ASP1、ASP2压力开关反馈信号电缆，影响ETS保护信号采集板误发“发变组故障”保护跳机。			

续表

项目	内容	标准	编制依据	方法	周期
通用要求	设备	5. 严禁热控系统的电源和测量信号合用电缆，冗余设备的电源电缆须全程分电缆敷设。	《火电厂热控系统可靠性配置与事故预控》14.2	现场检查	基建期及设备改造后
		6. 同一电源盘上不宜同时配置不同电压等级和不同类别的电源配电设备。	DL/T 5455—2012《火力发电厂热工电源及气源系统设计技术规程》3.8.1	现场检查	基建期及设备改造后
		7. 电源盘有两路电源进线时，应有防止两路电源并列运行的措施。	DL/T 5455—2012《火力发电厂热工电源及气源系统设计技术规程》3.4.5	现场检查	机组检修
		8. 直接接地电源系统中的单相电源，N线上不应装设熔断体。	DL/T 5455—2012《火力发电厂热工电源及气源系统设计技术规程》3.8.4	现场检查	基建期及设备改造后
		9. 更换损坏的熔丝前，应查明熔丝损坏原因；检查各电源断路器和熔断器的额定电流、熔丝的熔断电流以及上、下级间熔丝容量的配置（通常上一级应比下一级大两级或以上），防止故障越级；应符合使用设备及系统的要求；标明容量与用途的标识应正确、清晰。	DL/T 774—2015《火力发电厂热工自动化系统检修运行维护规程》4.1.2.1	测量及负荷计算	基建期、设备改造、设备故障更换后
		举例：某厂3号机组主给水电动门电源频繁跳闸，检修人员在没查明原因的情况下，将10A电源断路器更换成30A电源断路器，导致380V Ⅰ段断路器跳闸。事后检查发现，主给水电动门电缆绝缘破损，检修人员更换了破损电缆、恢复安装10A电源断路器，主给水电动门电源频繁跳闸故障消失。			
		10. 使用交流电源的测量、监视、控制装置与直流回路有联系的，要对交流电源进行隔离，防止交流电源串入直流回路。柜内交流电缆与直流电缆线芯应分开布置，在端子排上用空端子隔开，并涂成红色加以区分。严禁在保护柜、接口柜、DCS控制柜内引接检修试验电源。		现场检查	日常巡检
		举例：某厂检修人员在处理0.4kV PC段母联断路器的指示灯不亮的缺陷，该母联断路器背面端子排上有3个电源端子，其排列顺序为直流正、交流电源A相、直流负，检修人员认为缺陷与第二端子无电有关，用外部短路线将一端插接到第三端子上（直流负极），另一端插到第二端子上（交流A相），交流分量串入网控直流系统，造成运行中的3台机组、500kV两台联络变压器全部跳闸。			
		11. 为满足隔离或增加容量等需要在I/O回路中采用有源隔离器时，其电源宜与对应测量或控制仪表为同一电源。	《火电厂热控系统可靠性配置与事故预控》3.11	现场检查	基建期及设备改造后

续表

项目	内容	标准	编制依据	方法	周期
通用要求	设备	12. 若采用隔离变压器进行电源隔离时，检查隔离变压器应无异常发热，二次侧接地应良好。	DL/T 774—2015《火力发电厂热工自动化系统检修运行维护规程》6.1.1.1.1	现场检查	日常巡检
		13. 热工自动化设备电源不得作照明电源或检修及动力设备电源使用。	DL/T 774—2015《火力发电厂热工自动化系统检修运行维护规程》15.1.1.3.7	现场检查	日常巡检
		14. 每个接线端子宜为一根接线，不得超过两根。	DL 5190.4—2012《电力建设施工技术规范　第4部分：热工仪表及控制装置》6.5.4	现场检查	日常巡检
	热工进线电源	1. 交流不间断电源负荷（DCS、DEH、ETS、TSI、锅炉火焰检测装置等）：应采用双路电源供电，备用电源应采用自动切换方式。两路电源中应有一路来自交流不间断电源。	DL/T 5455—2012《火力发电厂热工电源及气源系统设计技术规程》3.2.2	现场检查	机组检修
		举例：某厂2号机组ETS的两路供电电源均取自UPS，AST电磁阀的两路电源均取自保安段，存在保护回路同时失去两路电源的隐患。			
		2. 交流保安负荷（汽轮机真空破坏门、抽汽阀、疏水阀、锅炉排汽门、风机和泵的进出口阀门等）：应采用双路电源供电，备用电源宜采用自动切换方式。两路电源中至少一路来自厂用交流保安电源。	DL/T 5455—2012《火力发电厂热工电源及气源系统设计技术规程》3.2.2	现场检查	机组检修
		3. 直流保安负荷（机组保护连锁系统的直流电磁阀、直流继电器，其他直流控制操作设备）：应采用两路电源供电，备用电源应采用自动切换方式。两路直流电源宜分别来自不同的直流蓄电池组。	DL/T 5455—2012《火力发电厂热工电源及气源系统设计技术规程》3.2.2	现场检查	机组检修
		举例：某厂例行开展“2号机组220V直流蓄电池组充放电”工作时，把2号机组220V直流Ⅱ段母联络柜联络断路器2QS2打至直流Ⅰ段母线处，断开2号机组220V直流Ⅱ段充电机断路器2QS1，进行2号机组220V直流蓄电池组放电、充电定期工作。工作完成后拉开了放电断路器，在合上蓄电池充电断路器时走错间隔，误拉2号机组220V直流母线联络断路器，发现错误后又立即合上，造成2号机组220V直流母线短时断电，使2号机组ETS双路电源、两台小机METS双路电源、MFT双路电源断电，导致2号机组ETS跳闸电磁阀全部失电，2号机组跳闸，小机METS电磁阀失电，A、B小机跳闸。分析得知，机组ETS、小机ETS、MFT均设计双路直流供电，但双路供电均来自同一直流220V母线，且机组ETS、小机ETS等6路直流电源取自同一分支。因此，一路220V直流母线失电，导致热工ETS双路电源失去机组跳闸。			
		4. 重要负荷（吹灰程控系统、空气预热器间隙控制、氢站、氨区仪表及控制系统等）：应采用双路电源供电，备用电源宜采用自动投入方式。两路电源宜分别来自常用电源系统的不同母线段。	DL/T 5455—2012《火力发电厂热工电源及气源系统设计技术规程》3.2.2	现场检查	机组检修

续表

<table>
<tr><th>项目</th><th>内容</th><th>标准</th><th>编制依据</th><th>方法</th><th>周期</th></tr>
<tr><td rowspan="3">通用要求</td><td rowspan="3">热工进线电源</td><td colspan="4">举例：某厂上汽（西门子）汽轮发电机组发生一起因中压主汽门位置反馈测量装置的电源电缆烫伤短路，导致电源断路器跳闸，引起共用同一路电源的 LDVT 失电，触发 A/B 两侧中压主汽门全关，再热器保护动作，机组跳闸。分析得知，两个中压主汽门位置反馈 LVDT 测量装置共用同一个电源，涉及保护信号的电源回路未配置单独电源断路器，没有实现双路供电。</td></tr>
<tr><td>5. 热控仪表电源柜及辅控系统电源，应与 DCS 机柜电源来源相同。</td><td>DL/T 261—2012《火力发电厂热工自动化系统可靠性评估技术导则》6.5.1.1</td><td>现场检查</td><td>基建期及设备改造后</td></tr>
<tr><td colspan="4">举例：某厂 1、2 号机组（燃机）UPS 电源分别取自 2 号机组 400V Ⅲ、Ⅳ段母线和直流系统。根据大修计划，需要对 2 号机组 6kV Ⅱ段母线、400V Ⅲ、Ⅳ母线及其附属开关设备进行清扫、预防性试验工作，修前编制的 2 号机组厂用电停电方案存在安全漏洞，运行方式安排不合理，400V Ⅲ、Ⅳ母线停电后，UPS 交流主路和旁路电源均失去，仅靠蓄电池通过直流母线向 UPS 供电，在蓄电池放电电压低至 196V 后 UPS 故障退出，造成化学辅控系统操作员站失电，运行人员无法监控冷热水循环泵的运行状态；天然气温度未设置温度低报警，运行人员未能及时监视到天然气温度下降，最终导致机组跳闸。</td></tr>
<tr><td rowspan="5">分散控制系统</td><td rowspan="5">电源柜</td><td>1. 分散控制系统应配有可靠的两路独立的供电电源，优先考虑单路独立运行就可以满足控制系统容量要求的两路不间断电源（UPS A/B）供电，也可采用一路 UPS 和一路保安电源供电。</td><td>DL/T 261—2012《火力发电厂热工自动化系统可靠性评估技术导则》6.5.1.1</td><td>现场检查</td><td>基建期及设备改造后</td></tr>
<tr><td colspan="4">举例：某厂 2 号机组 DCS 两路电源均取自一台 UPS，机组运行中 UPS 故障导致 DCS 两路电源同时失电，所有 DCS 操作员站和工程师站全部失电，无法对设备进行监控，AST 电磁阀失电，汽轮机跳闸解列。</td></tr>
<tr><td>2. 采用一路 UPS 和一路保安电源供电时，如保安电源电压波动较大，应增加稳压器以稳定电源，正常运行时工作电源应保证为 UPS 电源。</td><td>DL/T 261—2012《火力发电厂热工自动化系统可靠性评估技术导则》6.5.1.1</td><td>现场检查</td><td>基建期及设备改造后</td></tr>
<tr><td>3. 公用分散控制系统电源，应分别取自不同机组的不间断电源系统，且具备无扰切换功能。</td><td>《防止电力生产事故的二十五项重点要求》9.1.6</td><td>现场检查</td><td>机组检修</td></tr>
<tr><td>4. 控制系统冗余电源的任一路电源单独运行时，应保证有不小于 30%的裕量。任何一路外部电源失去或故障不应引起控制系统任何部分的故障、数据丢失或异常动作。</td><td>DL/T 261—2012《火力发电厂热工自动化系统可靠性评估技术导则》6.5.1.2
DL/T 1083—2008《火力发电厂分散控制系统技术条件》6.3.1</td><td>测量及负荷计算</td><td>基建期及设备改造后</td></tr>
</table>

续表

<table>
<tr><th>项目</th><th>内容</th><th>标准</th><th>编制依据</th><th>方法</th><th>周期</th></tr>
<tr><td rowspan="12">分散控制系统</td><td rowspan="12">电源柜</td><td>5. 冗余电源应选择三相之间电压差最小的一相。</td><td></td><td>现场检查</td><td>基建期及设备改造后</td></tr>
<tr><td colspan="4">举例：某厂3、4号机组Foxboro系统，4号机组在进行电源切换试验时曾发生交换机烧坏事件，并且发现4号机组硬件损坏率和DCS故障率远高于3号机组。对现场热控冗余电源进行测试，发现4号机组DCS冗余电源火线与火线间电压差达到400V，而3号机组冗余电源火线与火线间电压差小于100V。分析得知，该厂DCS系统电源接地设计（N线对地电压为零），热控电源一路取自UPS，另一路取自保安段。UPS输入电源为380V，中性线接地。对热控电源进行检查发现两台机组UPS输入电源取相不同，而保安段电源均取相一致，后将4号机组按3号机组方式进行调相，冗余电源电压差降至100V以内，之后4号机组硬件故障率大大降低，也没有再发生电源切换试验过程中烧坏网络设备或板卡的事件。</td></tr>
<tr><td>6. 分散控制系统电源应专用，不得用于其他用途。严禁非控制系统用电设备与控制系统的电源相连接。所有和热控系统有关的电源，不应取自可能产生谐波污染的检修段电源。</td><td>DL/T 261—2012《火力发电厂热工自动化系统可靠性评估技术导则》6.5.1.2</td><td>现场检查</td><td>日常巡检</td></tr>
<tr><td colspan="4">举例：某厂电子间排风扇电源取自DCS保安段，未配置独立断路器且直接从DCS打印机电源入口引出。机组运行中，由于排风扇电源接线端子接地，造成DCS失去一路电源（保安段）。</td></tr>
<tr><td>7. 供电回路中不应接有任何大功率用电设备，未经批准不得随意接入新负荷。</td><td>DL/T 774—2015《火力发电厂热工自动化系统检修运行维护规程》6.1.1.1.2</td><td>现场检查</td><td>基建期及设备改造后</td></tr>
<tr><td>8. 不得使用机组UPS电源串带小UPS电源向设备供电。</td><td></td><td>现场检查</td><td>基建期及设备改造后</td></tr>
<tr><td colspan="4">举例：某厂2号机组因操作员站UPS工作电源内部故障，UPS母线电压瞬间下降（持续时间100ms，电压最低降至7.5V），造成给煤机变频器控制电源失电（由UPS母线供电），导致炉膛燃料中断保护动作，锅炉MFT，机组跳闸。</td></tr>
<tr><td>9. 分散控制系统电源的各级电源开关容量和熔断器熔丝应匹配，防止故障越级。</td><td>《防止电力生产事故的二十五项重点要求》9.1.6</td><td>测量及负荷计算</td><td>基建期、设备改造、设备故障更换后</td></tr>
<tr><td>10. 机柜内电源端子排应有明显标识。机柜内应张贴电源开关用途标志铭牌。线路中转的各接线盒、柜应标明编号，盒或柜内应附有接线图，并保持及时更新。</td><td>《火电厂热控系统可靠性配置与事故预控》16.7</td><td>现场检查</td><td>日常巡检</td></tr>
</table>

续表

项目	内容	标准	编制依据	方法	周期
分散控制系统	电源柜	11. 若采用隔离变压器进行电源隔离时，检查隔离变压器应无异常发热，二次侧接地应良好。	DL/T 774—2015《火力发电厂热工自动化系统检修运行维护规程》6.1.1.1.1	现场检查	日常巡检
		12. 电源切换试验前，应对两路冗余电源电压进行检查，保证电压在允许范围之内。电源为浮空时，还应检查两路电源其零线与零线、火线与火线间静电电压不应大于70V，否则在电源切换过程中易对网络交换设备、控制器等造成损坏。	《火电厂热控系统可靠性配置与事故预控》12.12	测量	基建期及设备改造后
		13. UPS接地与DCS接地应统一考虑。在选用浮置接地的DCS系统时，供电电源也应尽可能选择中性点浮置的UPS。为了防止静电，在选用没有浮地的DCS系统时，应按DCS设计要求将计算机的直流地、保护地和交流地与UPS地统一考虑单独接地。		现场检查	基建期及设备改造后
		14. 分散控制系统进线电源端要将中性线与接地点进行可靠的连接，以保证中性线的零位，再将相线、中性线与地线分别引至DCS的电源柜。如果UPS的输出端不允许中性线和地线短接，则需在UPS电源的输出端增加一个隔离变压器，并在隔离变压器的二次侧将中心线和地线可靠短接。		现场检查	基建期及设备改造后
		15. 如不进行短接，则中性线与地线之间的电位差可以达到30～90V AC，使设备存在电击或火灾的隐患。为短路发生时的故障电流提供了一个低阻抗的通道，将故障电流引回至电源处，使过电流保护装置动作。		现场检查	基建期及设备改造后
		16. 分散控制系统电源切换装置应定期检查测试和接线紧固。采用接触器切换的电源切换装置，接触器要纳入设备寿命管理。电源的切换时间应保证控制器不被初始化。		规范作业	机组检修
		17. 互为备用的电源模块禁止直接并联，防止出现一个电源模块故障无法隔离问题，电源母线要采用环形连接方式，避免出现母线断点时部分失电。		现场检查	机组检修

续表

<table>
<tr><th>项目</th><th>内容</th><th>标准</th><th>编制依据</th><th>方法</th><th>周期</th></tr>
<tr><td rowspan="9">分散控制系统</td><td rowspan="2">电源柜</td><td colspan="4">**举例：**某厂3号机组DEH20柜控制电源为两块相同电压等级电源输出直接并联带负载。运行中，“DEH控制电源2故障”报警在27s间反复触发4次，分析认为其中一块+15V直流控制电源瞬时故障，造成并联的两路电源输出电压降低，引起DCM控制板工作异常，导致中调门Ⅳ1、Ⅳ2、Ⅳ3、Ⅳ4反馈为0，最终引发再热器保护动作，机组跳闸。</td></tr>
<tr><td>18. 冗余电源应避免取自同一段电源。</td><td></td><td>现场检查</td><td>机组检修</td></tr>
<tr><td rowspan="6">控制柜（分布式控制站）</td><td>1. 重要的控制设备宜选用双电源供电型设备，不宜选用通过电源切换装置实现双路供电的单电源供电型设备。</td><td></td><td>现场检查</td><td>设备选型</td></tr>
<tr><td colspan="4">**举例1：**某厂2号机组ETS机柜两路220V AC电源，分别取自2号机组1、2号热控电源柜切换后的输出电源（1、2号热控电源柜两路进线电源，经过切换器后输出）。ETS机柜内的两路220V AC电源经切换后分别用于两套独立PLC和输出继电器。这种电源配置方式使用切换器过多，系统复杂且降低了系统的安全可靠性。
举例2：某厂2号机组ETS的两个PLC控制器电源采用UPS和保安段电源通过切换器切换后的供电方式，未采用完全独立的冗余配置，存在两个PLC同时失去电源的隐患。机组运行中，因ETS双电源切换装置不稳定，电源电压波动，两个PLC同时重启初始化，跳闸动断继电器断开，导致AST电磁阀失电、主汽门关闭、汽轮机跳闸。</td></tr>
<tr><td>2. 分散控制系统的控制器、系统电源、为I/O模件供电的直流电源、通信网络等均应采用完全独立的冗余配置，且具备无扰切换功能；采用B/S、C/S结构的分散控制系统的服务器应采用冗余配置，服务器或其供电电源在切换时应具备无扰切换功能。</td><td>《防止电力生产事故的二十五项重点要求》9.1.2</td><td>试验</td><td>机组检修</td></tr>
<tr><td colspan="4">**举例：**某机组运行中汽包水位低保护动作MFT，汽轮机跳闸，发电机解列。分析得知，MEH模件柜和控制A小机和控制B小机的DPU均离线，MEH01机柜闻到有轻微的烧焦味，机柜两路电源空开均跳开。检查MEH系统电源切换装置，将电源滤波器拆除后，发现其中的一个滤波器上下外鼓，解体后发现内部已完全烧黑变形。MEH模件柜A路电源滤波器在运行过程中击穿短路，是导致MEH机柜失电的直接原因。电源滤波器安装在接触器回路之后，当A路电源滤波器发生击穿短路时，A路电源断路器过流跳开，虽然B路电源切换成功，但由于电源滤波器短路点仍然存在，造成B路电源断路器过流跳开，MEH机柜失电。</td></tr>
<tr><td>3. 应保证控制站中所有控制单元、模件、驱动器件的工作电源为冗余供电，由控制站提供给现场的查询、驱动电源应为冗余供电。任何一路电源失去或故障，应能够保证控制站在最大负荷下运行。</td><td>DL/T 1083—2008《火力发电厂分散控制系统技术条件》6.3.2.1</td><td>现场检查、测量及计算负荷</td><td>设备选型</td></tr>
</table>

续表

<table>
<tr><th>项目</th><th>内容</th><th>标准</th><th>编制依据</th><th>方法</th><th>周期</th></tr>
<tr><td rowspan="9">分散控制系统</td><td rowspan="9">控制柜（分布式控制站）</td><td colspan="4">举例：某厂9号机组空气预热器间隙调整系统失电，机组跳闸，MFT首出“两台预热器均停”。分析得知，“两台空气预热器均停”保护信号取自空气预热器间隙调整系统。空气预热器间隙调整系统的PLC判断就地空气预热器接近开关的状态，1min内检测到低转速接近开关接通2次则判断为正常运行，否则为停转，并发出空气预热器停转DO信号至DCS。经检查发现机柜内24V电源模块故障，该电源模块提供两台空气预热器的低转速接近开关的供电电源。24V电源消失后，低转速接近开关输出信号将消失，PLC检测不到低转速接近开关的翻转信号，即判断两台空气预热器停转，MFT动作。</td></tr>
<tr><td>4. 分散控制系统控制站电源应直接取自DCS系统电源柜。</td><td></td><td>现场检查</td><td>基建期、设备改造后</td></tr>
<tr><td>5. 距离主厂房较远的远程控制站或I/O站应按单元设置来自不同厂用母线段的两路自动切换的可靠电源，其中一路应配置UPS电源。</td><td></td><td>现场检查</td><td>机组检修</td></tr>
<tr><td>6. 交换机等重要网络设备宜选用双电源供电型设备，如采用单电源供电应分别单独通过切换装置接入，否则，通信网络设备的电源应合理分配在两路电源上。</td><td>DL/T 261—2012《火力发电厂热工自动化系统可靠性评估技术导则》6.5.1.1</td><td>现场检查、试验</td><td>设备选型</td></tr>
<tr><td colspan="4">举例：某电厂DCS交换机是双电源供电赫斯曼交换机，交换机电源入口短接并联后当成单电源供电设备使用；交流220V电源转换成直流24V后，两路24V通过端子排直接并联。当一路电源故障时，可能引起另外一路电源故障，导致双路电源同时失去。存在DCS失灵的重大安全隐患。</td></tr>
<tr><td>7. 控制站内部电源切换（转换）可靠，电源回路间公用线环路连接，任一接线松动不会导致电源异常而影响装置和系统的正常运行。</td><td>DL/T 261—2012《火力发电厂热工自动化系统可靠性评估技术导则》6.5.1.6</td><td>现场检查、试验</td><td>机组检修</td></tr>
<tr><td colspan="4">举例：某厂1号机组运行中，1B循泵跳闸，23s后1A循泵跳闸，手动MFT后，机组跳闸。原因分析：检查发现1号机组循泵房远程I/O柜一块直流24V电源模块烧损，导致上一级空气断路器跳闸，烧损的电源模块引发柜内直流24V瞬间失电。A、B循泵出口蝶阀控制采用24V常带电控制方式，在系统电源瞬间失去时，控制电磁阀失电泄油，出口蝶阀关闭，A、B循泵出口压力高保护动作跳闸。事件的根本原因是，单路电源损坏导致系统电源瞬间失去，暴露出系统电源设计存在隐患，两路电源没有可靠隔离。</td></tr>
<tr><td>8. 当采用 $N+1$ 电源配置时，单个电源模块故障不应影响其他电源模块正常工作。</td><td></td><td>试验</td><td>机组检修</td></tr>
<tr><td>9. 控制柜电源模块输出的各级电压应符合DCS厂家要求。</td><td></td><td>测量</td><td>机组检修</td></tr>
</table>

续表

<table>
<tr><th>项目</th><th>内容</th><th>标准</th><th>编制依据</th><th>方法</th><th>周期</th></tr>
<tr><td rowspan="10">分散控制系统</td><td rowspan="10">控制柜（分布式控制站）</td><td colspan="4">举例：某运行机组DCS在两个月内因控制器显示故障更换了13台主控单元，但多数主控单元在离线上电测试时却能正常启动到工作状态。分析得知，因插头和电缆问题导致DCS主控5V电源电压偏低。将控制器的冗余电缆更换为预制电缆后电压至5.25V，系统恢复正常。</td></tr>
<tr><td>10. 控制系统供电的信号装设隔离器，当采用无源隔离器时，应试验确定信号所对应的仪表带负载能力；当隔离器电源与该输入信号的仪表电源合用时，应试验确定仪表电源容量满足隔离器用电需要。当采用外供电源时，应采取措施确保不降低回路的可靠性。</td><td>DL/T 261—2012《火力发电厂热工自动化系统可靠性评估技术导则》6.5.1.2</td><td>现场检查、测量及计算负荷</td><td>基建期及设备改造后</td></tr>
<tr><td>11. 机柜风扇电源应单独配置或与DCS机柜电源已采用有效隔离措施，确保当风扇故障时不会造成机柜电源故障。</td><td>DL/T 261—2012《火力发电厂热工自动化系统可靠性评估技术导则》6.2.5.2</td><td>现场检查、试验</td><td>基建期及设备改造后</td></tr>
<tr><td>12. 控制站电源模块要纳入设备寿命管理，定期进行检查，电源模块输出电压应满足要求。</td><td></td><td>现场检查、测量</td><td>日常巡检</td></tr>
<tr><td colspan="4">举例：某机组正常运行中出现部分I/O模件不能正常工作现象。故障原因：DCS电源系统底板上5V DC电压，电源底板至电源母线间连接电缆的多芯铜线与线鼻子之间，因铜线表面氧化，接触电阻增加，引起电缆温度升高，压降增加，导致各柜内进模件的电压很多在5V以下，少数跌至4.76V DC左右，引起部分I/O模件不能正常工作。根据厂家说明书，正常值应在5.10～5.20V DC范围。</td></tr>
<tr><td>13. 交、直流电源断路器和接线端子应分开布置，直流电源断路器和接线端子应有明显的标示。</td><td>《防止电力生产事故的二十五项重点要求》9.1.13</td><td>现场检查</td><td>日常巡检</td></tr>
<tr><td>14. 存在电源母排的DCS，应有防止端子间短接、接触不良导致电源故障的措施。</td><td></td><td>现场检查</td><td>日常巡检</td></tr>
<tr><td colspan="4">举例1：某厂10号机组操作员站所有模拟量控制的阀门突然变为粉红色，阀门无法操作。5s后，机组MFT动作，MFT首出为“汽包水位HH”、“汽包水位LL”和“总风量<25%”3个条件同时出现。经检查，为DCS的MCS21控制柜系统电源故障后，造成MCS系统所有控制器复位，送到FSSS的“汽包水位HH”、“汽包水位LL”和“总风量<25%”3个信号的DO输出由原来的“1”变为“0”，造成了3个条件同时引发MFT的出现。
举例2：某发电机组在机组正常运行过程中，给水调整门及给水旁路门突然关闭，汽包水位急剧下降，汽包水位低低信号触发机组MFT。分析得知，给水系统的端子板电源插件接触不良，使24V电源时断时续，导致给水调整门及给水旁路门关闭。更换给水系统的端子板电源插件后恢复正常。</td></tr>
<tr><td>15. 严禁非控制系统用电设备（如呼叫系统）或干扰大的系统或设备（如伴热电源）连接控制系统的电源装置。</td><td>《火电厂热控系统可靠性配置与事故预控》12.6</td><td>现场检查、规范作业</td><td>日常巡检</td></tr>
<tr><td>16. ABB Symphony系统两个冗余的电源模块版本必须保持一致。</td><td></td><td>现场检查</td><td>机组检修</td></tr>
</table>

续表

项目	内容	标准	编制依据	方法	周期
分散控制系统	操作员站及工程师站（人机界面）	1. 各操作员站、工程师站、实时数据服务器应分别单独通过切换装置接入，否则，操作员站和通信网络设备的电源应合理分配在两路电源上，例如：1、3、5号操作员站由UPS供电，2、4号操作员站由保安电源供电。	DL/T 261—2012《火力发电厂热工自动化系统可靠性评估技术导则》6.5.1.1	现场检查、试验	基建期、设备改造后
		举例：某厂200MW机组操作员站供电电源为一路，且全部操作员站均由该路电源供电。运行中操作员站供电电源故障，导致操作员无法使用，机组运行失控，紧急停机停炉。			
		2. 人机接口单个计算机或终端故障，不会引起系统电源故障。	DL/T 261—2012《火力发电厂热工自动化系统可靠性评估技术导则》6.5.1.2	现场检查	实时
		3. 操作员站及工程师站电源应专用，严禁用于其他用途。		现场检查	日常巡检
	电源监视	1. 控制系统的电源系统应具有可靠的故障诊断、显示与报警功能。控制系统的全部电源故障、部分电源故障、冗余电源中的一路电源故障，应均能在人机界面显示故障诊断信息，大屏上声光报警。	DL/T 261—2012《火力发电厂热工自动化系统可靠性评估技术导则》6.2.7.3、6.5.1.2	试验	机组检修
		举例：某厂4号机组，运行中1、2号空气预热器运行信号消失，锅炉MFT、机组跳闸。分析得知，当时PCU20控制器发生了停运和重启，在此期间DO信号由“1”变为“0”，造成1、2号空气预热器运行信号由“1”变为“0”，且时间超过30s延时，触发MFT动作。PCU20控制器发生停运和重启的原因有两个：一是机柜内部电源短时消失，二是机柜内部电源监视块发出PFI信号。机柜内交直流电源均为双路电源，且端子接线牢固，可以排除第一种原因。机柜内部电源监视块有过类似故障先例。可以判断，MFT动作的根本原因是PCU20柜内部电源监视块故障。			
		2. 分散控制系统的电源报警信号宜接入控制室独立的声光报警装置，声光报警装置的电源由交流不间断电源供电。	DL/T 5455—2012《火力发电厂热工电源及气源系统设计技术规程》3.7.2	试验	机组检修
		3. 系统电源故障应设置最高级别的报警。	《防止电力生产事故的二十五项重点要求》9.1.6	试验	机组检修
		4. 控制站内电源监视报警应取自直流电源模块输出电源，不应取自直流电源模块输入电源。		现场检查、试验	机组检修
		5. 控制回路的信号状态查询电压等级宜采用为24～48V。当开关量信号的查询电源消失或电压低于允许值时，应立即报警。	《火电厂热控系统可靠性配置与事故预控》7.1	试验	机组检修

续表

项目	内容	标准	编制依据	方法	周期
分散控制系统	电源监视	6. DCS交换机应具有电源失去报警功能，且DCS系统网络柜电源应设置任意一路电源失去报警。		试验	机组检修
		7. DCS远程站应设置任意一路电源失去报警，并引入DCS系统。		试验	机组检修
		8. 电源切换装置、电源监视用继电器应纳入寿命管理，定期进行试验，工作正常。		现场检查、试验	机组检修
热工电源柜	配置要求	1. 热控系统交流动力电源配电箱应有两路输入电源，分别引自厂用低压母线的不同段；在有事故保安电源的发电厂中，其中一路输入电源引自厂用事故保安电源段。	DL/T 261—2012《火力发电厂热工自动化系统可靠性评估技术导则》6.5.1.1	现场检查	基建期及设备改造后
		2. 电源盘有两路电源进线时，应有防止两路电源并列运行的措施。	DL/T 5455—2012《火力发电厂热工电源及气源系统设计技术规程》3.4.5	现场检查	基建期及设备改造后
		3. 同一电源盘上不宜同时配置不同电压等级和不同类别的电源配电设备。	DL/T 5455—2012《火力发电厂热工电源及气源系统设计技术规程》3.8.1	现场检查	机组检修
		4. 所有装置和系统的内部电源切换（转换）可靠，回路环路连接，任一接线松动不会导致电源异常而影响装置和系统的正常运行。	《火电厂热控系统可靠性配置与事故预控》12.7	现场检查	基建期及设备改造后
		5. 配电柜、电源盘互为备用的两路电源进线自动切换时宜采用先断后合的方式，条件具备时也可采用先合后断的方式，手动切换时应采用双向切换开关或采取两路电源相互闭锁的措施。	DL/T 5455—2012《火力发电厂热工电源及气源系统设计技术规程》3.8.1	现场检查、试验	基建期及设备改造后
		6. 机柜内电源端子排和重要保护端子排应有明显标识。机柜内应张贴重要保护端子接线简图以及电源断路器用途标识铭牌。线路中转的各接线盒、柜应标明编号，盒或柜内应附有接线图，并保持及时更新。	《火电厂热控系统可靠性配置与事故预控》16.7	现场检查	日常巡检
		7. 电源的各级断路器容量和熔断器熔丝应匹配，防止故障越级。	《防止电力生产事故的二十五项重点要求》9.1.6	查看说明书及负荷计算	基建期、设备改造及设备换型

续表

项目	内容	标准	编制依据	方法	周期
热工电源柜	380V AC	1. 机组调节型电动执行机构以及在机组安全停运过程中需要操作的开关型电动执行机构配电柜的两路电源，宜分别引自厂用低压工作母线和交流保安电源母线。其他电动执行机构配电柜的两路电源，宜分别引自厂用低压工作母线的不同段。	DL/T 5455—2012《火力发电厂热工电源及气源系统设计技术规程》3.3.4	现场检查	基建期及设备改造后
		2. 全厂公用设备（减温减压、热网等）的配电柜，其两路电源宜分别引自厂用电公用系统的不同母线段或不同机组的厂用电母线。	DL/T 5455—2012《火力发电厂热工电源及气源系统设计技术规程》3.3.4	现场检查	基建期及设备改造后
		3. 交流 380V 配电柜的两路电源互为备用，宜设自动切换装置，切换时间应满足用电设备安全运行的需要。	DL/T 5455—2012《火力发电厂热工电源及气源系统设计技术规程》3.3.6	现场检查、试验	机组检修
		4. 配电柜内各电动执行机构及其他用电对象，应由独立馈电回路供电。配电柜内还应留有适当的备用馈电回路。	DL/T 5455—2012《火力发电厂热工电源及气源系统设计技术规程》3.3.7	现场检查、试验	基建期、设备改造后
	220V AC	1. 多台机组公用系统的交流 220V 电源盘，两路电源宜分别直接引自不同机组的低压厂用母线，或其中一路引自交流保安电源。	DL/T 5455—2012《火力发电厂热工电源及气源系统设计技术规程》3.4.2	现场检查	基建期及设备改造后
		2. 交流 220V 电源盘的所有馈电支路均应装设隔离电器和保护断路设备。电源盘应设置适当的备用馈电回路。	DL/T 5455—2012《火力发电厂热工电源及气源系统设计技术规程》3.4.7	现场检查、试验	基建期、设备改造后
		举例：某厂热工人员在检查“6kV ⅡA 段接地信号”时误将万用表的电阻档当作电压档，把该 DI 端子的电源正端通过万用表电阻档直接接地，导致该柜 48V DC 电源（为 DI 提供电源）瞬时失压，造成该柜逻辑信号出现翻转，锅炉 MFT。分析得知，该柜所有 DI 通道都是通过一种跨接器与现场连接，电源通过该种跨接器后再通过印刷电路板与端子直接连接，该种跨接器不具备电源与现场的隔离功能，因此一个 DI 通道接地会导致电源模块接地。			
		3. 电源盘有两路电源进线时，应有防止两路电源并列运行的措施。	DL/T 5455—2012《火力发电厂热工电源及气源系统设计技术规程》3.4.5	现场检查	基建期及设备改造后
	直流	1. 直流 110V（220V）电源应是由直流蓄电池组供电的不接地两线制电源。	DL/T 5455—2012《火力发电厂热工电源及气源系统设计技术规程》3.5.1	现场检查	基建期及设备改造后
		2. 直流 110V（220V）电源，电源盘的母线段应从相应蓄电池组的不同母线段引接两路电源进线。当有两组蓄电池时，两路电源进线应分别引自不同蓄电池组的母线段。对要求提供两路电源的设备，电源盘内可设置两段进线母线，每段进线母线分别引接一路电源进线。		现场检查	基建期及设备改造后

续表

<table>
<tr><th>项目</th><th>内容</th><th>标准</th><th>编制依据</th><th>方法</th><th>周期</th></tr>
<tr><td rowspan="8">热工电源柜</td><td rowspan="6">直流</td><td>3. 直流 110V（220V）电源盘供电母线的两路电源进线应设有备用自投功能。</td><td rowspan="2">DL/T 5455—2012《火力发电厂热工电源及气源系统设计技术规程》3.5.1</td><td>现场检查、试验</td><td>机组检修</td></tr>
<tr><td>4. 直流 110V（220V）两路电源应有防止并列运行的措施，对来自不同蓄电池组的两路直流电源应具备隔离措施。</td><td>现场检查</td><td>基建期及设备改造后</td></tr>
<tr><td>5. 仪表与控制设备用直流 24V 电源可采用 220V（AC）/24V（DC）的稳压电源装置实现，当电源可靠性要求较高时，可采用两台稳压电源冗余配置，并将其输出通过切换装置输出至用电负荷。有条件时，两台稳压电源装置宜由两路不同母线供电。对冗余配置的直流 24V 电源应有防止并列运行的措施。</td><td>DL/T 5455—2012《火力发电厂热工电源及气源系统设计技术规程》3.5.1
DL/T 5455—2012《火力发电厂热工电源及气源系统设计技术规程》3.8.1</td><td>现场检查</td><td>基建期、设备改造后</td></tr>
<tr><td colspan="4">举例：某机组正常运行中机组跳闸，ETS 无首出，MFT 首出为“汽轮机跳闸”，DCS 发“ETS 电源失电报警”。更换 2 块 24V 直流电源模块后，电源报警消失。分析得知，ETS 控制柜内 24V 直流电源失电，造成 AST 电磁阀控制继电器线圈 24V 失电，继电器触点断开，引起 AST 电磁阀失去 110V 直流电源，导致机组跳闸。双路 24V 模块工作电源取系统两路不同的电源（一路 UPS 电源、一路保安电源），并联输出一路电源，但失电报警工作电源取自 24V 公共输出端，ETS 控制柜内任一块 24V 模块故障时，不能发出报警，只有两路 24V 电源都失去时，才发出报警信号，不能及时发现电源模块故障情况。ETS 控制柜内电源装置已运行 5 年，对 ETS 电源装置等电子设备运行寿命评估不准确，忽略了电源模块内部电子元件老化，导致电源模块故障。</td></tr>
<tr><td>6. 直流电源盘内所有反馈支路均应装设隔离电器和保护断路设备，并留有适当的备用馈电回路。</td><td>DL/T 5455—2012《火力发电厂热工电源及气源系统设计技术规程》3.5.2</td><td>现场检查</td><td>基建期及设备改造后</td></tr>
<tr><td colspan="4">举例：某机组运行中“直流Ⅱ段母线接地”报警，检查判断热工回路直流电源接地，在检查处理 OPC 电源过程中，机组跳闸，首出为“EH 油压低”。分析得知，检修人员采取瞬间断开电源保险的方法分别对直流 220V 的各分路电源进行排查，第一次拔插 OPC1、OPC2 电磁阀电源保险检查时直流接地报警依然存在，机组运行未见异常。再次拔插 OPC1 电源保险时，EH 油压由 14.62MPa 突降至 9.73 MPa，ETS 动作，机组跳闸，此时直流接地报警信号仍未消失。机组跳闸后，对 OPC1 接线电缆绝缘进行测量，绝缘电阻为 1.0kΩ，判断 OPC1 回路有接地现象。跳机主要原因为插拔保险过程中冲击电流造成 OPC1 电磁阀带电动作，EH 油压下降，ETS 跳闸停机。对电缆进行绝缘处理后，再次送电源直流接地报警消失。</td></tr>
<tr><td rowspan="2">电源监视</td><td>1. 热工电源柜应配置电源监视功能，任意一路电源失去应报警，报警信号送入 DCS 系统。</td><td></td><td>现场检查</td><td>机组检修</td></tr>
<tr><td>2. 电源切换装置、电源监视用继电器应纳入寿命管理，定期进行试验，工作正常。</td><td></td><td>现场检查</td><td>日常巡检</td></tr>
</table>

续表

项目	内容	标准	编制依据	方法	周期
MFT继电器柜	电源配置	1. 锅炉保护系统应有两路电源，其中一路应引自交流不间断电源或直流电源，另一路应引自交流保安电源或第二套交流不间断电源或直流电源。	DL/T 5455—2012《火力发电厂热工电源及气源系统设计技术规程》3.4.3	现场检查	基建期及设备改造后
		举例：某循环流化床机组MFT（BT）跳闸回路是独立的两套硬跳闸回路，但两路直流220V电源取自同一母线段，存在因失去电源导致MFT（BT）拒动的安全隐患。			
		2. 当锅炉保护系统的跳闸回路采用直流供电时，应各有两路直流220V（或110V）供电电源，直接接自蓄电池直流盘。两路电源宜分别提供给互为冗余的两个跳闸回路。	DL/T 5455—2012《火力发电厂热工电源及气源系统设计技术规程》3.5.1	现场检查	基建期及设备改造后
		3. 机组正常停机前应对保护及控制系统直流电源进行拉路试验，确认直流电源突然消失及突然恢复时不会发生误动。		现场检查、试验	机组停运前
		4. MFT执行部分的继电器电源采用厂用直流电源时，应有发生系统接地故障时不造成保护误动的措施，同时应有确保寻找接地故障时不造成保护误动的措施。	DL/T 261—2012《火力发电厂热工自动化系统可靠性评估技术导则》6.5.1.2	现场检查	基建期及设备改造后
		5. 采用失电跳闸的MFT跳闸继电器应纳入寿命管理。		现场检查、试验	机组检修
	电源监视	1. MFT继电器柜应配置电源监视功能，任意一路电源失去应报警，报警信号送入DCS系统。		现场检查、试验	机组检修
		2. 电源切换装置、电源监视用继电器应纳入寿命管理，定期进行试验，工作正常。		现场检查	日常巡检
		举例：某厂4号锅炉A、B、C、D磨煤机运行，负荷295MW运行中，突发“FSSS直流电源消失”和“发电机A、B、C柜电源消失”，机组解列，因MFT拒动导致机前压力急剧升高，压力升高到20.1MPa，运行人员手动停炉。分析得知，FSSS通过电源监视继电器实现双路电源切换，直流电源箱内的“FSSS直流电源消失”继电器接线端子松动导致双路电源切换失败。			
ETS	电源配置	1. 汽轮机跳闸保护系统应有两路电源，其中一路应引自交流不间断电源或直流电源，另一路应引自交流保安电源或第二套交流不间断电源或直流电源。	DL/T 5455—2012《火力发电厂热工电源及气源系统设计技术规程》3.4.3	现场检查	基建期及设备改造后

续表

项目	内容	标准	编制依据	方法	周期
ETS	电源配置	2. 当汽轮机跳闸保护系统的跳闸回路采用直流供电时，应各有两路直流220V（或110V）供电电源，直接接自蓄电池直流盘。	DL/T 5455—2012《火力发电厂热工电源及气源系统设计技术》3.5.1	现场检查	基建期及设备改造后
		3. ETS系统的控制设备宜选用双电源供电型设备，不宜选用通过电源切换装置实现双路供电的单电源供电型设备。		现场检查	设备选型
		4. ETS控制系统两路电源互为冗余，切换或任一电源失去时，ETS保护回路不会出现抖动或误动。	DL/T 261—2012《火力发电厂热工自动化系统可靠性评估技术导则》6.4.2.1	现场检查、试验	机组检修
		举例：某厂3号机组ETS主保护信号"真空低、润滑油压低、EH油压低"等信号同时发出，机组跳闸。检查后发现，在进行1号电源模件热拔插过程中，24V直流电源模件"OK"灯时有时无，电源模件无电压输出。拆开1号电源模件，发现内部两根220V交流电源接线松动，有灼伤痕迹。			
		5. 采用"双通道"设计时，每个通道的AST跳闸电磁阀，应各由一路进线电源供电。	DL/T 261—2012《火力发电厂热工自动化系统可靠性评估技术导则》6.4.2.1	现场检查、试验	基建期及设备改造后
		6. ETS执行部分的继电器采用外部供电时，应有两路自动切换（两路独立的110V直流电源）且不会对系统产生干扰的可靠电源。	DL/T 261—2012《火力发电厂热工自动化系统可靠性评估技术导则》6.5.1.1	现场检查、试验	基建期及设备改造后
		7. ETS执行部分的继电器电源采用厂用直流电源时，应有发生系统接地故障时不造成保护误动的措施，同时应有确保寻找接地故障时不造成保护误动的措施。	DL/T 261—2012《火力发电厂热工自动化系统可靠性评估技术导则》6.5.1.2	现场检查	机组检修
		8. 内部电源切换（转换）可靠，回路环路连接，任一接线松动不会导致电源失去。	DL/T 261—2012《火力发电厂热工自动化系统可靠性评估技术导则》6.4.2.1	现场检查	基建期及设备改造后
		9. ETS电源模块、跳闸继电器应纳入寿命管理。		现场检查、试验	机组检修
		举例：某机组运行中主汽门关闭、汽轮机跳闸、发电机与系统解列。DCS发出ETS机柜A、B侧24V直流电源失电报警。现场检查发现ETS机柜24V电源模件POWER灯指示正常，"OK"灯不亮。分析得知，带负载测量ETS机柜24V直流电源模件输出电压为6V。将该电源模件拆下通电测试，两块24V电源模件输出电压分别为直流11V和直流16V。ETS机柜24V直流电源异常，导致4个AST电磁阀控制继电器失电，保安油压失去，汽轮机主汽门关闭，这是机组跳闸的直接原因。分析两块24V直流电源不是同时损坏，其中的一块先故障，但由于故障电源电压输出高于报警继电器释放电压，致使电源失压报警继电器未动作，当另一块电源模件又故障时，直接造成母线电压降低。			

续表

项目	内容	标准	编制依据	方法	周期
ETS	电源监视	1. 机组正常停机前应对保护及控制系统直流电源进行拉路试验，确认直流电源突然消失及突然恢复时不会发生误动。		现场检查、试验	机组停运前
		2. 硬接线保护逻辑回路和独立的保护驱动回路应装设各自的电源熔断器或脱扣器。	DL/T 5428—2009《火力发电厂热工保护系统设计技术规定》5.1.4	现场检查、试验	机组检修
		3. 机柜两路进线电源及各路重要电源（如PLC、AST电磁阀、各开关量信号查询电压等供电）均应进行监视，任一路失去时有声光报警信号。报警信号送入DCS系统。	DL/T 261—2012《火力发电厂热工自动化系统可靠性评估技术导则》6.4.2.1	现场检查、试验	机组检修
		举例： 某厂2号机组跳闸，ETS系统无首出指示，MFT首出为“汽轮机跳闸”，2号机组DCS发“ETS电源失电报警”。更换2块24V直流电源模块，ETS机柜电源恢复正常，电源报警消失。原因分析：ETS机柜内24V直流电源既为ETS保护输入信号查询电源，又是ETS保护输出控制电源，当24V直流电源失电时，造成AST电磁阀控制继电器线圈24V失电，继电器触点断开，AST电磁阀线圈失去110V直流电源，导致机组跳闸；ETS机柜电源报警设计存在缺陷，2块24V直流电源模块工作电源取自两路不同的电源（一路UPS电源、一路保安电源），并联输出一路电源，但失电报警配置在24V公共输出端，任一块24V模块故障时，不能发出报警，只有两块24V电源都失去时，才发出报警信号，无法及时发现电源模块故障情况。同时，此种设置在电源板短路和过载时会连带整个系统发生异常，致使双电源均无法工作 。			
TSI	电源配置	1. 汽轮机监视仪表的供电，应各有两路电源，一路应引自交流不间断电源，另一路可引自交流保安电源或第二套交流不间断电源。	DL/T 5455—2012《火力发电厂热工电源及气源系统设计技术规程》3.4.2	现场检查	基建期及设备改造后
		2. TSI系统的控制设备宜选用双电源供电型设备，不宜选用通过电源切换装置实现双路供电的单电源供电型设备。		现场检查	设备选型
		举例： 某厂9号机组运行中发2、3、4号瓦振动大报警，各瓦相对振大幅摆动，运行人员就地测量正常，DCS画面振动值棒状图全部回零，持续5s后振动值棒状图显示恢复，发振动大报警信号，17min后，机组跳闸，首出为“轴瓦振动大”。原因分析：9号机组振动保护逻辑关系是瓦振和轴相对振动相与的关系，跳机时3、4号瓦的相对振动的数值（0.31μm）未达到整定值，而瓦振数值（133.24μm和133.09μm）达到了整定值（50μm）。报警事件列表中，显示各通道频繁出现“Not OK”状态。由此判断，可能是电源电压发生波动或电源模块出现故障造成监测系统发生异常。经分析，由于空气断路器触点接触不良造成轴系监测装置电源电压发生波动，引起TSI供电电源发生电压波动，导致TSI振动参数异常波动，误发轴承振动大信号，ETS保护动作，机组跳闸。采取措施：对9号机组TSI增加了一块电源模块，以实现冗余供电，增强系统可靠性，将TSI两个电源模块分别由两路电源供电。			
		3. 运行中发热严重的直流电源模块宜进行改造，使用带负载能力强发热小的电源。		现场检查、测量	日常巡检
	电源监视	TSI机柜应配置电源监视功能，任意一路电源失去应报警，报警信号送入DCS系统。		现场检查、试验	机组检修

续表

项目	内容	标准	编制依据	方法	周期
锅炉火焰监测装置	电源配置	1. 锅炉火焰检测装置的供电，应各有两路电源，两路电源应属于同一相（一般为A相），一路应引自交流不间断电源，另一路可引自交流保安电源或第二套交流不间断电源，避免使用同一段电源。		现场检查	基建期及设备改造后
锅炉火焰监测装置	电源配置	2. 火检系统的控制设备宜选用双电源供电型设备，不宜选用通过电源切换装置实现双路供电的单电源供电型设备。		现场检查	设备选型
锅炉火焰监测装置	电源配置	3. 互为备用的电源模块禁止直接并联，防止出现一个电源模块故障无法隔离问题，电源母线要采用环形供电连接方式，避免出现母线断点时部分失电。		现场检查	基建期及设备改造后
锅炉火焰监测装置	电源配置	4. 冗余电源切换时对火焰检测系统工作应无影响，火焰检测器不误发“无火焰”信号，任一路电源故障时应有报警信号。柜内火焰检测系统电源与风扇电源应独立配置或有良好隔离措施。	DL/T 261—2012《火力发电厂热工自动化系统可靠性评估技术导则》6.4.3.1 《火电厂热控系统可靠性配置与事故预控》8.1	现场检查、试验	机组检修
锅炉火焰监测装置	电源配置	**举例：**某供热机组电负荷268MW，供热蒸汽流量60t/h，A、C、D、E磨煤机运行。运行中全炉膛火焰丧失保护动作，锅炉MFT、机组跳闸。火检控制柜为双路电源供电，其中主电源为UPS电源，直接从UPS馈线柜供给；另一路为备用电源，由热控220V仪表电源柜2号柜供给，两路电源通过双电源切换继电器进行切换，正常工作时由主电源供电。事后检查，UPS主路电源进线电压正常，但断开备用电源后，火检控制柜失电，说明UPS主路电源经双电源切换装置后已不能正常工作，双电源切换装置出现故障。火检控制柜主电源因双电源切换装置故障失电后，切换过程中备用电源空气断路器跳闸，造成火检控制柜失电。分析认为，因冗余电源设计不合理，当火检控制柜电源切换装置故障时，一路电源跳闸的情况下，自动切换不成功，导致全炉膛火焰丧失保护动作，机组跳闸。			
锅炉火焰监测装置	电源配置	5. 各路火焰检测系统电源有单独的熔断器或相应的保护措施。	DL/T 261—2012《火力发电厂热工自动化系统可靠性评估技术导则》6.4.3.1	现场检查	基建期及设备改造后
锅炉火焰监测装置	电源配置	6. 各台磨煤机、各油层的火检放大器应合理地分配到不同的电源回路上，避免电源故障引起火检消失导致多台辅机跳闸。		现场检查	机组检修
锅炉火焰监测装置	电源配置	**举例：**某厂火检控制柜因电源故障导致机组跳闸。			
锅炉火焰监测装置	电源配置	7. 当采用两台火焰检测器冷却风机作为冷却风源时，其冷却风机就地控制箱内的每台风机控制电源应相互独立。	《火电厂热控系统可靠性配置与事故预控》8.4	现场检查	机组停运后

续表

项目	内容	标准	编制依据	方法	周期
锅炉火焰监测装置	电源配置	8. 交、直流电源开关和接线端子应分开布置，直流电源开关和接线端子应有明显的标示。	《防止电力生产事故的二十五项重点要求》9.1.13	现场检查	日常巡检
		9. 控制柜内直流电源模块应纳入设备寿命管理。		现场检查	机组检修
	电源监视	电源失电报警信号宜送入分散控制系统。	DL/T 5455—2012《火力发电厂热工电源及气源系统设计技术规程》3.7.2	现场检查、试验	机组检修
其他重点检查项目	循泵控制系统	1. 循环水泵房距离主厂房较远的远程控制站或I/O站应按单元设置来自不同厂用母线段的两路自动切换的可靠电源，其中一路应配置UPS电源。循环水泵出口阀的控制电磁阀等重要设备也应按单元有可靠的冗余电源。		现场检查	基建期及设备改造后
		举例：某厂7号机组跳闸后引起380V循环水7A段母线失电，导致8号机组循泵冷却水压力变送器失电，失去压力信号，最终循泵冷却水压力低保护动作引起7A/8B循泵跳闸，8号机组真空低保护动作。分析得知，循环水泵房热控电源1取自380V循环水7A段母线；热控电源2取自380V循环水8A段母线；热控电源3接在循泵房MCC（一），取自380V循环水7A段母线，与热工电源1取自同相。循泵冷却水压力变送器供电（24V直流）由热工电源1和热工电源3切换后经24V直流电源模块提供。循环冷却水压力变送器供电虽然设计了双路供电，但违背了两路冗余电源应取自不同母线段的要求，导致7号机组跳闸后因7A段母线失电最终引起8号机组真空低保护动作。			
		2. 每台循环水泵出口碟阀的控制和动力电源应相互独立，并使用双路电源供电。		现场检查	基建期及设备改造后
	给煤机控制回路	给煤机（给粉机）应合理分配到不同段母线上，防止总电源切换时产生给煤机（给粉机）运行状态瞬间失去（全炉膛燃料丧失）误发信号的影响。	DL/T 1091—2008《火力发电厂锅炉炉膛安全监控系统技术规程》4.4.2.6	现场检查、试验	基建期及设备改造后
	抽汽逆止门	抽汽逆止门、本体疏水门等宜从热控仪表电源柜中取电，采用单线圈电磁阀失电动作设计。	DL/T 261—2012《火力发电厂热工自动化系统可靠性评估技术导则》6.4.2.1	现场检查、试验	基建期及设备改造后
	汽包水位电视系统	控制室内除DCS监视汽包水位外，设置独立于DCS且配备独立电源的汽包水位后备显示仪表。	DL/T 261—2012《火力发电厂热工自动化系统可靠性评估技术导则》6.7.1.3	现场检查	基建期及设备改造后

续表

项目	内容	标准	编制依据	方法	周期
其他重点检查项目	炉膛火焰电视系统	火焰电视应设置独立于DCS的电源。		现场检查	基建期及设备改造后
	空冷控制系统	空冷控制系统的供电，宜与单元机组的分散控制系统统一设计。	DL/T 5455—2012《火力发电厂热工电源及气源系统设计技术规程》3.4.3	现场检查	基建期及设备改造后
	伴热系统	1. 仪表和测量管路电伴热系统的供电电源，宜采用单相三线制系统供电。	DL/T 5455—2012《火力发电厂热工电源及气源系统设计技术规程》3.8.1	现场检查	基建期及设备改造后
		2. 伴热电源不应使用检修电源。		现场检查	日常巡检

第五章

热工设备隐患排查辅机保护连锁部分

项目	内容	标准	编制依据	方法	周期
给水泵汽轮机轴承润滑油压力低保护	信号	1. 油测量管路不应装设排污阀。	DL 5190.4—2012《电力建设施工技术规范　第4部分：热工仪表及控制装置》4.2.8	现场检查	基建期、设备改造、设备故障更换后
		2. 轴承润滑油压力开关应与轴承中心标高一致，否则整定时应考虑液柱高度的修正值。	DL 5190.4—2012《电力建设施工技术规范　第4部分：热工仪表及控制装置》4.3.4	现场检查	基建期、设备改造、设备故障更换后
		3. 测量装置至测量模件应遵循全程相对独立的原则。		现场检查	基建期、设备改造、机组检修
		4. 当油管路与工艺热管道交叉时，禁止将油管路的焊口及阀门接口安排在交叉处正上方，以免油管路腐蚀泄漏。	DL/T 5182—2004《火力发电厂热工自动化就地设备安装、管路、电缆设计技术规定》5.1.4	现场检查	基建期、设备改造、设备故障更换后
		5. 保护系统和油系统禁用普通橡皮电缆。	《火电厂热控系统可靠性配置与事故预控》14.2	现场检查	基建期、设备改造、设备故障更换后
		6. 应采用聚四氟乙烯垫片，禁止用纸垫片。		现场检查	基建期、设备改造、设备故障更换后
	油泵连锁	1. 不宜设置油位低、油温低作为油泵启动闭锁条件；当设置油位低、油温低作为油泵启动闭锁时，应实现“二取二”或“三取二”。		现场检查	基建期、设备改造、日常检查
		2. 应设置油压低连锁启动备用油泵。		现场检查	基建期、设备改造、设备故障更换后、日常排查

续表

项目	内容	标准	编制依据	方法	周期
给水泵汽轮机轴承润滑油压力低保护	油泵连锁	3. 应设置运行泵跳闸连锁启动备用泵。		现场检查	基建期、设备改造、设备故障更换后、日常排查
		4. 油泵严禁设置保护停止逻辑。		现场检查	基建期、设备改造、设备故障更换后、日常排查
		5. 互为冗余的油泵电源必须取自不同段。		现场检查	基建期、设备改造、设备故障更换后、日常排查
	控制逻辑	压力低信号应采用“三取二”逻辑或具备同等判断功能的逻辑输出。	DL/T 261—2012《火力发电厂热工自动化系统可靠性评估技术导则》6.4.1.1	现场检查	基建期、设备改造、设备故障更换后、日常排查
给水泵汽轮机抗燃油压低保护	信号	1. 取样一次阀，宜为两个工艺阀门串联连接（防止后部漏流无法隔绝），安装于取样点附近且便于运行检修操作的场所。		现场检查	基建期、设备改造、设备故障更换后、日常排查
		2. 油测量管路不应装设排污阀。	DL 5190.4—2012《电力建设施工技术规范　第4部分：热工仪表及控制装置》4.2.8	现场检查	基建期、设备改造、设备故障更换后、日常排查
		3. 当油管路与工艺热管道交叉时，禁止将油管路的焊口及阀门接口安排在交叉处正上方，以免油管路腐蚀泄漏。	DL/T 5182—2004《火力发电厂热工自动化就地设备安装、管路、电缆设计技术规定》5.1.4	现场检查	基建期、设备改造、设备故障更换后、日常排查

续表

项目	内容	标准	编制依据	方法	周期
给水泵汽轮机抗燃油压低保护	信号	4. 采用液动薄膜阀的机组，应将薄膜阀上腔的润滑油压力接入DCS画面显示并进行越限报警。		现场检查	基建期、设备改造、设备故障更换后、日常排查
		5. 保护系统和油系统禁用普通橡皮电缆。	《火电厂热控系统可靠性配置与事故预控》14.2	现场检查	基建期、设备改造、设备故障更换后、日常排查
		6. 宜采用紫铜垫片。		现场检查	基建期、设备改造、设备故障更换后、日常排查
	硬接线回路	1. 配置双通道四跳闸线圈给水泵汽轮机紧急跳闸系统的机组： a）采用两路不同母线直流110V（或220V）供电时，每个通道的AST跳闸电磁阀宜各由一路电源供电。当两路直流110V（或220V）通过二极管隔离，给4个电磁阀供电时，二极管的性能、使用期限在允许范围内。 b）采用两路交流220V供电时，应分别取自UPS1和UPS2（或保安段）电源，两路进线应分别取自不同的供电母线上。每个通道的AST跳闸电磁阀应各由一路进线电源供电。不应由两路电源切换后驱动4个跳闸电磁阀。 c）任一通道动作不应引起系统的误动或拒动。 d）手动跳机按钮动作可靠且有防护措施，其信号连接ETS输入模件的同时，直接跨接至保护输出继电器驱动回路。		现场检查	基建期、设备改造、设备故障更换后、日常排查
		2. 功率较大的电磁阀应制定防止电磁阀长期带电烧损的措施。		现场检查	基建期、设备改造、设备故障更换后、日常排查

续表

项目	内容	标准	编制依据	方法	周期
给水泵汽轮机抗燃油压低保护	硬接线回路	3. 跳闸电磁阀的电缆不宜由中间端子箱转接。跳闸阀块应有必要的防水、防踩踏措施。		现场检查	基建期、设备改造、设备故障更换后、日常排查
		4. 跳闸电磁阀线圈型号应和阀芯、电源匹配。		现场检查	基建期、设备改造、设备故障更换后、日常排查
		5. 具有故障安全要求的电磁阀应采用失电时使工艺系统处于安全状态的单线圈电磁阀，控制指令应采用持续长信号；无故障安全要求的电磁阀应尽量采用双线圈电磁阀，控制指令宜采用短脉冲信号。	DL/T 261—2012《火力发电厂热工自动化系统可靠性评估技术导则》6.6.2.4	现场检查	基建期、设备改造、设备故障更换后、日常排查
		6. 安装检修：电磁阀在安装前检查，铁芯应无卡涩现象；测量线圈与阀体间的绝缘电阻合格、线圈直流电阻正常并记录归档；固定端正、牢固，进/出口方向正确；成排安装间距均匀，接线连接正确、牢靠。	DL/T 261—2012《火力发电厂热工自动化系统可靠性评估技术导则》6.6.2.4	现场检查	基建期、设备改造、设备故障更换后、日常排查
汽动给水泵进水流量低保护	信号	1. 宜采用3对独立取样孔的流量节流装置，节流装置的安装方向应正确。		现场检查	基建期、设备改造、设备故障更换后、日常排查
		2. 流量保护信号宜三重冗余配置，遵循从取样点到输入模件全程相对独立的原则。		现场检查	基建期、设备改造、设备故障更换后、日常排查
		3. 差压仪表或变送器的安装位置应低于取源部件。	DL 5190.4—2012《电力建设施工技术规范 第4部分：热工仪表及控制装置》4.2.6	现场检查	基建期、设备改造、设备故障更换后、日常排查

续表

项目	内容	标准	编制依据	方法	周期
汽动给水泵进水流量低保护	信号	4. 配置电伴热装置的机组，根据季节温度及时投用和停用电伴热装置，并将伴热带检查作为入冬前的常规安全检查项目。		现场检查	基建期、设备改造、设备故障更换后、日常排查
	控制逻辑	流量低且汽泵再循环阀开度在规定值以下，延时跳闸。		现场检查	基建期、设备改造、设备故障更换后、日常排查
除氧器水位低三值，或给水泵入口水压低保护	信号	1. 应三重冗余配置，应遵循从取样点到输入模件全程相对独立的原则。	《防止电力生产事故的二十五项重点要求》9.4.3	现场检查	基建期、设备改造、设备故障更换后、日常排查
		2. 信号经不同模件输出三路硬接线。		现场检查	基建期、设备改造、设备故障更换后、日常排查
	控制逻辑	“三取二”逻辑判断，应增加适当延时。		现场检查	基建期、设备改造、设备故障更换后、日常排查
给水泵汽轮机排汽真空低保护	信号	1. 取样孔应布置于排汽口处，水平居中、分布均匀。取样管路向排汽口方向倾斜，防止出现水塞现象。取样管路严禁设置排污阀。		现场检查	基建期、设备改造、设备故障更换后、日常排查
		举例：某厂5号机组汽动给水泵（单辅机）真空取样位置高于变送器安装高度且管路存在U形弯，存在水塞导致保护误动的隐患。			
		2. 真空压力低开关应三重（或四重）冗余，并遵循从取样点到输入模件全程相对独立的原则。	《防止电力生产事故的二十五项重点要求》9.4.3	现场检查	基建期、设备改造、设备故障更换后、日常排查

续表

项目	内容	标准	编制依据	方法	周期
给水泵汽轮机排汽真空低保护	信号	3. 就地信号应硬接线直接输入至 METS。	DL/T 261—2012《火力发电厂热工自动化系统可靠性评估技术导则》6.2.3.4	现场检查	基建期、设备改造、设备故障更换后、日常排查
	控制逻辑	通过“三选二”或具有同等判断功能的逻辑实现。	《火电厂热控系统可靠性配置与事故预控》	现场检查	基建期、设备改造、设备故障更换后、日常排查
给水泵汽轮机超速保护	信号	1. 每套转速监测装置测点应三重冗余，并遵循从取样点到输入模件全程相对独立的原则。	《防止电力生产事故的二十五项重点要求》9.4.3	现场检查	基建期、设备改造、设备故障更换后、日常排查
		2. TSI 系统的传感器探头、延长电缆和前置器，应成套校验安装。	DL/T 261—2012《火力发电厂热工自动化系统可靠性评估技术导则》6.4.1.2	现场检查	基建期、设备改造、设备故障更换后、日常排查
		3. 传感器应安装紧固，传感器尾线与延伸电缆的连接接头套有热缩管固定可靠，延伸电缆避免小弧度弯曲（根据厂商要求）且沿途固定，远离强电磁干扰源和高温区，固定与走向不存在损伤电缆的隐患，并有可靠的全程金属防护措施。	DL/T 261—2012《火力发电厂热工自动化系统可靠性评估技术导则》6.4.1	现场检查	基建期、设备改造、设备故障更换后、日常排查
		4. 传感器延伸电缆固定宜用漆包线（紫铜线）进行固定，出缸线宜采用一线一出口。出缸处应考虑防渗漏措施。		现场检查	基建期、设备改造、设备故障更换后、日常排查

续表

项目	内容	标准	编制依据	方法	周期
给水泵汽轮机超速保护	信号	5. 安装前置放大器的金属盒应选择在较小振动并便于检修的位置，盒体底座垫 10mm 左右橡皮后固定牢固。	DL/T 261—2012《火力发电厂热工自动化系统可靠性评估技术导则》6.4.1.2	现场检查	基建期、设备改造、设备故障更换后、日常排查
		6. 前置放大器安装于金属箱中（根据型号确定浮空安装要求），箱体应可靠接地。接口和接线检查紧固；输出信号电缆宜采用 0.5～1.0mm 的普通三芯屏蔽电缆，且其屏蔽层在汽轮机现场侧绝缘浮空；若采用四芯屏蔽电缆，备用芯应在机柜端接地。电缆屏蔽层在机架的接线端子旁靠近框架处破开，屏蔽线直接接在机架的 COM（公共地）或 Shield（屏蔽接地）端上。		现场检查	基建期、设备改造、设备故障更换后、日常排查
		7. 与其他系统连接时，TSI 系统和被连接系统应作为一个整体考虑并保证屏蔽层一点接地。		现场检查	基建期、设备改造、设备故障更换后、日常排查
		8. 信号屏蔽层具有全线路电气连续性。检查接线盒或中间端子柜的屏蔽电缆接线，当有分开或合并时，其两端的屏蔽线通过端子可靠连接。	DL/T 261—2012《火力发电厂热工自动化系统可靠性评估技术导则》6.5.2.5	现场检查	基建期、设备改造、设备故障更换后、日常排查
		9. TSI 传感器宜选择不带中间接头且全程为金属铠装的电缆。	DL/T 261—2012《火力发电厂热工自动化系统可靠性评估技术导则》6.4.1.1	现场检查	基建期、设备改造、设备故障更换后、日常排查
		10. 机组停修期间，应静态校核转速判断模板的定值。		现场检查	基建期、设备改造、设备故障更换后、日常排查

续表

项目	内容	标准	编制依据	方法	周期
给水泵汽轮机超速保护	信号	11. 保护系统和油系统禁用普通橡皮电缆，进入轴承箱内的导线应采用耐油、耐热绝缘软线。	《火电厂热控系统可靠性配置与事故预控》14.2	现场检查	基建期、设备改造、设备故障更换后、日常排查
	控制逻辑	进行“三取二”逻辑判断。		现场检查	基建期、设备改造、设备故障更换后、日常排查
给水泵汽轮机轴向位移保护	信号	1. 小汽轮机处于完全冷却状态（缸温与周围环境温度之差不超过3℃）下进行安装（螺栓热处理时禁止安装）、调整零位。		现场检查	基建期、设备改造、设备故障更换后、日常排查
		2. TSI系统的传感器探头、延长电缆和前置器，应成套校验安装。	DL/T 261—2012《火力发电厂热工自动化系统可靠性评估技术导则》6.4.1.2	现场检查	基建期、设备改造、设备故障更换后、日常排查
		3. 测量用的电磁感应式和电涡流式传感器或变送器的安装，应按产品技术文件的要求，推动转子使其推力盘紧靠工作或非工作推力瓦面，然后进行间隙调整。传感器中心轴线与测量表面应垂直。	DL 5190.4—2012《电力建设施工技术规范　第4部分：热工仪表及控制装置》3.7.4	现场检查	基建期、设备改造、设备故障更换后、日常排查
		4. 传感器应安装紧固，传感器尾线与延伸电缆的连接接头套有热缩管固定可靠，延伸电缆避免小弧度弯曲（根据厂商要求）且沿途固定，远离强电磁干扰源和高温区，固定与走向不存在损伤电缆的隐患，并有可靠的全程金属防护措施。	DL/T 261—2012《火力发电厂热工自动化系统可靠性评估技术导则》6.4.1	现场检查	基建期、设备改造、设备故障更换后、日常排查

续表

项目	内容	标准	编制依据	方法	周期
给水泵汽轮机轴向位移保护	信号	5. 传感器延伸电缆固定宜用漆包线（紫铜线）进行固定，出缸线宜考虑采用一线一出口。出缸处应考虑防渗漏措施。		现场检查	基建期、设备改造、设备故障更换后、日常排查
		6. 安装前置放大器的金属盒应选择在较小振动并便于检修的位置，盒体底座垫 10mm 左右橡皮后固定牢固。	DL/T 261—2012《火力发电厂热工自动化系统可靠性评估技术导则》6.4.1.2	现场检查	基建期、设备改造、设备故障更换后、日常排查
		7. 前置放大器安装于金属箱中（根据型号确定浮空安装要求），箱体应可靠接地。接口和接线检查紧固；输出信号电缆宜采用 0.5～1.0mm 的普通三芯屏蔽电缆，且其屏蔽层在汽轮机现场侧绝缘浮空；若采用四芯屏蔽电缆，备用芯应在机柜端接地。电缆屏蔽层在机架的接线端子旁靠近框架处破开，屏蔽线直接接在机架的 COM（公共地）或 Shield（屏蔽接地）端上。		现场检查	基建期、设备改造、设备故障更换后、日常排查
		8. 与其他系统连接时，TSI 系统和被连接系统应作为一个整体考虑并保证屏蔽层一点接地。		现场检查	基建期、设备改造、设备故障更换后、日常排查
		9. 信号屏蔽层具有全线路电气连续性。检查接线盒或中间端子柜的屏蔽电缆接线，当有分开或合并时，其两端的屏蔽线通过端子可靠连接。	DL/T 261—2012《火力发电厂热工自动化系统可靠性评估技术导则》6.5.2.5	现场检查	基建期、设备改造、设备故障更换后、日常排查
		10. TSI 传感器宜选择不带中间接头且全程为金属铠装的电缆。	DL/T 261—2012《火力发电厂热工自动化系统可靠性评估技术导则》6.4.1.1	现场检查	基建期、设备改造、设备故障更换后、日常排查

续表

项目	内容	标准	编制依据	方法	周期
给水泵汽轮机轴向位移保护	信号	11. 轴位移保护逻辑应遵循从取样点到输入模件全程相对独立的原则。	《防止电力生产事故的二十五项重点要求》9.4.3	现场检查	基建期、设备改造、设备故障更换后、日常排查
		12. 保护系统和油系统禁用普通橡皮电缆，进入轴承箱内的导线应采用耐油、耐热绝缘软线。	《火电厂热控系统可靠性配置与事故预控》14.2	现场检查	基建期、设备改造、设备故障更换后、日常排查
	控制逻辑	轴向位移保护信号宜采用“三取二”逻辑或具备同等判断功能的逻辑输出。	DL/T 261—2012《火力发电厂热工自动化系统可靠性评估技术导则》6.4.1.1	现场检查	基建期、设备改造、设备故障更换后、日常排查
给水泵汽轮机振动大保护	信号	1. 轴承座绝对振动测量用的磁电式速度传感器和压电式速度传感器，安装在精加工的轴承座的平面上应为刚性连接。	DL 5190.4—2012《电力建设施工技术规范 第4部分：热工仪表及控制装置》3.7	现场检查	基建期、设备改造、设备故障更换后、日常排查
		2. TSI系统的传感器探头、延长电缆和前置器，应成套校验安装。	DL/T 261—2012《火力发电厂热工自动化系统可靠性评估技术导则》6.4.1.2	现场检查	基建期、设备改造、设备故障更换后、日常排查
		3. 传感器应安装紧固，传感器尾线与延伸电缆的连接接头套有热缩管固定可靠，延伸电缆避免小弧度弯曲（根据厂商要求）且沿途固定，远离强电磁干扰源和高温区，固定与走向不存在损伤电缆的隐患，并有可靠的全程金属防护措施。	DL/T 261—2012《火力发电厂热工自动化系统可靠性评估技术导则》6.4.1	现场检查	基建期、设备改造、设备故障更换后、日常排查

续表

项目	内容	标准	编制依据	方法	周期
给水泵汽轮机振动大保护	信号	4. 传感器延伸电缆固定宜用漆包线（紫铜线）进行固定，出缸线宜考虑采用一线一出口。出缸处应考虑防渗漏措施。		现场检查	基建期、设备改造、设备故障更换后、日常排查
		5. 安装前置放大器的金属盒应选择在较小振动并便于检修的位置，盒体底座垫 10mm 左右橡皮后固定牢固。	DL/T 261—2012《火力发电厂热工自动化系统可靠性评估技术导则》6.4.1.2	现场检查	基建期、设备改造、设备故障更换后、日常排查
		6. 前置放大器安装于金属箱中（根据型号确定浮空安装要求），箱体应可靠接地。接口和接线检查紧固；输出信号电缆宜采用 0.5～1.0mm 的普通三芯屏蔽电缆，且其屏蔽层在汽轮机现场侧绝缘浮空；若采用四芯屏蔽电缆，备用芯应在机柜端接地。电缆屏蔽层在机架的接线端子旁靠近框架处破开，屏蔽线直接接在机架的 COM（公共地）或 Shield（屏蔽接地）端上。		现场检查	基建期、设备改造、设备故障更换后、日常排查
		7. 与其他系统连接时，TSI 系统和被连接系统应作为一个整体考虑并保证屏蔽层一点接地。		现场检查	基建期、设备改造、设备故障更换后、日常排查
		8. 信号屏蔽层具有全线路电气连续性。检查接线盒或中间端子柜的屏蔽电缆接线，当有分开或合并时，其两端的屏蔽线通过端子可靠连接。	DL/T 261—2012《火力发电厂热工自动化系统可靠性评估技术导则》6.5.2.5	现场检查	基建期、设备改造、设备故障更换后、日常排查
		9. TSI 传感器宜选择不带中间接头且全程为金属铠装的电缆。	DL/T 261—2012《火力发电厂热工自动化系统可靠性评估技术导则》6.4.1.1	现场检查	基建期、设备改造、设备故障更换后、日常排查

续表

项目	内容	标准	编制依据	方法	周期
给水泵汽轮机振动大保护	信号	10. 转子轴系表面因修复等原因增加修复涂层时，振动因数需增加修正。		现场检查	基建期、设备改造、设备故障更换后、日常排查
		11. 信号应遵循从取样点到输入模件全程相对独立的原则。	《防止电力生产事故的二十五项重点要求》9.4.3	现场检查	基建期、设备改造、设备故障更换后、日常排查
		12. TSI系统的传感器探头、延长电缆和前置器，应成套校验安装。	DL/T 261—2012《火力发电厂热工自动化系统可靠性评估技术导则》6.4.1.2	现场检查	基建期、设备改造、设备故障更换后、日常排查
		13. 保护系统和油系统禁用普通橡皮电缆，进入轴承箱内的导线应采用耐油、耐热绝缘软线。	《火电厂热控系统可靠性配置与事故预控》14.2	现场检查	基建期、设备改造、设备故障更换后、日常排查
	控制逻辑	1. 采用轴承相对振动信号作为振动保护的信号源，有防止单点信号误动的措施。当任一轴承振动达报警或动作值时，应有明显的声光报警信号。	DL/T 261—2012《火力发电厂热工自动化系统可靠性评估技术导则》6.4.1.1	现场检查	基建期、设备改造、设备故障更换后、日常排查
		2. 采用组合逻辑时，禁止采用泵侧振动和小汽轮机侧振动进行组合。		现场检查	基建期、设备改造、设备故障更换后、日常排查

续表

项目	内容	标准	编制依据	方法	周期
给水泵汽轮机轴承（推力轴承）温度高保护	信号	1. 为减少因接线松动、元件故障引起的信号突变而导致系统故障的发生，参与控制、保护连锁的缓变模拟量信号，应正确设置变化速率保护功能。	《火电厂热控系统可靠性配置与事故预控》7.2	现场检查	基建期、设备改造、设备故障更换后、日常排查
		2. 轴承测温元件应安装牢固，紧固件应锁紧，且测温元件应便于拆卸，引出处不得渗漏。	DL 5190.4—2012《电力建设施工技术规范　第4部分：热工仪表及控制装置》3.2.17	现场检查	基建期、设备改造、设备故障更换后、日常排查
		3. 电缆固定宜用漆包线（紫铜线）进行固定，出缸线宜采用一线一出口。		现场检查	基建期、设备改造、设备故障更换后、日常排查
		4. 测量轴瓦温度的备用测温元件，应将其引线引至接线盒。	DL 5190.4—2012《电力建设施工技术规范　第4部分：热工仪表及控制装置》3.2.23	现场检查	基建期、设备改造、设备故障更换后、日常排查
		5. 测温元件线缆在引入接线盒前应敷设黄腊管或保护套管，避免线缆外皮磨损导致信号受到干扰。		现场检查	基建期、设备改造、设备故障更换后、日常排查
		6. 单点保护的模拟量输入信号必须采用“坏值”（开路、短路、超出量程上限或低于量程下限规定值）等方法对信号进行“质量”判别。在有条件的情况下，还应采用相关参数来判别保护信号的可信性，并及时发出明显的报警。为减少因接线松动、元件故障引起的信号突变而导致系统故障的发生，参与控制、保护连锁的缓变模拟量信号，应正确设置变化速率保护功能。当变化速率超过设定值时，自动屏蔽该信号的输出，使该信号的保护不起作用，并输出声光报警提醒运行人员。经人员检查确认信号测量正常后，应手动解除该信号的保护屏蔽功能、复归屏幕报警信号。		现场检查	基建期、设备改造、设备故障更换后、日常排查

续表

项目	内容	标准	编制依据	方法	周期
给水泵汽轮机轴承（推力轴承）温度高保护	控制逻辑	温度信号应直接传入跳闸柜，不得采用通信方式传输。		现场检查	基建期、设备改造、设备故障更换后、日常排查
		机械密封水回水温度高且密封水进回水差压低。		现场检查	基建期、设备改造、设备故障更换后、日常排查
MEH失电保护	控制逻辑	MEH失电应采用“三取二”或“二取二”逻辑判断。		现场检查	基建期、设备改造、设备故障更换后、日常排查
给水泵汽轮机前置泵跳闸保护	信号	1. 停止信号宜由运行、停止和电流信号（硬接线）经“三取二”判别。		现场检查	基建期、设备改造、设备故障更换后、日常排查
		2. 单点保护的模拟量输入信号必须采用“坏值”（开路、短路、超出量程上限或低于量程下限规定值）等方法对信号进行“质量”判别。在有条件的情况下，还应采用相关参数来判别保护信号的可信性，并及时发出明显的报警。为减少因接线松动、元件故障引起的信号突变而导致系统故障的发生，参与控制、保护连锁的缓变模拟量信号，应正确设置变化速率保护功能。当变化速率超过设定值时，自动屏蔽该信号的输出，使该信号的保护不起作用，并输出声光报警提醒运行人员。经人员检查确认信号测量正常后，应手动解除该信号的保护屏蔽功能、复归屏幕报警信号。		现场检查	基建期、设备改造、设备故障更换后、日常排查

续表

项目	内容	标准	编制依据	方法	周期
给水泵汽轮机前置泵跳闸保护	信号	3. 宜将需要手动解除保护屏蔽功能的保护投退状态汇总至操作员站的一个报警画面。		现场检查	基建期、设备改造、设备故障更换后、日常排查
	保护条件	1. 除氧器水位低于规定值。		现场检查	基建期、设备改造、设备故障更换后、日常排查
		2. 前置泵出口流量低且汽泵再循环阀开度在规定值以下，延时跳闸。		现场检查	基建期、设备改造、设备故障更换后、日常排查
		3. 前置泵运行规定时间，入口门未开。		现场检查	基建期、设备改造、设备故障更换后、日常排查
MFT（直流炉）跳闸给水泵汽轮机	控制逻辑	MFT 宜 3 路硬接线直接接入，或两路硬接线和一路通信点实现“三取二”逻辑。		现场检查	基建期、设备改造、设备故障更换后、日常排查
给水泵汽轮机手动打闸	控制逻辑	手动停机触点应直接串接跳闸电磁阀的供电（驱动）回路。		现场检查	基建期、设备改造、设备故障更换后、日常排查

续表

项目	内容	标准	编制依据	方法	周期
凝结水泵连锁及保护	信号	1. 工频位：凝结水泵状态信号宜由断路器合闸、分闸和电流信号（硬接线）经“三取二”判别。		现场检查	基建期、设备改造、设备故障更换后、日常排查
		2. 变频位：凝结水泵状态信号宜由变频器状态信号和频率信号（硬接线）共同判别。		现场检查	基建期、设备改造、设备故障更换后、日常排查
		3. 凝汽器水位测量不得装设排污阀。	DL 5190.4—2012《电力建设施工技术规范　第4部分：热工仪表及控制装置》4.2.8	现场检查	基建期、设备改造、设备故障更换后、日常排查
		4. 凝汽器水位测量装置应采用纸垫或聚四氟乙烯垫片。	DL 5190.4—2012《电力建设施工技术规范　第4部分：热工仪表及控制装置》附录B	现场检查	基建期、设备改造、设备故障更换后、日常排查
		5. 凝汽器水位应三重冗余，信号应遵循从取样点到输入模件全程相对独立的原则。	《防止电力生产事故的二十五项重点要求》	现场检查	基建期、设备改造、设备故障更换后、日常排查
		6. 单点保护的模拟量输入信号必须采用“坏值”（开路、短路、超出量程上限或低于量程下限规定值）等方法对信号进行“质量”判别。在有条件的情况下，还应采用相关参数来判别保护信号的可信性，并及时发出明显的报警。为减少因接线松动、元件故障引起的信号突变而导致系统故障的发生，参与控制、保护连锁的缓变模拟量信号，应正确设置变化速率保护功能。当变化速率超过设定值时，自动屏蔽该信号的输出，使该信号的保护不起作用，并输出声光报警提醒运行人员。经人员检查确认信号测量正常后，应手动解除该信号的保护屏蔽功能、复归屏幕报警信号。		现场检查	基建期、设备改造、设备故障更换后、日常排查

续表

项目	内容	标准	编制依据	方法	周期
凝结水泵连锁及保护	连锁条件	1. 出口母管压力低于规定值连锁启动备用泵。		现场检查	基建期、设备改造、设备故障更换后、日常排查
		2. 工作泵事故跳闸时，应自动投入备用泵。	DL/T 5175—2003《火力发电厂热工控制系统设计技术规定》6.3.11	现场检查	基建期、设备改造、设备故障更换后、日常排查
		3. 备用泵投入时，出口门连锁开启。		现场检查	基建期、设备改造、设备故障更换后、日常排查
	保护条件	1. 凝结水泵运行规定时间，凝结水泵出口电动门全关。		现场检查	基建期、设备改造、设备故障更换后、日常排查
		2. 凝汽器水位低于规定值。		现场检查	基建期、设备改造、设备故障更换后、日常排查
		3. 凝结水泵轴承（线圈）温度高于规定值。		现场检查	基建期、设备改造、设备故障更换后、日常排查

续表

项目	内容	标准	编制依据	方法	周期
闭式水泵连锁及保护	信号	1. 闭式水箱液位作为闭式水泵保护条件时，应三重冗余，并遵循从取样点到输入模件全程相对独立的原则。		现场检查	基建期、设备改造、设备故障更换后、日常排查
		2. 采用变频泵时，变频器应设置最小启动频率。		现场检查	基建期、设备改造、设备故障更换后、日常排查
		3. 闭式水泵的状态信号宜由运行、停止和电流信号经“三取二”判别。		现场检查	基建期、设备改造、设备故障更换后、日常排查
	连锁条件	1. 出口母管压力低于规定值连锁启动备用泵。		现场检查	基建期、设备改造、设备故障更换后、日常排查
		2. 工作泵事故跳闸时，应自动投入备用泵。	DL/T 5175—2003《火力发电厂热工控制系统设计技术规定》6.3.11	现场检查	基建期、设备改造、设备故障更换后、日常排查
		3. 单点保护的模拟量输入信号必须采用“坏值”（开路、短路、超出量程上限或低于量程下限规定值）等方法对信号进行“质量”判别。在有条件的情况下，还应采用相关参数来判别保护信号的可信性，并及时发出明显的报警。为减少因接线松动、元件故障引起的信号突变而导致系统故障的发生，参与控制、保护连锁的缓变模拟量信号，应正确设置变化速率保护功能。当变化速率超过设定值时，自动屏蔽该信号的输出，使该信号的保护不起作用，并输出声光报警提醒运行人员。经人员检查确认信号测量正常后，应手动解除该信号的保护屏蔽功能、复归屏幕报警信号。		现场检查	基建期、设备改造、设备故障更换后、日常排查

续表

项目	内容	标准	编制依据	方法	周期
闭式水泵连锁及保护	保护条件	闭式水泵运行规定时间，闭式水泵出口电动门全关。		现场检查	基建期、设备改造、设备故障更换后、日常排查
真空泵连锁	信号	1. 应将水环真空泵分离器液位信号上传至DCS。		现场检查	基建期、设备改造、设备故障更换后、日常排查
		2. 配备单点保护的模拟量输入信号必须采用“坏值”（开路、短路、超出量程上限或低于量程下限规定值）等方法对信号进行“质量”判别。在有条件的情况下，还应采用相关参数来判别保护信号的可信性，并及时发出明显的报警。为减少因接线松动、元件故障引起的信号突变而导致系统故障的发生，参与控制、保护连锁的缓变模拟量信号，应正确设置变化速率保护功能。当变化速率超过设定值时，自动屏蔽该信号的输出，使该信号的保护不起作用，并输出声光报警提醒运行人员。经人员检查确认信号测量正常后，应手动解除该信号的保护屏蔽功能、复归屏幕报警信号。模拟量信号处理功能块带自复位功能时，应设置保位功能，手动进行复位，避免保护误动。		现场检查	基建期、设备改造、设备故障更换后、日常排查
		3. 真空泵的状态信号宜由运行、停止和电流信号经三取二判别。		现场检查	基建期、设备改造、设备故障更换后、日常排查
	连锁条件	1. 凝汽器真空低连锁启动备用泵。		现场检查	基建期、设备改造、设备故障更换后、日常排查

续表

项目	内容	标准	编制依据	方法	周期
真空泵保护	连锁条件	2. 工作泵事故跳闸时，应自动投入备用泵。	DL/T 5175—2003《火力发电厂热工控制系统设计技术规定》6.3.11	现场检查	基建期、设备改造、设备故障更换后、日常排查
		3. 配置多台真空泵时，应设置备用泵的连锁启动顺序逻辑。		现场检查	基建期、设备改造、设备故障更换后、日常排查
		4. 真空泵正常停止时，应先连锁关闭入口阀，后停止真空泵，避免入口门无法关闭而真空泵停运情况的发生。		现场检查	基建期、设备改造、设备故障更换后、日常排查
		5. 真空泵运行且入口阀前后压差大于规定值时连锁打开入口阀。		现场检查	基建期、设备改造、设备故障更换后、日常排查
循环水泵保护	信号	1. 工频位：凝结水泵状态信号宜由断路器合闸、分闸和电流信号（硬接线）经“三取二”判别。		现场检查	基建期、设备改造、设备故障更换后、日常排查
		2. 变频位：凝结水泵状态信号宜由变频器状态信号和频率信号（硬接线）共同判别。		现场检查	基建期、设备改造、设备故障更换后、日常排查

续表

项目	内容	标准	编制依据	方法	周期
循环水泵保护	信号	3. 单点保护的模拟量输入信号必须采用“坏值”（开路、短路、超出量程上限或低于量程下限规定值）等方法对信号进行“质量”判别。在有条件的情况下，还应采用相关参数来判别保护信号的可信性，并及时发出明显的报警。为减少因接线松动、元件故障引起的信号突变而导致系统故障的发生，参与控制、保护连锁的缓变模拟量信号，应正确设置变化速率保护功能。当变化速率超过设定值时，自动屏蔽该信号的输出，使该信号的保护不起作用，并输出声光报警提醒运行人员。经人员检查确认信号测量正常后，应手动解除该信号的保护屏蔽功能、复归屏幕报警信号。		现场检查	基建期、设备改造、设备故障更换后、日常排查
		4. 循泵蝶阀各位置宜设置双重反馈，反馈装置应做好防进水措施。		现场检查	基建期、设备改造、设备故障更换后、日常排查
		5. 每台机组的两台（或3台）循环水泵，宜分别配置在不同的控制器中。	DL/T 261—2012《火力发电厂热工自动化系统可靠性评估技术导则》6.4.6.1	现场检查	基建期、设备改造、设备故障更换后、日常排查
		6. 循泵蝶阀和对应循环水泵应配置在同一控制器。		现场检查	基建期、设备改造、设备故障更换后、日常排查
		7. 采用母管制的循环水系统，宜按单元或分组纳入单元机组DCS中。不宜分开的控制系统可配置在公用DCS中，但不应集中在一对控制器上。		现场检查	基建期、设备改造、设备故障更换后、日常排查

续表

项目	内容	标准	编制依据	方法	周期
循环水泵连锁	信号	8. 不同单元机组对同一公用系统设备进行操作时，应设置优先级并增加闭锁功能，确保在任何情况下只能有一个单元机组对公用系统进行操作。	DL/T 261—2012《火力发电厂热工自动化系统可靠性评估技术导则》6.4.6.1	现场检查	基建期、设备改造、设备故障更换后、日常排查
		9. 循环水系统的公用系统宜分开至不同控制器进行控制。		现场检查	基建期、设备改造、设备故障更换后、日常排查
		10. 自带控制装置的现场设备（如循泵房蝶阀），实现 DCS 远方控制时的启/停指令应采用短脉冲信号，并在就地控制装置中设计自保持回路。	DL/T 261—2012《火力发电厂热工自动化系统可靠性评估技术导则》6.4.6.1	现场检查	基建期、设备改造、设备故障更换后、日常排查
		11. 循泵停止信号宜由运行、停止和电流信号（硬接线）经“三取二”判别；循泵状态未采用“三取二”判断时，应采用循泵未运行信号。		现场检查	基建期、设备改造、设备故障更换后、日常排查
		12. 单点保护的模拟量输入信号必须采用“坏值”（开路、短路、超出量程上限或低于量程下限规定值）等方法对信号进行“质量”判别。在有条件的情况下，还应采用相关参数来判别保护信号的可信性，并及时发出明显的报警。为减少因接线松动、元件故障引起的信号突变而导致系统故障的发生，参与控制、保护连锁的缓变模拟量信号，应正确设置变化速率保护功能。当变化速率超过设定值时，自动屏蔽该信号的输出，使该信号的保护不起作用，并输出声光报警提醒运行人员。经人员检查确认信号测量正常后，应手动解除该信号的保护屏蔽功能、复归屏幕报警信号。		现场检查	基建期、设备改造、设备故障更换后、日常排查

续表

项目	内容	标准	编制依据	方法	周期
循环水泵连锁	出口蝶阀	1. 循泵电动蝶阀执行机构选型宜选择双速电机，带中停功能。		现场检查	基建期、设备改造、设备故障更换后、日常排查
		2. 循泵液控蝶阀应设置必要的就地操作功能，以便在控制系统故障等紧急情况下，可以通过就地手操功能维持公用系统运行。		现场检查	基建期、设备改造、设备故障更换后、日常排查
		3. 循泵液控蝶阀就地控制柜按钮应做好防进水措施。		现场检查	基建期、设备改造、设备故障更换后、日常排查
		4. 循泵液控蝶阀压力开关应设置为单刀双掷（SPDT）式或者两个单刀单掷式，不宜选用回差大的双刀双掷（DPDT）式。		现场检查	基建期、设备改造、设备故障更换后、日常排查
		5. 应将循泵液控蝶阀油站压力模拟信号上传至 DCS。		现场检查	基建期、设备改造、设备故障更换后、日常排查
		6. 循泵蝶阀泵坑排水泵及液位开关必须可靠投入，定期试验。		现场检查	基建期、设备改造、设备故障更换后、日常排查
		7. 具备条件的机组，可将液控蝶阀油站的控制移至 DCS 控制，但要保留就地手动操作功能。		现场检查	基建期、设备改造、设备故障更换后、日常排查

续表

项目	内容	标准	编制依据	方法	周期
循环水泵保护	出口蝶阀	8. 循泵液控蝶阀液压油压力低连锁启动油泵。		现场检查	基建期、设备改造、设备故障更换后、日常排查
		9. 循泵液控蝶阀液压油压力高连锁停止油泵。		现场检查	基建期、设备改造、设备故障更换后、日常排查
		10. 循泵停止后，延时连锁停止油泵，防止油泵长期运行。		现场检查	基建期、设备改造、设备故障更换后、日常排查
		举例：某机组2A循环水泵跳闸，但出口蝶阀却未关闭，倒流水使汽轮机因缺水而使真空急剧下降，“低真空”动作汽轮机跳闸，炉灭火，发电机逆率动作解列。分析原因是液控蝶阀卡涩。			
	连锁条件	1. 循环水泵跳闸连锁启动备用泵。		现场检查	基建期、设备改造、设备故障更换后、日常排查
		2. 凝汽器循环水进水压力低连锁启动备用泵。		现场检查	基建期、设备改造、设备故障更换后、日常排查
		3. 配置多台循泵时，应设置备用泵的连锁启动顺序逻辑。		现场检查	基建期、设备改造、设备故障更换后、日常排查

续表

项目	内容	标准	编制依据	方法	周期
电动给水泵连锁及保护	信号	1. 除氧器水位和前置泵出口流量应三重冗余配置，应遵循从取样点到输入模件全程相对独立的原则。	《防止电力生产事故的二十五项重点要求》9.4.3	现场检查	基建期、设备改造、设备故障更换后、日常排查
		2. 停止信号宜由运行、停止和电流信号经“三取二”判别。		现场检查	基建期、设备改造、设备故障更换后、日常排查
		3. 配备单点保护的模拟量输入信号必须采用“坏值”（开路、短路、超出量程上限或低于量程下限规定值）等方法对信号进行“质量”判别。在有条件的情况下，还应采用相关参数来判别保护信号的可信性，并及时发出明显的报警。为减少因接线松动、元件故障引起的信号突变而导致系统故障的发生，参与控制、保护连锁的缓变模拟量信号，应正确设置变化速率保护功能。当变化速率超过设定值时，自动屏蔽该信号的输出，使该信号的保护不起作用，并输出声光报警提醒运行人员。经人员检查确认信号测量正常后，应手动解除该信号的保护屏蔽功能、复归屏幕报警信号。模拟量信号处理功能块带自复位功能时，应设置保位功能，手动进行复位，避免保护误动。		现场检查	基建期、设备改造、设备故障更换后、日常排查
		4. 电动备用调速给水泵的给水调节机构（在制造厂允许时）应跟踪运行泵的给水调节机构。	DL/T 5175—2003《火力发电厂热工控制系统设计技术规定》5.1.19	现场检查	基建期、设备改造、设备故障更换后、日常排查
	连锁条件	无MFT（直流炉）时，汽泵跳闸连锁启动电泵（备用泵），具体情况看电泵是否具备抢水条件。		现场检查	基建期、设备改造、设备故障更换后、日常排查

续表

项目	内容	标准	编制依据	方法	周期
电动给水泵连锁及保护	保护条件	1. 除氧器水位低于规定值。		现场检查	基建期、设备改造、设备故障更换后、日常排查
		2. 电泵润滑油压力低低。		现场检查	基建期、设备改造、设备故障更换后、日常排查
		3. 前置泵运行规定时间，入口门未开。		现场检查	基建期、设备改造、设备故障更换后、日常排查
		4. 电泵入口流量低且电泵泵再循环阀开度小于规定值，延时跳闸。		现场检查	基建期、设备改造、设备故障更换后、日常排查
		5. 轴承（润滑油）温度高。		现场检查	基建期、设备改造、设备故障更换后、日常排查
汽轮机旁路保护	信号	1. 配置就地控制系统时，两路进线电源互为冗余，切换或任一路电源失去时，不影响旁路系统正常工作。		现场检查	基建期、设备改造、设备故障更换后、日常排查

续表

项目	内容	标准	编制依据	方法	周期
汽轮机旁路保护	信号	2. 高、低压旁路全关信号应采用模拟量反馈进行判别。		现场检查	基建期、设备改造、设备故障更换后、日常排查
		3. 高、低压旁路宜采用分体式执行机构。		现场检查	基建期、设备改造、设备故障更换后、日常排查
	高压旁路保护	1. 高压旁路出口蒸汽温度高至规定值。	DL/T 5428—2009《火力发电厂热工保护系统设计技术规定》8.5.1	现场检查	基建期、设备改造、设备故障更换后、日常排查
		2. 旁路减温水压力低至规定值。		现场检查	基建期、设备改造、设备故障更换后、日常排查
		3. 旁路减温水阀应开未开。		现场检查	基建期、设备改造、设备故障更换后、日常排查
	低压旁路保护	1. 凝汽器真空低至规定值。	DL/T 5428—2009《火力发电厂热工保护系统设计技术规定》8.5.1	现场检查	基建期、设备改造、设备故障更换后、日常排查

续表

项目	内容	标准	编制依据	方法	周期
汽轮机旁路保护	低压旁路保护	2. 凝汽器温度高至规定值。	DL/T 5428—2009《火力发电厂热工保护系统设计技术规定》8.5.1	现场检查	基建期、设备改造、设备故障更换后、日常排查
		3. 旁路减温水阀应开未开。		现场检查	基建期、设备改造、设备故障更换后、日常排查
		4. 汽轮机低压缸排汽温度高至规定值。		现场检查	基建期、设备改造、设备故障更换后、日常排查
		5. 凝汽器水位高至规定值。		现场检查	基建期、设备改造、设备故障更换后、日常排查
		6. 旁路减温水压力低至规定值。		现场检查	基建期、设备改造、设备故障更换后、日常排查
空冷机组保护	空冷机组保护	空冷系统的冷却水泵，宜按单元或分组纳入单元机组 DCS 中，以免因公用 DCS 故障而导致全厂或两台机组同时停止运行；不宜分开的，可配置在公用 DCS 中，但不应将控制集中在一对控制器上，以免因控制系统故障而导致对应设备全部跳闸。	《火电厂热控系统可靠性配置与事故预控》4.3	现场检查	基建期、设备改造、设备故障更换后、日常排查

续表

项目	内容	标准	编制依据	方法	周期
空冷机组保护	空冷机组保护	为防止空冷机组的空冷设备管束冻结，应根据空冷制造厂的要求设置相应的检测手段（如环境温度等）。当达到防冻保护启动条件时，应按空冷制造厂要求的方式启动防冻保护程序。	《火电厂热控系统可靠性配置与事故预控》4.5	现场检查	基建期、设备改造、设备故障更换后、日常排查
高压加热器连锁及保护	信号	1. 高压加热器水位保护信号应三重（或同等功能）冗余配置，并遵循从取样点到输入模件全程相对独立的原则。	《防止电力生产事故的二十五项重点要求》9.4.3	现场检查	基建期、设备改造、设备故障更换后、日常排查
		2. 高压加热器水位平衡容器及其管路不得保温，并应采取防护措施。	DL 5190.4—2012《电力建设施工技术规范　第4部分：热工仪表及控制装置》3.5.6	现场检查	基建期、设备改造、设备故障更换后、日常排查
		3. 信号屏蔽层具有全线路电气连续性。检查接线盒或中间端子柜的屏蔽电缆接线，当有分开或合并时，其两端的屏蔽线通过端子可靠连接。	DL/T 261—2012《火力发电厂热工自动化系统可靠性评估技术导则》6.5.2.5	现场检查	基建期、设备改造、设备故障更换后、日常排查
		4. 高压加热器保护用液位开关电缆应采用耐高温电缆。		现场检查	基建期、设备改造、设备故障更换后、日常排查
		5. 高压加热器液位开关、高压加热器液位模拟量测量装置的定值校核应通过就地液位计显示值，以校核确定液位开关和模拟量。		现场检查	基建期、设备改造、设备故障更换后、日常排查

续表

项目	内容	标准	编制依据	方法	周期
高压加热器连锁及保护	信号	6. 水位取样管路直径应不小于 ϕ25mm；取样一次阀应为2个高温工艺截止阀门串联安装，阀体横装且阀杆水平；排污阀宜为2个高温工艺截止阀门串联安装。		现场检查	基建期、设备改造、设备故障更换后、日常排查
	连锁保护	1. 紧急疏水阀宜具备快开功能，且快开时间满足要求。		现场检查	基建期、设备改造、设备故障更换后、日常排查
		2. 高加入口三通阀不在全关位时闭锁关闭主出口阀，防止锅炉断水。		现场检查	基建期、设备改造、设备故障更换后、日常排查
		3. 高压加热器解列连锁关进水门和出水门保护逻辑（三通阀切旁路运行），如因水位保护动作触发高压加热器解列，则进水门和出水门应快速关闭（预防加热器内漏引起的水位上升），两个阀门的关允许判断条件不应设计为旁路门开到位，应采用旁路门关信号消失信号，可适当延时。		现场检查	基建期、设备改造、设备故障更换后、日常排查
		4. 高压加热器水位高一值时，打开本级加热器的事故疏水阀，同时报警；高二值时，应关闭上一级加热器上的疏水阀，关闭相应的抽汽止回阀和抽气隔离阀，打开抽汽管上的疏水阀，打开高压加热器旁路阀，关闭高压加热器进出口给水阀，解列高压加热器的运行。	DL/T 5428—2009《火力发电厂热工保护系统设计技术规定》8.1.4	现场检查	基建期、设备改造、设备故障更换后、日常排查
		5. 加热器水侧进水门或出水门关闭（三通阀切旁路运行），应触发高压加热器解列动作。		现场检查	基建期、设备改造、设备故障更换后、日常排查

续表

项目	内容	标准	编制依据	方法	周期
高压加热器连锁及保护	连锁保护	**举例：**某厂3号机组高压加热器组出口电动门因主板故障，阀门在没有指令情况下缓慢关闭，导致汽包水位低保护动作，锅炉MFT。			
		6. 以单点液位开关实现高压加热器保护的应加入证实信号。		现场检查	基建期、设备改造、设备故障更换后、日常排查
		举例：某厂12号机组在进行1号高压加热器入口三通阀检修过程中，未解除连锁，控制板故障误发关反馈信号，高压加热器出口门连锁关闭，在后续处理过程中因水位控制不当导致机组跳闸。			
低压加热器连锁	信号	1. 低压加热器水位保护信号应三重（或同等功能）冗余配置，并遵循从取样点到输入模件全程相对独立的原则。	《防止电力生产事故的二十五项重点要求》9.4.3	现场检查	基建期、设备改造、设备故障更换后、日常排查
		2. 低压加热器水位平衡容器及其管路不得保温，并应采取防护措施。	DL 5190.4—2012《电力建设施工技术规范　第4部分：热工仪表及控制装置》3.5.6	现场检查	基建期、设备改造、设备故障更换后、日常排查
		3. 信号屏蔽层具有全线路电气连续性。检查接线盒或中间端子柜的屏蔽电缆接线，当有分开或合并时，其两端的屏蔽线通过端子可靠连接。	DL/T 261—2012《火力发电厂热工自动化系统可靠性评估技术导则》6.5.2.5	现场检查	基建期、设备改造、设备故障更换后、日常排查
		4. 低压加热器液位开关、低压加热器液位模拟量测量装置的定值校核应通过就地液位计显示值，以校核确定液位开关和模拟量。		现场检查	基建期、设备改造、设备故障更换后、日常排查
		5. 低压加热器液位宜采用智能一体化测量装置。		现场检查	基建期、设备改造、设备故障更换后、日常排查

续表

项目	内容	标准	编制依据	方法	周期
低压加热器连锁	信号	6. 紧急疏水阀宜具备快开功能，且快开时间满足要求。		现场检查	基建期、设备改造、设备故障更换后、日常排查
	连锁逻辑	1. 低压加热器水位高一值时，打开本级加热器的事故疏水阀，同时报警；高二值时，应关闭上一级加热器来的疏水阀，关闭相应的抽汽逆止阀和抽汽隔离阀，打开抽汽管上的疏水阀，打开低压加热器旁路阀，关闭低压加热器进出口凝结水阀，解列低压加热器的运行。	DL/T 5428—2009《火力发电厂热工保护系统设计技术规定》8.1.5	现场检查	基建期、设备改造、设备故障更换后、日常排查
		2. 加热器水侧进水门或出水门关闭，连锁打开低压加热器旁路门。		现场检查	基建期、设备改造、设备故障更换后、日常排查
		举例：某厂 1 号机组 450MW 负荷运行中，低压加热器水位高，自动解列低压加热器过程中，低压加热器进出口门自动关闭而凝结水旁路门未自动打开，造成除氧器水位低保护动作，2 台汽泵跳闸，给水流量低保护动作，机组跳闸。			
		3. 低压加热器水位高高，应关闭故障级的抽汽逆止阀及至其他系统的逆止阀。	DL/T 774—2015《火力发电厂热工自动化系统检修运行维护规程》10.2.3.9	现场检查	基建期、设备改造、设备故障更换后、日常排查
		4. 加热器进水门、出水门与旁路门应相互闭锁关，确保水路始终有一侧为导通状态，防止断水。		现场检查	基建期、设备改造、设备故障更换后、日常排查
抽汽逆止阀连锁	信号	汽轮机跳闸、汽轮机超速、发电机解列信号宜采用硬接线信号。		现场检查	基建期、设备改造、设备故障更换后、日常排查

续表

项目	内容	标准	编制依据	方法	周期
抽汽逆止阀连锁	连锁逻辑	当汽轮机跳闸、汽轮机超速、发电机跳闸、加热器（或除氧器）解列时，应自动关闭。	《火力发电厂汽轮机防进水和冷蒸汽导则》4.8.2	现场检查	基建期、设备改造、设备故障更换后、日常排查
抽汽电动门连锁	信号	汽轮机跳闸、发电机解列信号宜采用硬接线信号。		现场检查	基建期、设备改造、设备故障更换后、日常排查
	连锁逻辑	当汽轮机跳闸、汽轮机超速、发电机跳闸、加热器（或除氧器）解列时，自动关闭。	《火力发电厂汽轮机防进水和冷蒸汽导则》4.8.2	现场检查	基建期、设备改造、设备故障更换后、日常排查
抽汽段疏水连锁	信号	汽轮机跳闸、发电机解列信号宜采用硬接线信号。		现场检查	基建期、设备改造、设备故障更换后、日常排查
	连锁逻辑	1. 各抽汽管逆止阀后第一个水平段的顶部和相应位置的底部应装设一对温差热电偶，用以判断关内是否积水。当其温差超过规定值时，报警，并打开相应疏水阀。	DL/T 5428—2009《火力发电厂热工保护系统设计技术规定》8.3.8	现场检查	基建期、设备改造、设备故障更换后、日常排查
		2. 汽轮机跳闸或发电机跳闸时，抽汽管上的疏水阀宜自动打开，抽汽逆止阀应自动关闭，上述阀门可分组在控制室操作。	DL/T 5428—2009《火力发电厂热工保护系统设计技术规定》8.3.8	现场检查	基建期、设备改造、设备故障更换后、日常排查

续表

项目	内容	标准	编制依据	方法	周期
抽汽段疏水连锁	连锁逻辑	3. 机组负荷低至制作厂规定值时，抽汽管道上的疏水阀宜自动打开。	DL/T 5428—2009《火力发电厂热工保护系统设计技术规定》8.3.8	现场检查	基建期、设备改造、设备故障更换后、日常排查
		4. 加热器水位高二值时，应打开抽汽管上的疏水阀。	DL/T 5428—2009《火力发电厂热工保护系统设计技术规定》8.1.4	现场检查	基建期、设备改造、设备故障更换后、日常排查
除氧器连锁及保护	信号	所有重要的主、辅机保护都应采用“三取二”的逻辑判断方式，保护信号应遵循从取样点到输入模件全程相对独立的原则，确因系统原因测点数量不够，应有防保护误动措施。	《防止电力生产事故的二十五项重点要求》9.4.3	现场检查	基建期、设备改造、设备故障更换后、日常排查
	保护逻辑	1. 除氧器压力高至第一规定值时，报警；高至第二规定值时，应自动关闭其辅助蒸汽联箱（和/或高段）汽源电动阀。	DL/T 5428—2009《火力发电厂热工保护系统设计技术规定》8.4.1	现场检查	基建期、设备改造、设备故障更换后、日常排查
		2. 除氧器辅助蒸汽联箱（或高段）汽源压力超过规定值时，该汽源电动阀的开启回路应予以闭锁。		现场检查	基建期、设备改造、设备故障更换后、日常排查
		3. 除氧器水位高至第一规定值时，应报警。		现场检查	基建期、设备改造、设备故障更换后、日常排查

续表

项目	内容	标准	编制依据	方法	周期
除氧器连锁及保护	保护逻辑	4. 除氧器水位高至第二规定值时，应自动开启除氧器溢流电动阀。	DL/T 5428—2009《火力发电厂热工保护系统设计技术规定》8.4.2	现场检查	基建期、设备改造、设备故障更换后、日常排查
		5. 除氧器水位高至第三规定值时，应自动关闭其所有汽源电动阀及抽汽止回阀。		现场检查	基建期、设备改造、设备故障更换后、日常排查
		6. 除氧器应设水位和压力控制。滑压运行除氧器应控制备用汽源保证除氧器最低压力和压力下降速度在规定范围内，定压运行除氧器应设恒定除氧器压力控制系统。	DL/T 5175—2003《火力发电厂热工控制系统设计技术规定》5.2.8	现场检查	基建期、设备改造、设备故障更换后、日常排查
	连锁逻辑	4 段抽汽至除氧器分支管路未配置抽汽逆止门的机组，应增设分支逆止门，避免抽汽总管逆止阀阀关闭，同时小机失去汽源。		现场检查	基建期、设备改造、设备故障更换后、日常排查
交流润滑油泵连锁及保护	信号	1. 汽轮机润滑油压测点必须选择在油管路末端压力较低处，禁止选择在注油器出口处，以防止末端压力低，而取样点处压力仍未达到保护动作值，造成保护拒动的事故发生。	《火电厂热控系统可靠性配置与事故预控》15.3	现场检查	基建期、设备改造、设备故障更换后、日常排查
		2. 轴承润滑油压力开关应与轴承中心标高一致，否则整定时应考虑液柱高度的修正值。	DL 5190.4—2012《电力建设施工技术规范　第 4 部分：热工仪表及控制装置》4.3.4	现场检查	基建期、设备改造、设备故障更换后、日常排查

续表

<table>
<tr><th>项目</th><th>内容</th><th>标准</th><th>编制依据</th><th>方法</th><th>周期</th></tr>
<tr><td rowspan="6">交流润滑油泵连锁及保护</td><td rowspan="3">信号</td><td>3. 润滑油压低报警、联启油泵、跳闸保护、停止盘车定值及测点安装位置应按照制造商要求整定和安装，整定值应满足直流油泵联启的同时必须跳闸停机。对各压力开关应采用现场试验系统进行校验，润滑油压低时应能正确、可靠地联动交流、直流润滑油泵。</td><td>《防止电力生产事故的二十五项重点要求》8.4.6</td><td>现场检查</td><td>基建期、设备改造、设备故障更换后、日常排查</td></tr>
<tr><td colspan="4">举例：某厂2号机组（300MW）轴承烧毁事故。原因是连锁保护系统存在问题，在发电机解列并出现润滑油压低之后，润滑油泵没有自动联动，BTG盘也没有发出低油压声光报警信号提醒，导致轴承烧损事故发生。</td></tr>
<tr><td>4. 机组检修后对油泵启停定值、安全阀组定值进行校对并试验。</td><td>《防止电力生产事故的二十五项重点要求》23.2.3.3</td><td>现场检查</td><td>基建期、设备改造、设备故障更换后、日常排查</td></tr>
<tr><td rowspan="3">保护逻辑</td><td>1. 汽轮机主油泵出口油压低或汽轮机润滑油油压低任一保护定值动作，或盘车、顶轴油泵在运行，应不允许停交流油泵。</td><td></td><td>现场检查</td><td>基建期、设备改造、设备故障更换后、日常排查</td></tr>
<tr><td>2. 应设置主油箱油位低跳机保护，必须采用测量可靠、稳定性好的液位测量方法，并采取“三取二”的方式，保护动作值应考虑机组跳闸后的惰走时间。</td><td>《防止电力生产事故的二十五项重点要求》8.4.9</td><td>现场检查</td><td>基建期、设备改造、设备故障更换后、日常排查</td></tr>
<tr><td>3. 至少应配置单后备操作按钮。</td><td>《火电厂热控系统可靠性配置与事故预控》11.5c)</td><td>现场检查</td><td>基建期、设备改造、设备故障更换后、日常排查</td></tr>
</table>

续表

项目	内容	标准	编制依据	方法	周期
交流润滑油泵连锁及保护	连锁逻辑	1. 汽轮机主油泵出口油压低或汽轮机润滑油油压低任一保护定值动作，必须连锁启动。		现场检查	基建期、设备改造、设备故障更换后、日常排查
		举例：某厂一台引进型300MW机组，在事故紧急停机的过程中，由于设计变更有误（在调试过程中未能发现设计失误的隐患），当润滑油压下降到0.084～0.077MPa时，交流、直流油泵未能自动联启，运行人员也未能严密监视润滑油压，从而导致了轴承烧损事故的发生。			
		2. 汽轮机跳闸，必须连锁启动。		现场检查	基建期、设备改造、设备故障更换后、日常排查
		3. 汽轮机转速低于规定值，必须连锁启动。		现场检查	基建期、设备改造、设备故障更换后、日常排查
		4. 油泵不宜设置连锁开关投退按钮，确保油泵连锁功能始终有效。		现场检查	基建期、设备改造、设备故障更换后、日常排查
		5. 汽轮机跳闸信号应采用硬接线。		现场检查	基建期、设备改造、设备故障更换后、日常排查
		6. 汽轮机转速低连锁启动交流泵信号宜采用硬接线。		现场检查	基建期、设备改造、设备故障更换后、日常排查

续表

项目	内容	标准	编制依据	方法	周期
交流润滑油泵连锁及保护	连锁逻辑	7. 油泵严禁设置保护停止逻辑。		现场检查	基建期、设备改造
直流润滑油泵连锁及保护	信号	1. 机组检修后对油泵启停定值、安全阀组定值进行校对并试验。	《防止电力生产事故的二十五项重点要求》23.2.3.3	现场检查	基建期、设备改造、设备故障更换后、日常排查
		2. 汽轮机跳闸信号宜采用硬接线。		现场检查	基建期、设备改造、设备故障更换后、日常排查
		3. 汽轮机转速低连锁启动交流泵信号宜采用硬接线。		现场检查	基建期、设备改造、设备故障更换后、日常排查
	保护逻辑	1. 直流润滑油泵的直流电源系统应有足够的容量，其各级保险应合理配置，防止故障时熔断器熔断使直流润滑油泵失去电源。	《防止电力生产事故的二十五项重点要求》8.4.7	现场检查	基建期、设备改造、设备故障更换后、日常排查
		举例：某厂14号机组轴承烧损事故。原因是6kV厂用电差动保护误动作，造成了正在运行的硅整流电源终端中断，而蓄电池又断电，致使14号机组单元室直流系统电源终端，高压油泵和交流、直流油泵无法启动，造成了轴承烧损事故的发生。			
		2. 至少应配置单后备操作按钮。	《火电厂热控系统可靠性配置与事故预控》11.5c)	现场检查	基建期、设备改造、设备故障更换后、日常排查

续表

项目	内容	标准	编制依据	方法	周期
直流润滑油泵连锁及保护	连锁逻辑	1. 润滑油压低到连锁启动交流油泵压力，但交流油泵未运行，必须连锁启动直流油泵。		现场检查	基建期、设备改造、设备故障更换后、日常排查
		举例：某厂一台引进型300MW机组，在事故紧急停机的过程中，由于设计变更有误（在调试过程中未能发现设计失误的隐患），当润滑油压下降到0.084～0.077MPa时，交流、直流油泵未能自动联启，运行人员也未能严密监视润滑油压，从而导致了轴承烧损事故的发生。			
		2. 汽轮机转速低到连锁启动交流油泵定值，但交流油泵未运行，必须连锁启动直流油泵。		现场检查	基建期、设备改造、设备故障更换后、日常排查
		3. 润滑油压低至规定值连锁启动直流油泵。		现场检查	基建期、设备改造、设备故障更换后、日常排查
		4. 油泵不宜设置连锁开关投退按钮，确保油泵连锁功能始终有效。		现场检查	基建期、设备改造、设备故障更换后、日常排查
		5. 润滑油压力低信号，应直接接入事故润滑油泵的电气启动回路，确保事故润滑油泵在没有DCS控制的情况下能够自动启动，保证汽轮机的安全。		现场检查	基建期、设备改造、设备故障更换后、日常排查
		6. 油泵严禁设置保护停止逻辑。		现场检查	基建期、设备改造
		举例：某厂300MW机组发生断油烧瓦事故。该厂的直流润滑油泵，在系统设计时未设任何保护，但在制造商出厂时自带有保护电机过热的热偶保护，在紧急状态下，直流润滑油泵在运行中热偶保护动作，直流油泵跳闸，造成了机组轴承烧损事故发生。			

续表

项目	内容	标准	编制依据	方法	周期
顶轴油泵连锁及保护	信号	顶轴油泵入口压力低保护测点不宜采用单点保护。		现场检查	基建期、设备改造、设备故障更换后、日常排查
	保护逻辑	顶轴油泵入口油压低于规定值，保护跳闸顶轴油泵。		现场检查	基建期、设备改造、设备故障更换后、日常排查
	连锁逻辑	1. 在机组启、停过程中，应按制造商规定的转速停止、启动顶轴油泵。	《防止电力生产事故的二十五项重点要求》8.4.14	现场检查	基建期、设备改造、设备故障更换后、日常排查
		2. 顶轴油泵应设置汽轮机转速低连锁启动预选泵。		现场检查	基建期、设备改造、设备故障更换后、日常排查
		3. 顶轴油泵应设置顶轴油压低连锁启动备用油泵。		现场检查	基建期、设备改造、设备故障更换后、日常排查
引风机连锁及保护	信号	1. 温度测点接线盒避免上方进线，密封良好。		现场检查	机组检修
		2. 温度测点未安装套管的，应采用防渗漏固定螺丝，避免接口渗漏，测量端面与被测端接触紧密。		现场检查	机组检修
		3. 轴承座绝对振动测量用的磁电式速度传感器和压电式速度传感器、安装在精加工的轴承座的平面上应为刚性连接。	DL 5190.4—2012《电力建设施工技术规范　第4部分：热工仪表及控制装置》3.7.6	现场检查	基建期、设备改造

续表

项目	内容	标准	编制依据	方法	周期
引风机连锁及保护	信号	4. 振动信号屏蔽层具有全线路电气连续性。检查接线盒或中间端子柜的屏蔽电缆接线，当有分开或合并时，其两端的屏蔽线通过端子可靠连接。	DL/T 261—2012《火力发电厂热工自动化系统可靠性评估技术导则》6.5.2.5	现场检查	机组检修
		5. 外置的风机壳振动探头应防护遮盖，振动探头处禁止保温。		现场检查	机组检修
		6. 配备温度单点保护的必须采用“坏值”（开路、短路、超出量程上限或低于量程下限规定值）等方法对信号进行“质量”判别，并设置变化速率保护功能，当变化速率超过设定值时，自动屏蔽该信号的输出，使该信号的保护不起作用，并输出声光报警提醒运行人员。经人员确认信号测量正常后，应手动解除该信号的保护屏蔽功能、复归屏幕报警信号。模拟量信号处理功能块带自复位功能时，应设置保位功能，手动进行复位，避免保护误动。	《火电厂热控系统可靠性配置与事故预控》7.2	查阅逻辑	基建期、设备改造
		7. 配备单点振动保护的，宜采用证实信号，防止保护误动。		查阅逻辑	基建期、设备改造
	润滑（液压）油站连锁逻辑	1. 不宜设置油位低、油温低作为油泵启动闭锁条件；当设置油位低、油温低作为油泵启动闭锁时，应实现“二取二”或“三取二”。		查阅逻辑	基建期、设备改造
		2. 应设置油压低连锁启动备用油泵。		查阅逻辑	基建期、设备改造
		3. 应设置运行泵跳闸连锁启动备用泵。		查阅逻辑	基建期、设备改造
		4. 油泵严禁设置保护停止逻辑。		查阅逻辑	基建期、设备改造
		5. 互为冗余的油泵电源必须取自不同段。		查阅逻辑	基建期、设备改造
		6. 油站控制及连锁逻辑宜在 DCS 中实现。		查阅逻辑	基建期、设备改造

续表

项目	内容	标准	编制依据	方法	周期
引风机连锁及保护	保护逻辑	1. 空气预热器跳闸，则同侧引风机跳闸。		查阅逻辑	基建期、设备改造
		2. 一台送风机跳闸且对侧引风机运行，则同侧引风机跳闸。		查阅逻辑	基建期、设备改造
		3. 风机启动阶段可设置为引风机启动后，入口挡板全关延时跳引风机。		查阅逻辑	基建期、设备改造
		4. MFT 后，经过炉膛吹扫，在主燃料未点火前，如果炉膛负压仍超过锅炉制造厂所规定的限值（此值应大于 MFT 炉膛负压值），则所有引风机均应跳闸（平衡通风式机组）。	DL/T 1091—2008《火力发电厂锅炉炉膛安全监控系统技术规程》4.5.4.2	查阅逻辑	基建期、设备改造
		5. 润滑油压低于规定值，引风机跳闸。		查阅逻辑	基建期、设备改造
		6. 两台润滑油泵均停延时跳引风机。		查阅逻辑	基建期、设备改造
		7. 轴承温度大于规定值，引风机跳闸。		查阅逻辑	基建期、设备改造
		8. 设置轴承振动保护的，轴承振动大于现定值，引风机跳闸。		查阅逻辑	基建期、设备改造
	连锁逻辑	1. 当引风机、送风机设有成对启动、停止和跳闸的连锁系统时，当一台引风机故障跳闸时，应将相关的送风机跳闸。如果它们不是最后在运行的一对引、送风机，跳闸的送、引风机挡板也应关闭；如果它们是最后在运行的一对引、送风机时，则两者的挡板应保持在开启位置。	DL/T 1091—2008《火力发电厂锅炉炉膛安全监控系统技术规程》4.5.4.4c) DL/T 5428—2009《火力发电厂热工保护系统设计技术规定》6.3.7	查阅逻辑	基建期、设备改造
		2. 当所有的引风机都故障跳闸时，应触发总燃料跳闸及所有送风机跳闸。所有引风机挡板在延时一段时间后均应打开，以避免在风机惰走过程中对烟道内产生较大的负压。如果有烟气再循环风机系统，则挡板应关闭（延时时间根据工艺系统特性进行合理设置）。	DL/T 1091—2008《火力发电厂锅炉炉膛安全监控系统技术规程》4.5.4.4 d)	查阅逻辑	基建期、设备改造

续表

项目	内容	标准	编制依据	方法	周期
引风机连锁及保护	连锁逻辑	3. 如果是由于失去全部送风机或引风机而导致紧急停炉时，或全部送风机和引风机均已解列时，则烟风道上的所有挡板均应缓慢打开至全开位置，以建立尽可能大的自然通风。风机挡板的打开过程应定时或受控，以免在风机惰走期间，炉膛产生过大的正压或负压。这种自然通风状态应保持至少 15min。此后，如果风机可以再启动，则按相应规定，启动风机并缓慢地调整风量为吹扫风量，完成灭火后炉膛的吹扫工作。	DL/T 5428—2009《火力发电厂热工保护系统设计技术规定》6.3.9	查阅逻辑	基建期、设备改造
		4. 当引风机故障跳闸时，如果还有其他引风机在运行，应关闭跳闸引风机相应的挡板（入口、出口挡板）。	DL/T 1091—2008《火力发电厂锅炉炉膛安全监控系统技术规程》4.5.4.4b)	查阅逻辑	基建期、设备改造
送风机连锁及保护	信号	1. 温度测点接线盒应避免上方进线，密封良好。		现场检查	机组检修
		2. 温度测点未安装套管的，应采用防渗漏固定螺栓，避免接口渗漏，测量端面与被测端接触紧密。		现场检查	机组检修
		3. 轴承座绝对振动测量用的磁电式速度传感器和压电式速度传感器、安装在精加工的轴承座的平面上应为刚性连接。	DL 5190.4—2012《电力建设施工技术规范　第4部分：热工仪表及装置控制》3.7.6	现场检查	机组检修
		4. 振动信号屏蔽层具有全线路电气连续性。检查接线盒或中间端子柜的屏蔽电缆接线，当有分开或合并时，其两端的屏蔽线通过端子可靠连接。	DL/T 261—2012《火力发电厂热工自动化系统可靠性评估技术导则》6.5.2.5	现场检查	机组检修
		5. 外置的风机壳振动探头应防护遮盖，振动探头处禁止保温。		现场检查	机组检修
		6. 配备温度单点保护的必须采用“坏值”（开路、短路、超出量程上限或低于量程下限规定值）等方法对信号进行“质量”判别，并设置变化速率保护功能，当变化速率超过设定值时，自动屏蔽该信号的输出，使该信号的保护不起作用，并输出声光报警提醒运行人员。经人员确认信号测量正常后，应手动解除该信号的保护屏蔽功能、复归屏幕报警信号。模拟量信号处理功能块带自复位功能时，应设置保位功能，手动进行复位，避免保护误动。	《火电厂热控系统可靠性配置与事故预控》7.2	查阅逻辑	基建期、设备改造

续表

项目	内容	标准	编制依据	方法	周期
送风机连锁及保护	信号	7. 配备单点振动保护的，宜采用证实信号，防止保护误动。		查阅逻辑	基建期、设备改造
	润滑（液压）油站连锁逻辑	1. 不宜设置油位低、油温低作为油泵启动闭锁条件；当设置油位低、油温低作为油泵启动闭锁时，应实现“二取二”或“三取二”。		查阅逻辑	基建期、设备改造
		2. 应设置油压低连锁启动备用油泵。		查阅逻辑	基建期、设备改造
		3. 应设置运行泵跳闸连锁启动备用泵。		查阅逻辑	基建期、设备改造
		4. 油泵泵严禁设置保护停止逻辑。		查阅逻辑	基建期、设备改造
		5. 油泵的动力、控制电源可取自同一段；互为冗余的油泵电源必须取自不同段。		查阅逻辑	基建期、设备改造
	保护逻辑	1. 一台空气预热器，则同侧送风机跳闸。		查阅逻辑	基建期、设备改造
		2. 一台引风机跳闸且对侧送风机运行，则同侧送风机跳闸。		查阅逻辑	基建期、设备改造
		3. MFT 后，经过炉膛吹扫，在主燃料未点火前，如果炉膛压力仍超过锅炉制造厂所规定的限值（此值应大于 MFT 炉膛负压值），则所有送风机均应跳闸（平衡通风式机组）。	DL/T 1091—2008《火力发电厂锅炉炉膛安全监控系统技术规程》4.5.4.1	查阅逻辑	基建期、设备改造
		4. 两台引风机均跳闸，连锁两台送风机跳闸。		查阅逻辑	基建期
		5. 润滑油压低于规定值，送风机跳闸。		查阅逻辑	基建期、设备改造
		6. 两台润滑油泵均停延时跳送风机。		查阅逻辑	基建期、设备改造
		7. 轴承温度大于规定值，送风机跳闸。		查阅逻辑	基建期、设备改造

续表

项目	内容	标准	编制依据	方法	周期
送风机连锁及保护	连锁逻辑	1. 当引风机、送风机设有成对启动、停止和跳闸的连锁系统时，当一台送风机故障跳闸时，应将相关的引风机跳闸。如果它们不是最后在运行的一对引、送风机，跳闸的送、引风机挡板也应关闭；如果它们是最后在运行的一对引、送风机时，则送风机跳闸后，引风机仍应保持在被控制的运行状态下，相应送风挡板应保持在开启位置。	DL/T 1091—2008《火力发电厂锅炉炉膛安全监控系统技术规程》4.5.4.3 c)	查阅逻辑	基建期、设备改造
		2. 当所有的送风机都故障跳闸时，应触发总燃料跳闸。所有送风机挡板在延时一段时间后均应打开，以避免在风机惰走过程中对风道内产生过大的风压。如果有烟气再循环风机系统，则挡板应关闭（延时时间根据工艺系统特性进行合理设置）。	DL/T 1091—2008《火力发电厂锅炉炉膛安全监控系统技术规程》4.5.4.3d)	查阅逻辑	基建期、设备改造
		3. 如果是由于失去全部送风机或引风机而导致紧急停炉时，或全部送风机和引风机均已解列时，则烟风道上的所有挡板均应缓慢打开至全开位置，以建立尽可能大的自然通风。风机挡板的打开过程应定时或受控，以免在风机惰走期间，炉膛产生过大的正压或负压。这种自然通风状态应保持至少15min。此后，如果风机可以再启动，则按相应规定，启动风机并缓慢地调整风量为吹扫风量，完成灭火后炉膛的吹扫工作。	DL/T 5428—2009《火力发电厂热工保护系统设计技术规定》6.3.9	查阅逻辑	基建期、设备改造
		4. 当送风机故障跳闸时，如果还有其他送风机在运行，应关闭跳闸送风机相应的挡板（入口、出口挡板）。	DL/T 1091—2008《火力发电厂锅炉炉膛安全监控系统技术规程》4.5.4.3 b)	查阅逻辑	基建期、设备改造
一次风机连锁及保护	信号	1. 温度测点接线盒应避免上方进线，密封良好。		现场检查	机组检修
		2. 温度测点未安装套管的，应采用防渗漏固定螺栓，避免接口渗漏，测量端面与被测端接触紧密。		现场检查	机组检修
		3. 轴承座绝对振动测量用的磁电式速度传感器和压电式速度传感器、安装在精加工的轴承座的平面上应为刚性连接。	DL 5190.4—2012《电力建设施工技术规范 第4部分：热工仪表及控制装置》3.7.6	现场检查	机组检修

续表

项目	内容	标准	编制依据	方法	周期
一次风机连锁及保护	信号	4. 振动信号屏蔽层具有全线路电气连续性。检查接线盒或中间端子柜的屏蔽电缆接线，当有分开或合并时，其两端的屏蔽线通过端子可靠连接。	DL/T 261—2012《火力发电厂热工自动化系统可靠性评估技术导则》6.5.2.5	现场检查	机组检修
		5. 外置的风机壳振动探头应防护遮盖，振动探头处禁止保温。		现场检查	机组检修
		6. 配备温度单点保护的必须采用“坏值”（开路、短路、超出量程上限或低于量程下限规定值）等方法对信号进行“质量”判别，并设置变化速率保护功能，当变化速率超过设定值时，自动屏蔽该信号的输出，使该信号的保护不起作用，并输出声光报警提醒运行人员。经人员确认信号测量正常后，应手动解除该信号的保护屏蔽功能、复归屏幕报警信号。模拟量信号处理功能块带自复位功能时，应设置保位功能，手动进行复位，避免保护误动。		查阅逻辑	基建期、设备改造
		7. 配备单点振动保护的，宜采用证实信号，防止保护误动。		查阅逻辑	基建期、设备改造
	润滑油站连锁逻辑	1. 不宜设置油位低、油温低作为油泵启动闭锁条件；当设置油位低、油温低作为油泵启动闭锁时，应实现“二取二”或“三取二”。		查阅逻辑	基建期、设备改造
		2. 应设置油压低连锁启动备用油泵。		查阅逻辑	基建期、设备改造
		3. 应设置运行泵跳闸连锁启动备用泵。		查阅逻辑	基建期、设备改造
		4. 油泵严禁设置保护停止逻辑。		查阅逻辑	基建期、设备改造
		5. 互为冗余的油泵电源必须取自不同段。		查阅逻辑	基建期、设备改造
		6. 油站控制及连锁逻辑宜在 DCS 中实现。		查阅逻辑	基建期、设备改造

续表

项目	内容	标准	编制依据	方法	周期
一次风机连锁及保护	保护逻辑	1. 空气预热器停止，跳闸同侧一次风机。		查阅逻辑	基建期、设备改造
		2. 一次风机启动后，入口挡板全关延时跳一次风机（具体看制造厂要求）。		查阅逻辑	基建期、设备改造
		3. 两台润滑油泵均停，延时跳一次风机。		查阅逻辑	基建期、设备改造
		4. 润滑油压低至规定值，延时跳闸。		查阅逻辑	基建期、设备改造
		5. MFT 动作，跳闸两台一次风机。		查阅逻辑	基建期、设备改造
		6. 轴承温度大于规定值，一次风机跳闸。		查阅逻辑	基建期、设备改造
		7. 轴承振动大于规定值，一次风机跳闸。		查阅逻辑	基建期、设备改造
	连锁逻辑	一次风机跳闸，连锁关闭出口挡板。	DL/T 5428—2009《火力发电厂热工保护系统设计技术规定》6.3.14	查阅逻辑	基建期、设备改造
空气预热器连锁及保护	信号	1. 测点接线盒避免上方进线，密封良好。		现场检查	机组检修
		2. 停转信号应取自空气预热器的主轴信号，而不能取自空气预热器的马达信号。转速探头应安装防护罩，防止误碰导致误发信号。	《防止电力生产事故的二十五项重点要求及编制释义》6.1.2.2	检查检查	机组检修
		3. 配备温度单点保护的必须采用“坏值”（开路、短路、超出量程上限或低于量程下限规定值）等方法对信号进行“质量”判别，并设置变化速率保护功能，当变化速率超过设定值时，自动屏蔽该信号的输出，使该信号的保护不起作用，并输出声光报警提醒运行人员。经人员确认信号测量正常后，应手动解除该信号的保护屏蔽功能、复归屏幕报警信号。模拟量信号处理功能块带自复位功能时，应设置保位功能，手动进行复位，避免保护误动。		查阅逻辑	基建期、设备改造

续表

项目	内容	标准	编制依据	方法	周期
空气预热器连锁及保护	信号	4. 配备单点振动保护的，宜采用证实信号，防止保护误动。		查阅逻辑	基建期、设备改造
	保护逻辑	空气预热器停转，不宜采用单点保护。		查阅逻辑	基建期、设备改造
	连锁逻辑	如果是由于失去全部送风机或引风机而导致紧急停炉时，或全部送风机和引风机均已解列时，则烟风道上的所有挡板均应缓慢打开至全开位置，以建立尽可能大的自然通风。这种自然通风状态应保持至少15min。	DL/T 5428—2009《火力发电厂热工保护系统设计技术规定》6.3.9	查阅逻辑	基建期、设备改造
中速磨煤机连锁及保护	信号	1. 测点接线盒避应免上方进线，密封良好。		现场检查	机组检修
		2. 轴承温度未安装套管的，应采用防渗漏固定螺栓，避免接口渗漏。		现场检查	机组检修
		3. 磨煤机出口温度应使用防磨型套管，接线盒密封良好。		现场检查	机组检修
		4. 润滑油压测点、磨煤机出口温度，应三重或同等冗余配置，遵循从取样点到输入模件全程相对独立的原则。		现场检查	机组检修
		5. 磨煤机出口风压信号应采取有防堵和吹扫结构的取压装置。	DL 5190.4—2012《电力建设施工技术规范　第4部分：热工仪表及控制装置》3.3.3	现场检查	机组检修
		6. 磨煤机一次风量信号应双重冗余配置。	DL/T 261—2012《火力发电厂热工自动化系统可靠性评估技术导则》6.2.3.2	现场检查	机组检修
		7. 配备温度单点保护的必须采用“坏值”（开路、短路、超出量程上限或低于量程下限规定值）等方法对信号进行“质量”判别，并设置变化速率保护功能，当变化速率超过设定值时，自动屏蔽该信号的输出，使该信号的保护不起作用，并输出声光报警提醒运行人员。经人员确认信号测量正常后，应手动解除该信号的保护屏蔽功能、复归屏幕报警信号。模拟量信号处理功能块带自复位功能时，应设置保位功能，手动进行复位，避免保护误动。	《火电厂热控系统可靠性配置与事故预控》7.2	查阅逻辑	基建期、设备改造

续表

项目	内容	标准	编制依据	方法	周期
中速磨煤机连锁及保护	保护逻辑	1. MFT跳闸磨煤机。		查阅逻辑	基建期、设备改造
		2. 失去火焰跳闸磨煤机。		查阅逻辑	基建期、设备改造
		举例： 某前后墙对冲燃烧一次中间再热自然循环汽包炉，在70%负荷运行过程中，一台磨煤机对应火检失去达到跳磨条件后，由于存在机组负荷大于50%THA条件限制（逻辑隐患），磨煤机并未跳闸，导致大量未燃尽煤粉进入炉膛，且部分煤粉进入风道聚集；燃料量与风量不匹配，六大风机手动控制产生富氧燃烧；突发爆燃正压事故，锅炉灭火，部分设备受损。			
		3. 润滑油压低于规定值，跳闸磨煤机。		查阅逻辑	基建期、设备改造
		4. 磨煤机一次风量低，跳闸磨煤机。		查阅逻辑	基建期、设备改造
		5. 磨煤机运行且给煤机停运达到一定时间，跳闸磨煤机。		查阅逻辑	基建期、设备改造
		6. 磨煤机出口温度高于规定值，跳闸磨煤机。		查阅逻辑	基建期、设备改造
		7. 磨煤机的密封风失去，跳闸磨煤机。		查阅逻辑	基建期、设备改造
		8. 一次风机均停，跳闸磨煤机。		查阅逻辑	基建期、设备改造
		9. RB逻辑触发后对应磨煤机跳闸。		查阅逻辑	基建期、设备改造
		10. 磨煤机运行磨煤机出口门关，跳闸磨煤机。		查阅逻辑	基建期、设备改造
		11. 磨辊加载油压低或加载油泵跳闸，跳闸磨煤机。		查阅逻辑	基建期、设备改造

续表

项目	内容	标准	编制依据	方法	周期
中速磨煤机连锁及保护	保护逻辑	12. 对于装有等离子无油点火装置或小油枪微油点火装置的锅炉点火时，严禁解除全炉膛灭火保护：当采用中速磨煤机直吹式制粉系统时，任一角在180s内未点燃时，应立即停止相应磨煤机的运行；对于中储式制粉系统任一角在30s内未点燃时，应立即停止相应给粉机的运行，经充分通风吹扫、查明原因后再重新投入。	《防止电力生产事故的二十五项重点要求》6.2.1.17	查阅逻辑	基建期、设备改造
		13. 等离子模式下部分断弧。		查阅逻辑	基建期、设备改造
	连锁逻辑	1. 磨煤机跳闸连锁关闭出口燃烧器隔绝快关挡板。		查阅逻辑	基建期、设备改造
		2. 磨煤机跳闸连锁关闭入口混合风快关挡板、入口热风快关挡板、冷风快关挡板。		查阅逻辑	基建期、设备改造
		3. 磨煤机出口温度高一值（“三选二”）连锁打开冷风挡板（以炉烟为干燥介质，煤制有爆炸危险的煤种除外）。	DL/T 5175—2003《火力发电厂热工控制系统设计技术规定》6.3.5	查阅逻辑	基建期、设备改造
		4. 磨煤机跳闸后连锁跳闸对应给煤机。		查阅逻辑	基建期、设备改造
磨煤机润滑油站连锁	信号	1. 润滑油压测量管路不应装设排污阀。	DL 5190.4—2012《电力建设施工技术规范　第4部分：热工仪表及控制装置》4.2.8	现场检查	机组检修
		2. 油温测量未安装套管的，在检修时必须增加套管。		现场检查	机组检修
		3. 油站内的电线应采用耐油绝缘软线，电线应固定牢固，拆装方便，引线处密封良好，防止渗油。	DL 5190.4—2012《电力建设施工技术规范　第4部分：热工仪表及控制装置》6.4.3	现场检查	机组检修
		4. 互为冗余的油泵电源必须取自不同段。		现场检查	机组检修

续表

项目	内容	标准	编制依据	方法	周期
磨煤机润滑油站连锁	连锁逻辑	1. 应设置油压低连锁启动备用油泵。		查阅逻辑	基建期、设备改造
		2. 应设置运行泵跳闸连锁启动备用泵。		查阅逻辑	基建期、设备改造
		3. 不宜设置油位低、油温低作为油泵启动闭锁条件，当设置油位低、油温低作为油泵启动闭锁时，应实现“二取二”或“三取二”。		查阅逻辑	基建期、设备改造
磨煤机液压油站连锁	信号	1. 油压测量管路不应装设排污阀。	DL 5190.4—2012《电力建设施工技术规范　第4部分：热工仪表及控制装置》4.2.8	现场检查	机组检修
		2. 油温测量未安装套管的，应采用防渗漏固定螺栓，避免接口渗漏。		现场检查	机组检修
		3. 油站内的电线应采用耐油绝缘软线，电线应固定牢固，拆装方便，引线处密封良好。	DL 5190.4—2012《电力建设施工技术规范　第4部分：热工仪表及控制装置》6.4.3	现场检查	机组检修
		4. 电磁阀、比例溢流阀线圈插头固定螺栓齐全，引线处密封良好。		现场检查	机组检修
		5. 比例溢流阀电源合格，电源模块宜纳入寿命管理。		现场检查	机组检修
		6. 应将热控控制回路电源与磨煤机油站控制回路电源独立设置。		现场检查	机组检修
	液压油站连锁逻辑	不宜设置油位低、油温低作为油泵启动闭锁条件；当设置油位低、油温低作为油泵启动闭锁时，应实现“二取二”或“三取二”。		查阅逻辑	基建期、设备改造
给煤机保护	信号	1. 称重装置安装应符合： a）称量框架上的长辊及相邻托辊应处在同一平面上。 b）称重传感器的安装应使其受力于中轴线上。 c）称重传感器及其引线防护措施完好。		现场检查	机组检修
		2. 速度传感器安装端正，防护罩壳完整，密封良好，防水防尘，引线防护良好。		现场检查	机组检修

续表

项目	内容	标准	编制依据	方法	周期
给煤机保护	信号	3. 堵煤、跑偏、煤流等开关防护罩壳完整，密封良好，防水防尘，引线防护良好。		现场检查	机组检修
		4. 给煤机内部温度测点应配置为热电阻，上传至DCS显示并增设报警。		现场检查	机组检修
	保护逻辑	1. MFT，给煤机跳闸		查阅逻辑	基建期、设备改造
		2. 磨煤机跳闸或停运，给煤机跳闸		查阅逻辑	基建期、设备改造
		3. RB逻辑触发后对应跳闸给煤机。		查阅逻辑	基建期、设备改造
		4. 给煤机出口堵煤，给煤机跳闸。		查阅逻辑	基建期、设备改造
浆液循环泵保护	信号	1. 吸收塔液位宜三重冗余配置，应遵循从取样点到输入模件全程相对独立的原则。	《防止电力生产事故的二十五项重点要求》9.4.3	现场检查	机组检修
		2. 温度测点接线盒应避免上方进线，密封良好。		现场检查	机组检修
		3. 轴承温度未安装套管的，应采用防渗漏固定螺栓，避免接口渗漏。		现场检查	机组检修
		4. 配备温度单点保护的必须采用“坏值”（开路、短路、超出量程上限或低于量程下限规定值）等方法对信号进行“质量”判别，并设置变化速率保护功能，当变化速率超过设定值时，自动屏蔽该信号的输出，使该信号的保护不起作用，并输出声光报警提醒运行人员。经人员确认信号测量正常后，应手动解除该信号的保护屏蔽功能、复归屏幕报警信号。模拟量信号处理功能块带自复位功能时，应设置保位功能，手动进行复位，避免保护误动。	《火电厂热控系统可靠性配置与事故预控》7.2	查阅逻辑	基建期、设备改造

续表

项目	内容	标准	编制依据	方法	周期
浆液循环泵保护	保护逻辑	1. 循泵运行且入口阀关延时，浆液循环泵跳闸。		查阅逻辑	基建期、设备改造
		2. 吸收塔液位低至规定值，浆液循环泵跳闸。		查阅逻辑	基建期、设备改造
		举例： 某厂8号机组8C、8D浆液循环泵跳闸，MFT动作。分析得知，该厂浆液循环泵保护跳闸逻辑采取的是吸收塔液位“二取平均”，由于其中一个液位变送器故障，液位显示为0，“二取平均”后未剔除坏点保护动作。			
		3. 轴承温度大于规定值，浆液循环泵跳闸。		查阅逻辑	基建期、设备改造

附录A 各类型机组主要被调参数的动态、稳态品质指标

各类型机组主要被调参数的动态、稳态品质指标

指标类型	负荷变动试验及AGC负荷跟随试验动态品质指标			稳态品质指标
机组类型	煤粉锅炉机组	循环流化床机组	燃机机组	各类型机组
负荷指令变化速率（$\%P_e$/min）	≥1.5	≥1	≥3	0
实际负荷变化速率（$\%P_e$/min）	≥1.2	≥0.8	≥2.5	—
负荷响应纯迟延时间（s）	60	60	30	—
负荷偏差（$\%P_e$）	±2	±2	±1.5	±1
主汽压力偏差（$\%P_0$）	±3	±3	±3	±2
主汽温度（℃）	±8	±8	±8	±3
再热汽温度（℃）	±10	±10	±10	±4
中间点温度（直流炉）（℃）	±10	—	—	±5
床温（循环流化床）（℃）	—	±30	—	±15
汽包水位（汽包炉）（mm）	±60	±60	±60	±25
炉膛压力（Pa）	±200	—	—	±100
烟气含氧量（%）	—	—	—	±0.5

注 P_0为机组额定主蒸汽压力值；P_e为机组额定负荷值。